现代水产养殖关键技术

万紫锦　孟庆辉　编著

·成都·

图书在版编目（CIP）数据

现代水产养殖关键技术 / 万紫锦，孟庆辉编著. —
成都 : 电子科技大学出版社，2023.8
ISBN 978-7-5770-0363-4

Ⅰ. ①现… Ⅱ. ①万… ②孟… Ⅲ. ①水产养殖—研
究 Ⅳ. ①S96

中国国家版本馆 CIP 数据核字(2023)第 114412 号

现代水产养殖关键技术
XIANDAISHUICHAN YANGZHI GUANJIANJISHU
万紫锦　孟庆辉　编著

策划编辑　罗国良
责任编辑　罗国良

出版发行　电子科技大学出版社
　　　　　成都市一环路东一段 159 号电子信息产业大厦九楼　邮编 610051
主　　页　www.uestcp.com.cn
服务电话　028-83203399
邮购电话　028-83201495

印　　刷　北京京华铭诚工贸有限公司
成品尺寸　170mm×240mm
印　　张　15.375
字　　数　287 千字
版　　次　2023 年 8 月第 1 版
印　　次　2024 年 1 月第 1 次印刷
书　　号　ISBN 978-7-5770-0363-4
定　　价　78.00 元

编委会

主　编　万紫锦　孟庆辉

副主编　王　妹　秦　涛　张胜利

郭江涛　翁旭东　于　瑾

我国水产养殖业高速发展，已成为世界第一养殖大国，产业成效显著。进入21世纪以来，我国的水产养殖业保持着强劲的发展态势，为繁荣农村经济、提高生活质量和国民健康水平作出了突出贡献，也为海、淡水渔业种质资源的可持续利用和保障粮食安全发挥了重要作用。近30年来，我国水产养殖理论与技术的飞速发展，为养殖产业的进步提供了有力的支撑，尤其表现在应用技术处于国际先进水平，部分池塘、内湾和浅海养殖已达国际领先地位等方面。但是，对照水产养殖业迅速发展的另一面，由于养殖面积无序扩大，养殖密度任意增高，带来了种质退化、病害流行、水域污染和养殖效益下降、产品质量安全等一系列令人担忧的新问题，加之近年来不断从国际水产品贸易市场上传来技术壁垒的冲击，而使我国水产养殖业的持续发展面临空前挑战。为加快农村经济发展，促进农民增收，大力推进水产健康生态养殖，提高水产品质量安全水平，提高农民在水产养殖业方面增产增收的潜力，提高广大养殖者的技术水平和水产经济效益，结合现阶段渔业生产发展的需要，编写了本书。

本书从水养养殖理论知识出发，第一章和第二章详细介绍了与水产养殖息息相关的水环境、水产动物营养、水质管理的理论知识。第三章到第五章分重点介绍了海水池塘、海淡水池塘、低洼盐碱地池塘综合饲养技术，重点介绍了养殖效益高、养殖技术成熟的品种养殖技术和养殖模式。第六章介绍了水产饲料培育技术，科学饲养，提高养殖效益。第七章介绍了鱼类常见病害及其防控技术。第八章立足科技前沿，介绍了几种资源节约、环境友好、质量安全、优质高效的综合养殖结构优化模式。

本书内容翔实，突出实用性和科学性，力求为渔民养殖解决实际问题，推介科学的养殖理念和技术方法，促进水产养殖业绿色高效发展。

本书可供水产技术推广、渔民技能培训、渔业科技人员使用，也可以作为大中专院校师生养殖实习的参考用书。由于编者水平、信息获取所限，编辑整理时间仓促，不足之处恳请广大读者批评指正。

编　者

2023年1月

目录

第一章

水产养殖基础知识

第一节　养殖水环境化学

第二节　养殖水域生态学

第三节　水产动物营养与饲料

第四节　水产动物生物学

第一节　养殖水环境化学

一、养殖水的化学组成及其与水产养殖的关系

（一）养殖水的化学组成

自然界存在的江河、湖泊、水库和海洋等统称天然水，也称天然水质系。各种养殖用水大多来自天然水。天然水的组成相当复杂，按照粒径大小不同可分为悬浮物质、胶态物质和溶解物质。

1. 悬浮物质

悬浮物质是粒径大于 1 000nm 的物质，包括浮游植物、浮游动物、浮游细菌、有机碎屑、泥沙等。静止状态时，悬浮物质会自然沉降到水底。

2. 胶体物质

胶体物质是粒径在 1～1 000nm 之间，均匀分布在水中，环境条件改变时很容易凝聚下沉的小颗粒物质，包括黏土矿物、铝硅酸盐、腐殖质等。

3. 溶解物质

溶解物质是粒径小于 1nm，均匀分布在水中，肉眼看不见的一些物质，包括溶解气体、主要离子、植物生长所需要的营养盐和有机物等。

（二）养殖水与水产养殖的关系

天然水中含有悬浮的较粗的颗粒物，还有比较小的胶体颗粒物以及更微小的我们肉眼看不见的溶解物质。养殖用水经过纱滤沉淀以后，只能将大粒径的悬浮物质除去，很多小粒径的胶体物质和肉眼看不见的全部溶解物质是除不掉的。因此，一杯看起来清澈透明的水，其中却包含了非常复杂的物质。其中，有些是养殖生物必需的，如氧气、主要离子、营养盐等；有些是对养殖生物有害的，多了不宜，如硫化氢、铵态氮等；有些是含量低了有益，含量高了却有害的，如铁、铜、锌、锰等。水中的化学物质与养殖生物的生长和存活息息相关。

二、水的流转混合作用与水体的温度分布

养殖生产中，水是否流转混合对水中各种物质的存在形态以及分布变化有重

要影响。例如，若池塘上下层水长期不能混合，则上层水中因为光合作用使溶解氧丰富，营养盐缺乏；下层水中因为光照差，光合作用弱甚至没有而缺氧，铵态氮、硫化氢等有毒物质积累。久而久之，上层水中缺乏营养盐，浮游植物生长受影响；下层水中缺乏营养，水质恶化甚至导致底层养殖生物死亡。此时若突然强行混合上下层水，则下层的缺氧状态和有毒物质被带到上层，最终使整个池塘缺氧，硫化物和铵态氮的毒性会蔓延至整个池塘，导致池塘养殖生物全军覆没。水体的温度分布最能直观地反映水体中其他化学物质的分布状态，因此，为了更好地理解水中化学成分的分布变化，需要了解水的流转混合作用及影响水温分布的因素。

（一）水的流转混合作用

对于一般的湖泊池塘，引起水体流转混合的主要因素有两方面：一是因风力引起的涡动混合；二是因密度差引起的环流混合。

1. 风力的涡动混合

水面受到风的吹拂后，表面水会顺着风向下风处移动，使水在下风岸处产生“堆积”现象，即下风岸处水位有所增高，此增高的水位就会导致此处的水向下运动，从而形成水的环流，称为“风力环流”。简单地说，就是风把水吹得流动起来。

2. 水的密度环流

密度是指单位体积水所具有的质量，如 4℃时，淡水的密度大约是 1 g/cm 或者 1 t/m^3。水的密度随温度的不同而不同。淡水小于 4℃和大于 4℃时密度都小于 1 g/cm^3，即在 4℃时密度最大。把密度最大时的温度称作最大密度温度。因此，对于淡水，在 4℃以上，温度升高会使水密度减小，温度降低会使水密度增大，符合一般的“热胀冷缩”原理。在 4℃以下，情况则相反，水表现为“热缩冷胀”。当表层水密度增大，或底层水密度减小时，都会出现“上重下轻”的状态，密度大的水要下沉，密度小的水则上升，形成了上下水的对流混合。这种混合作用可以是在较小范围发生的上下对流，也可以是在较大范围发生的环流。

（二）水体的温度分布

1. 淡水湖泊（水库）四季的典型温度分布

对于开阔的水体，水温的水平分布一般不会有多大的差别，但是天然水体包括养殖水体，水温的垂直分布却有着明显的季节变化，甚至一天之中也不尽相同。尤其是在我国北方地区，夏季一般是上层水温高，下层水温低，形成水温的正分布；冬季则是上层水温低，下层水温高，形成水温的逆分布；春秋季节是上下层水温几乎相同，称为全同温。盐度低于24.9的水，都具有这个规律。

(1)冬季的逆分层期

典型的逆分层现象出现在冬季我国北方地区的淡水湖泊、水库和池塘中。当表层水温降到0℃以后，水体表面会封冰。紧贴冰下的水是0℃，底层水温不高于4℃。这种上层水温低、下层水温高的现象称为逆分层。由于从上到下温度逐渐升高，密度逐渐增大，形成上轻下重的状态，因此一段时间内冬季的逆分层会稳定存在。

海水结冰时与淡水不同：结冰的温度(称为冰点)比淡水低，在－2～－1.9℃之间，而且结冰时上下层水温度都达到或接近冰点，底层水温不会比表层高。

(2)春季的全同温期

春季气温回升，太阳辐射使冰盖融化后，将使表层水温升高。水温在密度最大的温度(4℃)以下时，温度的升高会使密度增大，表面温度较高、密度较大的水就会下沉，底层温度较低、密度较小的水就会上升，形成密度流。密度流使上下层水对流交换，直到上下层水温度都是密度最大时的温度为止。当上下层水温度都达到4℃以后，表层水温再上升，表层水的密度就会较底层小，也就是表层水比底层水轻，不会往下沉，密度流就会停止。但是，如果此时有风的吹拂，可继续使上下层水混合，水体仍可以继续处在上下温度基本一致的状态，使春季的全同温可持续到8℃、10℃甚至15℃以上，这取决于春季的风力大小、多风天气持续的时间、水的深度和湖盆的形状等。

(3)夏季的正分层期(停滞期)

春季全同温过后，温度再升高，上层高温水密度小，则升，下层低温水密度大，则沉，于是就不会再有密度环流产生。水体进入水温上高下低且不混合的正分层状态。由于太阳光能量的绝大部分在表层约1m的水层被吸收，并且主要加热表面20cm的水层，因此如果没有对流混合作用，水中热量往下传播很慢，夏季或春季如遇连续多天的无风晴天，就会使表层水温有较大的升高，导致上下层水温度差别很大。这时如果有风，风力又不足够大，就只能使水在上层进行涡动混合，造成上层有一水温垂直变化不大的较高温水层，下层也有一水温垂直变化不大的较低温水层。两层中间夹有一温度随深度增加而迅速降低的水层即温跃层，温跃层又称间温层。

温跃层在夏季闷热无风的天气里最容易形成。温跃层一旦形成，就像一个屏障把上下层水隔开，使风力混合作用和密度对流作用都不能进行到底。久而久之，上层丰富的氧气不能传输到下层，水体下层可能缺氧，严重时可能导致硫化氢、铵态氮等有毒物质积累。下层丰富的营养盐也不能补充到上层，使得上层缺乏营养盐，对鱼类及饵料生物的生长均不利。温跃层形成以后，较大的风力可以使温跃层向下移动，较浅水体的温跃层就可能消失。

(4)秋季的全同温期

进入秋季，天气转凉，气温低于水温，表层水温下降，密度增大，表层以下水温较高，密度较小，表层水比下层水密度大，从而发生密度环流。加上风力的混合作用，进而导致上下层水混合。这种混合可以使温跃层以上的水层不断降温，直至温跃层消失，出现上下温度基本相同的秋季全同温状态。如果此时淡水水温在 4℃以上，表层水的进一步降温引起的密度环流可以进行到水底，直到上下层水的温度都为 4℃为止。在深秋初冬时期，如遇上刮风，则全同温可以持续到 4℃以下，如 2℃或 1℃。秋季全同温，水体充分流转混合，上下层可充分进行物质交换，对鱼类的越冬有利。但是，过低的全同温水温在鱼类越冬时可能不利。因此，越冬前测量水体温度也就很有必要。

2. 越冬池的水温

我国北方鱼类在室外越冬池越冬时，需要在冰下生活 3～6 个月，时长依照地区不同而有所不同。越冬池的水温对鱼类安全越冬有十分重要的作用。淡水冰下的水温并非都是 4℃，实际水温与地区、月份、越冬池的保温条件等有关。

越冬池封冰初期的水温与池水封冰前受寒风吹扰程度有关。修建在开阔地上的越冬池，尤其池坝高出周围地面很多、池水也高出周围地面的越冬池，封冰时很容易受到寒潮北风的吹扰，在封冰前使池水上下整体降温。这种降温使得池水的温度在封冰初期就很低，对整个冬季的保温不利。尤其在寒潮袭击，持续吹刮大风，温度在－8～－7℃时，水温可能急速下降。

北方地区，室外的海水池塘越冬时比淡水池塘情况更为复杂。盐度为 35 的海水在秋末冬初降温过程中，如果池水盐度均匀，上下层水温度将同时下降(全同温)，密度流可以一直持续到上下层水温度均达到－1.9℃(海水结冰的温度)，然后表层再结冰，不需要依靠风力的吹刮。因此，结冰以后冰下水温可以在 0℃以下，但这样低的水温对鱼类安全越冬是很不利的。那么，可以通过添加低盐度的海水或者淡水来保持室外海水越冬池底层有较高的水温。

三、溶解氧

(一)气体溶解的概念

1. 气体在水中的溶解度

水产养殖缺氧时，通常要向水中溶入一定的气体。随着气体不断溶入，水中氧气的(称为溶解氧，用符号 DO 表示)含量会逐渐增加。但是由于水对氧气的溶解有一定的限度，因此，若持续不断地溶氧，当进入水中的氧气超过了水的溶解能力时，多余的氧气就会从水中分解出去，于是水中溶解氧就会始终保持一个固定值，而该值被称为氧气在特定温度和盐度条件下的溶解度。将持续充气时氧气含量不再改变的状态叫作氧气达到溶解平衡。充分地溶氧、搅拌或者浅水长期暴露在大气中，水中氧气都会达到溶解平衡。

2. 饱和度

由气体溶解度的定义可以看出，并不是气体溶解时间越长氧气含量就越高，也不是气体溶解量越大氧气含量就越高。气体溶入一定时间后，水中溶解氧(DO)的含量将会恒定，此时我们称之为氧气溶解达到饱和。若水中氧气含量小于溶解度，空气中的氧气就会向水中溶解，气体溶入会使水中溶解氧含量增加；若水中溶解氧含量超过了饱和含量，则有逸出的趋势，气体溶入时，水中溶解氧含量会减少。

(二)水中氧气的来源和消耗

1. 来源

养殖水体中溶解氧的来源主要是空气溶解、光合作用和补水。

(1)空气溶解

空气溶解是各类养殖水体最普遍的氧气来源。当水中氧气不饱和时，水面与空气接触，空气中的氧气将溶于水中。其溶解特点是溶解速度慢，并且仅在表层进行。氧气在水中的不饱和程度越大，空气溶解得就越快。也就是说，水体越缺氧，空气向水中溶解氧气的速度就越快。水面风力越大，水越浅时，氧气溶解得越快。

(2)光合作用

水生植物进行光合作用释放氧气，是池塘中氧气的主要来源。光合作用产氧速率与光照条件、水温、水生植物种类和数量、营养元素供给状况等因素有关。其特点是产氧量波动大，有明显的垂直分布、日变化等。

太阳光到达水面以后，随着水深度的增加，光照强度会越来越弱，因此光合作用产氧量会越来越小。人们把光照充足、光合作用速率大于呼吸作用速率的水层称为真光层。在真光层中，植物光合作用产氧量多于呼吸作用耗氧量。真光层又叫营养生成层。随着水深度的增加，光照不足、光合作用速率等于呼吸作用、有机物的分解速率等于合成速率的水层深度称为补偿深度。再往下，光照更弱，光合作用速率小于呼吸作用速率的水层称为营养分解层，这一水层的植物不能正常生活。因此，由补偿深度的深浅可以判断水中光合作用产氧量的垂直状态。补偿深度以上光合作用强，氧气会逐渐积累；补偿深度以下光合作用弱，氧气会处于消耗状态。由于随着水深度的增加光照迅速减弱，因此表层光合作用产氧量远大于中层和底层。

(3)补水

在工厂化流水养鱼中补水补氧是氧气的主要来源。鱼池在补充含氧量高的新鲜水时，即可增加缺氧水体氧气的含量。在非流水养鱼的池塘中，补水量较小，补水对鱼池的直接增氧作用不大。这可以通过以下例子来加以说明。

在一般养鱼池塘中，有三种氧气的来源以浮游植物光合作用产氧为主。不同的研究者对不同类型鱼池氧气来源进行了估算，其结果不尽相同。只有补水中氧气含量较高、补水量大、池塘原水溶氧缺乏时，补充水增氧才具有一定的效果(可抢救池中生物)。通常由于通常地下水中氧气的含量低于池塘，因此冬季北方越冬池注入井水一般不会起到增氧作用。

2. 消耗

养殖过程中氧气的消耗主要是鱼、虾等养殖生物呼吸，水中微型生物耗氧，底质耗氧和逸出。

(1)鱼、虾等养殖生物呼吸

鱼、虾的呼吸耗氧率随种类、个体大小、发育阶段、水温等因素而变化。鱼的呼吸耗氧率在63.5～665mg/(kg·h)。在计算流水养鱼的水交换速率时，通常将鱼的呼吸耗氧速率按200～300mg/(kg·h)计算。鱼、虾的耗氧量以每尾鱼每小时消耗氧气的量计，随个体的增大而增加，而耗氧率随个体的增大而减小。活动性越强的鱼耗氧率较大。在适宜的温度范围内，水温升高，鱼、虾耗氧率增加。

(2)水中微型生物耗氧

水中微型生物耗氧主要包括浮游动物、浮游植物、细菌呼吸。耗氧以及有机物在细菌参与下的分解耗氧，又称“水呼吸”耗氧。这部分氧气的消耗也与耗氧生物种类、个体大小、水温和水中有机物的数量有关。浮游植物也需呼吸耗氧，只是白天其光合作用产氧量远大于本身的呼吸耗氧量。据研究，处于迅速生长期的浮游植物，每天的呼吸耗氧量占其产氧量的10%～20%。有机物耗氧主要取决于有机物的数量和有机物的种类(在常温下是否易于分解)。

(3)底质耗氧

底质耗氧比较复杂，主要包括：①底栖生物呼吸耗氧；②有机物分解耗氧；③呈还原态的无机物化学氧化耗氧。

(4)逸出

当表层水溶氧过饱和时，就会发生氧气的逸出。静止的条件下氧气逸出速率很慢，但风对水面的扰动可加速这一过程。同时，养鱼池中午表层水溶氧也会经常过于饱和，氧气逸出比例一般不大。

(三)溶解氧的分布变化

由于水体中溶解氧的来源和消耗不同，所以一个水体的溶氧状况是水体增氧因子和耗氧因子综合作用的结果，并且总是处于变化状态。一天中的不同时刻，同一时刻的不同水层，溶解氧都会有很大的差异。

1. 溶氧的日变化

溶氧的昼夜变化(简称日变化)在养殖池塘中最明显。湖泊、水库表层水的溶氧也有明显的昼夜变化，这是因为光合作用是水中氧气的主要来源，而光合作用受光照日周期性的影响，白天有光合作用，晚上光合作用停止，从而造成表层水白天溶氧逐渐升高，晚上逐渐降低。溶氧最高值一般出现在下午日落前的某一时刻，最低值则出现在日出前后的某一时刻。最低值与最高值的具体时间取决于增氧因子和耗氧因子的相对关系。如果耗氧因子占优势，则早晨溶氧回升时间推迟，且溶氧最低值偏低。日出后光合作用速率增加，产氧能力超过耗氧速率，溶氧就回升，直到下午某个时刻达到最大值，以后逐渐降低，如此周而复始。具体条件不同，情况也不相同。

由于一般的鱼池中层和底层光照较弱，产氧少，所以鱼池中层和底层的溶氧虽然也有昼夜变化，但是变化幅度较小，变化的趋势也有所不同。风力的混合作用可将上层的溶氧送至中下层，影响溶氧的变化。

溶氧日变化中，最高值与最低值之差称为昼夜变化幅度，简称日较差。日较差的大小可反映水体产氧与耗氧的相对强度。当产氧和耗氧都较多时，日较差较大。日较差大，说明水中浮游植物较多，浮游动物和有机物质的量适中，也就是饵料生物较为丰富，这对鱼类生长是有利的。在溶氧最低值不影响养殖鱼类生长的前提下，养鱼池的日较差大一些较好。南方渔农中流传的"鱼不浮头不长"的说法，是指早晨鱼轻微浮头的鱼池，鱼的生长速度一般较快。但是这只适用于需要在养鱼池中培养天然饵料的养殖模式，对于用全价配合饲料流水养鱼或网箱养鱼模式就不适用。

2. 溶氧的月变化与季节变化

在一个时期内，随水温变化及水中生物种类的改变，溶氧的状况也可能随时间的推移发生变化。但是情况比较复杂，变化的趋向随条件而变。如贫营养型水体(水体很瘦，浮游动植物少，营养盐少，有机物少)，水中生物较少，上层溶氧接近于饱和，溶氧的季节变化将是冬季含量高，夏季含量低，随溶解度而变。

养鱼池生物密度大，变化比较剧烈，在一段时间内(长则 10～15d，短则 3～5d)，水中的生物群落就会发生较大的变化，可引起溶氧状况的急剧变化。如浮游植物丰富、浮游动物适中、溶氧正常的水体，在 3～5d 后可能转变为浮游动物过多、浮游植物贫乏、溶氧过低的危险水质，这一点应加以注意。

3. 溶氧的垂直分布

垂直分布指的是同一时间，不同水层溶解氧的含量状况。湖泊、水库、池塘溶氧的垂直分布情况都比较复杂，与水温、水生生物状况、水体的形态等因素密切相关。对于贫营养型水体，溶氧主要来自空气的溶解作用，含量高低取决于溶解度，例如，淡水湖泊，夏季湖中形成了温跃层，上层水温度高，氧气的溶解度低，含量也相应较低；下层水温度低，氧气的溶解度高，含量也相应较高。而富营养型水体，营养盐丰富，有机质较多，水中生物量较大，水的透明度低，上层水光合作用产氧使溶氧丰富，下层水得不到光照，光合作用产氧很少，水中原有的溶氧很快被消耗，处于低氧水平，整个水体呈现溶解氧上高下低的垂直分布状况。

养殖池塘溶解氧的垂直分布比较复杂。一般规律是表层溶解氧高，底层溶解氧低。温暖季节(例如炎热的夏天)养鱼池溶氧的垂直分布在白天和夜间还可能不同。白天溶解氧上高下低，夜间溶解氧可能因为密度环流的作用而上下混合趋于均一。

（四）溶解氧对养殖生物的影响及调控

1. 溶解氧与养殖生产的关系

溶解氧是渔业水体的一项十分重要的水质指标，溶氧状况对水质和养殖生物的生长均有重要的影响。溶解氧是养殖生物必需的，过度缺氧会导致养殖生物窒息死亡，长期低氧会导致养殖生物饵料系数下降、增加发病率或胚胎发育异常等。海水尤其怕缺氧，因为缺氧的同时可能伴随剧毒的硫化氢大量产生，从而造成养殖生物的毁灭性损失。我国渔业水质标准规定，在连续 24h 中，16h 以上溶解氧必须大于 5mg/L，其余任何时候不能低于 3mg/L；冷水鱼类其余任何时候不得低于 4mg/L。

因此，养殖生产中一定要重视溶解氧的监测，要有良好的增氧设备，有可能的话，采用生物增氧或化学增氧，及时清淤，合理施肥投饵，用明矾、黄泥浆凝聚沉淀水中有机物及细菌，改良水质，减少或消除有害物质，如悬浮物（浊度）、CO_2、NH_3、毒物等，以保证养殖水体溶氧的充足。

2. 溶解氧的调控

（1）化学增氧

化学增氧主要是人为地向池塘中投放一些化学制剂，其遇水后在水中发生化学作用释放氧气，从而提高水体中溶解氧的含量。常见的化学增氧剂有过氧碳酸钠、过氧酰胺、过氧化钙、过氧化氢和过氧二硫铵。使用化学增氧剂，主要采取全池抛撒或局部抛撒，具体使用量视药物品种和使用场合而定。其优点包括：①一般为通电困难和出现急性浮头的塘口使用；②使用化学增氧剂，可减少应激，提高药效，增氧效果快；③根据临床经验，在使用杀虫等鱼药时，可抛撒化学增氧剂，有利于鱼、虾、蟹等水生动物的身体恢复活力。其缺点包括：①使用量大，用工多，成本较高，只能在抢救鱼浮头时使用，养殖期需要常配备，但也因放置不当容易降低效果；②在鱼苗培育的塘口不宜使用，以防鱼苗出现气泡病；③化学增氧剂使用过多容易对鱼、虾、蟹造成危害。

（2）机械增氧

机械增氧方式主要为水泵、增氧机和鼓风机微孔管道增氧等。其优点包括：①水泵增氧是通过向养殖水体中加水时同时向其增氧，起到一机多效的作用；②增氧机除增氧外，还有搅水、曝气功效，促进浮游生物的繁殖生长，提高池塘初级生产力；③微管增氧跟传统的叶轮式、水车式增氧机相比，具有多点均匀增氧，安全、节能、节水的功效。其缺点包括：①必须要在通电顺畅的情况下才可使用，如果是离工业用电偏远的地区，架设电路需要的成本费用高；②机械常年暴露在空气中，容易受风吹雨淋，以及长期接触水面导致机械损坏，需要定期进行维修，维修成本高；③增氧机增氧区域局限于一定面积范围内，属单点增氧，池塘底层溶解氧含量低，且因机械运转噪声大，容易影响水产动物生长和碰伤水产动物，特别是虾蟹甲壳类动物在蜕壳时或病害发生高峰时影响较大；④叶轮式增氧机易将鱼塘的底泥抽吸上来，长期使用，在机体的下方会形成一个涡空。

第二节　养殖水域生态学

一、水域生态系统

（一）生态系统的概念

生态系统(ecosystem)是指生物群落与其生长环境相互联系、相互作用、彼此间不断地进行着物质循环、能量流动和信息联系的统一体。这一概念是1935年由英国生态学家A. G. Tansley首先提出的，这个术语主要强调一定地域中各种生物相互之间、它们与环境之间功能上的统一性。它是功能上的单位，而不是生物学中分类学的单位。每个生态系统占有一定的地理位置和整体来说比较匀质的生长环境，具有确定的生物群落。简言之，生态系统就是生物群落和非生物环境(生境)的总和。

（二）生态系统的基本功能

生态系统的核心组成部分是生物群落，正是通过其中生产者、消费者、分解者的相互作用构成食物链、食物网的网络结构，才使得由绿色植物固定的来自非生物环境的物质和能量能不断地从一个生物转移到另一个生物，最终又回到环境中，形成物质循环及能量流动，同时还存在系统关系网络上一系列的信息交换。任何生态系统都在生物与环境的相互作用下完成能量流动、物质循环和信息传递，以维持系统的稳定和繁荣。因此，能量流动、物质循环和信息传递成为生态系统的三个基本功能。这三个基本功能与生态系统中三大功能类群的生物学过程密不可分。

1. 能量流动

能量流动是生态系统的主要功能之一。在生态系统中，所有异养生物需要的能量都来自自养生物合成的有机物质，这些能量是以食物形式在生物之间传递的。当能量由一个生物传递给另一个生物时，大部分能量被降解为热而散失，其余的则用以合成新的原生质，从而作为潜能储存下来。由于能量传递不同于物质循环而具有单向性，因此生态系统中的能量传递通常称为能量流动。

所有生物进行各种生命活动都需要能量，并且其能量的最初来源是太阳辐射能。在太阳辐射能中，约有56%是植物色素所不能吸收的。此外，除去植物表面反射、非活性吸收和大量用于蒸腾作用的能量以外，在最适条件下，也只有3.6%的太阳辐射能构成有机物生产量，并且其中有1.2%用于植物本身的呼吸消耗。换言之，在最适条件下，也只有约2.4%的太阳辐射能储存于以后各营养级所能利用的有机物质内。

生态系统中的能量流动，是通过牧食食物链和腐质食物链两个渠道共同实现的。由于这些食物链及其各环节常彼此交联而形成网状结构，其能量流动的全过程非常复杂。就所述的两类能量线路来看，虽然二者以类似的形式而结束，但是它们的起始情况却完全不同。简单地说，一个是牧食者对活植物体的消费，另一个是碎屑消费者对死亡有机物质的利用。这里所讲的碎屑消费者，是指以碎屑为主要食物的小型无脊椎动物，如猛水类、线虫、昆虫幼虫、软体动物、虾、蟹等，它们是很多大型消费者的摄食对象。碎屑消费者所利用的能量，除了一部分直接来自碎屑物质之外，大部分是通过摄食附着于碎屑的微生物和微型动物而获得的。因此，按照上述的营养类别，碎屑消费者不属于独立的营养级，而是一个混合类群。由于不同生态系统的碎屑资源不同，碎屑线路所起的作用也有很大的差别。在海洋生态系统中，初级消费者利用自养生物产品的时滞很小，因此通过牧食线路的能量流明显地大于通过碎屑线路的能量流；相反，对于很多淡水(尤其是浅水)生态系统来说，碎屑线路在能量传递中往往起着主要作用。

2. 物质循环

物质循环(nutrient cycle)又称“生物地球化学循环”，是指生物圈里任何物质或元素沿着一定路线从周围环境到生物体，再从生物体回到周围环境的循环过程。

那些为生物所必需的各种化学元素和无机化合物在生态系统各部分之间的循环通常称为营养物循环(nutrient cycling)。通常用分室(compartment)或库(pool)来表示物质循环中某些生物和非生物环境中某化学元素的数量，即可把生态系统的各个部分看成不同的分室或库，一种特定的营养物质可能在生态系统的这一分室或那一分室滞留(reside)一段时间。例如，硅在水层中的数量是一个库，在硅藻体内的含量又是一个库。这样，物质循环或物质流动就是物质或化学元素在库与库之间的转移。

3. 信息传递

一般把信息传递归纳成以下几种：营养信息、化学信息、物理信息和行为信息。

(1)营养信息

在某种意义上说，食物链、食物网就代表着一种信息传递系统。在英国，生的青饲料主要是三叶草，三叶草传粉受精靠的是土蜂，而土蜂的天敌是田鼠，田鼠不仅喜欢吃土蜂的蜜和幼虫，而且常常捣毁土蜂的窝，土蜂的多少直接影响三叶草的传粉结籽，而田鼠的天敌则是猫。不难看出，以上过程实际上也是一个信息传递的过程。

(2)化学信息

在生态系统中生物代谢产生的物质，如酶、维生素、生长素、抗生素、性引诱剂均属于传递信息的化学物质。化学信息深深地影响着生物种间和种内的关系，有的相互制约，有的互相促进，有的相互吸引，有的相互排斥。

(3)物理信息

声、光、色等都属于生态系统中的物理信息，狮虎咆哮，萤火虫的闪光，花朵艳丽的色彩和诱人的芳香，都属于物理信息。这些信息对生物而言，有的表示吸引，有的表示排斥，有的表示警告，有的表示恐吓。

(4)行为信息

许多同种动物，不同个体相遇，时常会表现出各种特定的行为格式，即所谓的行为信息。这些信息有的表示识别，有的表示威胁、挑战，有的是向双方炫耀自己的优势，有的表示从属，有的是为了配对。行为生态学已成为一个独立的分支。

二、水体污染及防治

（一）水污染的概念及指标

1. 水污染的概念

水体受到人类或自然因素或因子的影响，使水的感官性状、物理化学性能、化学成分生物组成及地质情况等产生了恶化，称为“水污染”。从另一角度说，若由于某些自然或人为的原因，大量有害物质进入水体，超过了水体的自净能力，不能及时地分解转化为无害形式，反而在水体或生物体内积累下来，破坏水环境的正常机能，对水体造成现实的或潜在的危害。水体富营养化和赤潮也是污染的一种表现。

富营养化一般是指由于水中氮、磷等生源物质不断增加，水域生物生产力不断提高的过程，有时也指水域营养性状演化的一个阶段，即已具富营养型特征，如水生植物特别是浮游植物大量繁殖引起水华或赤潮、溶解氧周期波动剧烈等。从水产养殖来说，适度的富营养化意味着水肥、饵料丰富，有其有利的方面。但从环境保护角度来看，富营养化会给水和水体的利用带来多方面的问题，如供水方面、旅游方面、渔业方面等。赤潮（red tide）是海洋或近岸海水养殖水体中某些微小的浮游生物在一定条件下暴发性增殖而引起海水变色并使海洋动物受害的一种生态异常现象，与淡水中“水华”相近，但“水华”不一定有害。

2. 水污染指标

水污染指标包括物理、化学和生物等方面。以下介绍几种较为重要的指标。

（1）固体物质

固体物质包括有机性物质（又称挥发性固体）和无机性物质（又称固体性物质）。固体物质又可分为悬浮固体和溶解固体两类，而固体物质总量则称为总固体（total solid，TS）。悬浮固体（suspended solid，SS）是污水的重要污染指标，包括浮于水面的漂浮物质、悬浮于水中的悬浮物质和沉于底部的可沉物质。

（2）有机污染物

有机污染物对水体的污染和自净有很大影响，是污水处理的重要对象，其指标有以下几项。

①生物化学需氧量（biochemical oxygen demand，BOD）。该指标是指在温度、时间都一定的条件下，微生物在分解、氧化水中有机物的过程中所消耗游离

氧的数量，其单位为 mg/L 或 kg/m^3。

②化学需氧量(chemical oxygen demand，COD)。该指标表示的是污水中有机污染物被化学氧化剂氧化分解所需要的氧量。用重铬酸钾作强氧化剂，在酸性条件下能够将有机物氧化为 H_2O 和 CO_2，此时所测得的耗氧量即为化学需氧量(COD_{cr})。用高锰酸钾作氧化剂，所测得的耗氧量称高锰酸钾耗氧量，简称耗氧量(COD_{Mn})。

③总有机碳(total organic carbon，TOC)。这一指标最宜用于表示污水中微量有机物。将一定数量的污水注入高温炉中，在触媒的参与下，有机碳被氧化成二氧化碳。

④总需氧量(total oxygen demand，TOD)。将污水注入以白金为触媒的燃烧室内，以 900℃的高温加以燃烧，完全氧化，其耗氧量即为总耗氧量。

⑤理论需氧量(theoretical oxygen demand，ThOD)。根据有机物氧化的化学方程式，可以计算出其需氧量的理论值，即所谓的理论需氧量。

(3)有毒物质

毒物污染是水污染中特别重要的一大类。有毒物质种类繁多，共同的特点是会对生物有机体的正常生长和发育造成毒性危害。

(4)酸碱性

酸性污水能够腐蚀排水管、污水处理设备以及其他水工构筑物，酸性或碱性污水都能抑制水生生物及微生物的生活活动。

(5)生物指标

生物指标主要有细菌总数、大肠杆菌总数、病原菌总数等。

(二)主要污染物及其危害

水体中的污染物主要来自城市污水排放、水土流失、水产和畜禽养殖以及其他人为活动。造成水体污染的污染物包括物理的、化学的和生物的三大类。

1. 物理污染

物理污染主要包括固体悬浮物、热污染和放射性污染物。

(1)固体悬浮物

固体悬浮物是不溶于水的非生物性颗粒物及其他固体物质，主要来源于水土流失、工农业生产和城市生活污水的排放。

(2)热污染

它是一种能量污染，水体受热污染后造成溶解氧减少(直到零)，使某些毒物的毒性提高，破坏水生态平衡的温度环境条件，加速某些细菌的繁殖，助长水草丛生、厌氧发酵，从而产生恶臭。鱼类等水生动植物的生长与水温密切相关，有一定的适温范围，过低或过高均不利于水生生物生长和生存，并破坏某一特定水域的生物种群结构。

(3)放射性污染物

放射性污染是指主要由放射性核素引起的一类特殊污染。有的放射性核素在水体、土壤中会转移到水生生物中，并发生明显的浓缩，难以处理和消除，不能用物理、化学、生物等作用改变其辐射的固有特性，只能靠自然衰变来降低其放射强度。生物体对辐射最敏感的是增殖旺盛的细胞组织，如血液系统和造血器官、生殖系统、肠胃系统、皮肤和眼睛的水晶体等。射线引起的远期效应主要有白血病、再生障碍性贫血、恶性肿瘤及白内障等。

2. 化学污染物

化学污染物按其性质可分为六类，即需氧有机物污染、富营养化污染、有毒污染物、油污染、酸碱污染、地面径流污染。

(1)需氧有机物污染

需氧有机物包括碳水化合物、蛋白质、油脂、氨基酸、脂肪酸、脂类等有机物质。需氧类有机物质没有毒性，在生物化学作用下容易分解，分解时消耗水中的溶解氧。易引起水体缺氧，对水生生物造成危害。水体中需氧有机物越多，耗氧也越多，水质就越差，说明水体污染越严重。大多数污水都含有这类污染物质。

(2)富营养化污染

富营养化污染主要是指水流缓慢、更新周期长的地表水体，接纳大量氮、磷、有机碳等富营养素引起的藻类等浮游生物急剧增殖的水体污染。

(3)有毒污染物

造成水体污染的有毒污染物可分为四类：一是氰化物(CN^-、F^-、S_2^- 等)；二是重金属无机毒物(Hg、Cd、Pb、Cr、As 等)；三是易分解的有机毒物(挥发酚、醛、苯等)；四是持续性有机污染物(DDT、六六六、狄氏剂、多环芳烃、芳香胺等)。

①氰化物。氰化物是剧毒物质，可在生物体内产生氰化氢，使细胞呼吸受到

麻痹而窒息死亡。在鱼对氰化物的慢性中毒实验中，对许多生理、生化指标进行观察后发现，为保证在生态学上不产生有害作用，CN^- 在水体中不允许超过 0.04 mg/L，对某些敏感的鱼不允许超过 0.01 mg/L。世界卫生组织规定鱼的中毒限量为游离氰 0.03 mg/L。

②重金属无机毒物。重金属主要是通过食物链进入生物体内的，不易排泄，并在生物体的一定部位积累。进入体内以后，使人慢性中毒，极难治疗。20 世纪 50 年代发生在日本的水俣病事件就是在脑中积累了甲基汞，致使神经系统遭受破坏，导致较高的死亡率。

③易分解的有机毒物(酚类化合物)。酚是一种高毒的污染物。低浓度的酚能使蛋白质变性，高浓度的酚能使蛋白质沉淀。酚对各种细胞可产生直接损害，对皮肤和黏膜有强烈的腐蚀作用，长期饮用被酚污染的水源可引起头昏、出疹、瘙痒。

④持久性有机污染物。其特点是毒性高、持续性强、易生物积累、可长久在大气中迁移、远距离传输和沉积，生物、化学与光难降解，难溶于水，而易溶于油脂，其分析测定也相当困难。该类型的污染物主要有二噁英(dioxin)和有机氯农药。

(4)油污染

油污染是水体污染的重要类型之一，河口、近海水域更为突出。排入海洋的石油估计每年可高达数百万吨。油污染主要是由于工业排放，石油运输船舱、机件及意外事件的流出，海上采油等造成的。

(5)酸碱污染

酸碱污染使水体 pH 值发生变化，破坏水体的缓冲作用，不利于水生动植物的生长和水体自净，还可腐蚀桥梁、船舶、渔具。酸与碱往往同时进入同一水体，中和之后可产生某些盐类；酸性和碱性废水进入水体也可与水体中的某些矿物元素相互作用而产生盐类。产生的各种盐类会提高水的渗透压，不利于植物根系对水分的吸收，影响植物的正常生理活动。

(6)地面径流污染

大气降水落到地面后，一部分蒸发变成水蒸气返回大气，一部分下渗到土壤成为地下水，其余的水沿着斜坡形成漫流，通过冲沟、溪涧，注入河流，汇入海洋。这种水流称为地面径流或地表径流。由于地表径流可能含有来自大气、污水、土壤等含有的污染物，流入水体后势必会造成一定的污染。

第三节　水产动物营养与饲料

一、水产动物对营养物质的需要量

（一）各营养物质的营养原理

1. 蛋白质的营养

(1)蛋白质的组成结构

蛋白质由各种氨基酸组成，动植物体蛋白质的氨基酸只有 20 种，组成蛋白质的元素有 C、H、O、N、S，少数含有 P、Fe、Cu、I 等。

(2)蛋白质的营养生理作用

供体组织蛋白质的更新、修复以及维持体蛋白质现状；用于生长(体蛋白的增加)；组成机体各种激素和酶类等具有特殊生物学功能的物质；作为部分能量来源。

(3)蛋白质、氨基酸的质量与利用

蛋白质的质量是指饲料蛋白质被消化吸收后，能满足动物新陈代谢和生产对氮和氨基酸需要的程度。饲料蛋白质越能满足动物的需要，其质量就越高，其实质是指氨基酸的组成比例(模式)和数量，特别是必需氨基酸的比例和数量越与动物所需要的一致，其质量就越好。

必需氨基酸：在鱼虾体内不能合成或者合成量很少，不能满足它正常的生理需要，必须由饲料供给的氨基酸。

非必需氨基酸：鱼体自身能够合成而不需要从饲料中获得的氨基酸。

氨基酸平衡：饲料中必需氨基酸种类齐全，且含量及其比例符合鱼虾需要。

理想蛋白质：这种蛋白质的氨基酸在组成和比例上与动物所需的蛋白质氨基酸的组成和比例一致。

(4)蛋白质营养价值的评定

蛋白价(protein score，PS)：待测蛋白质的必需氨基酸含量与标准蛋白质中相应的必需氨基酸含量的百分比，其比值最低的那种必需氨基酸的比值，则为该待测蛋白质相对于标准蛋白质的化学比分。此指标未考虑其他必需氨基酸的缺乏，只能说明与标准蛋白质相比较，各种蛋白质第一限制性氨基酸缺乏的程度。

$$增重率(\%)=(W_t-W_0)/W_0\times100\%$$

式中，W_t 是指终末体质量；W_0 是指初始体质量。

蛋白质效率(protein efficiency ratio，PER)=体重增加量/蛋白质摄取量×100%，即动物食入单位蛋白质的体重增加量。

2. 碳水化合物的营养

(1)碳水化合物的一般生理功能

碳水化合物是鱼虾体组织细胞的组成成分，也是合成体脂的重要原料；当饲料中含有适量的糖类时，可减少蛋白质的分解供能，同时 ATP 的大量合成有利于氨基酸的活化和蛋白质的合成，从而提高饲料蛋白质的利用率。

(2)水生动物对碳水化合物的利用特点

鱼虾利用糖类的能力较其他动物低，且随鱼的食性、种类不同差异很大，其原因为胰岛素量不足，糖代谢机能低劣。

不同种类糖类的利用率随鱼的种类而异。有些鱼类对低分子糖类的利用率较高分子糖类高，但有些鱼类的研究表明，不同分子量的糖类利用率相似或对糊精、淀粉的利用率略高于单糖。鱼类对低分子糖类的消化率高于高分子糖类，而对纤维素则几乎不能消化。肉食性越强的鱼类对糖类的利用能力越低。

3. 脂类的营养

(1)脂类的种类和性质

按其结构分为中性脂肪(油脂或甘油三酯，是三分子脂肪酸甘油形成的脂类化合物)和类脂质(有的成脂，有的不成脂，常见的有醋、磷脂、糖脂、固醇)。而脂类的性质决定于脂肪酸。

(2)脂类的生理功能

脂类是鱼虾类组织细胞的组成成分，如磷脂、糖脂参与构成细胞膜，各组织器官都含有脂肪。脂肪是体内绝大多数器官和神经组织的防护性隔离层，能够保护和固定内脏器官；也是鱼虾能量储备的一种最好形式；是脂溶性维生素的溶剂，有利于其在体内的运输；可作为某些激素和维生素的合成原料；可节省蛋白质，提高饲料蛋白质的利用率。

(3)脂肪的消化与利用

鱼虾能有效地利用脂肪并从中获取能量，但对脂肪的吸收利用受多种因素的影响，其中脂肪的种类对脂肪的消化吸收率影响最大。鱼虾对熔点低的脂肪消化吸收率高。饲料中 Ca 含量过高，多余的 Ca 会与脂肪螯合，使脂肪消化率降低，充足的 P、Zn 等矿物质可促进脂肪的氧化，避免脂肪在体内大量沉积。维生素 E 防止并破坏脂肪代谢过程中的过氧化物。胆碱是合成磷脂的主要原料，胆碱不足，脂肪在体内的转运和氧化受阻，易导致脂肪肝。饲料中必需脂肪酸(EFA)缺乏，不同的鱼表现不一样(食欲下降、生长受阻、免疫力下降)。

4. 维生素的营养

存在于天然食物中间或者由动物体内外微生物合成的一类由 C、H、O 间或有 S、N 等元素组成的低分子化合物，它们在动物体内含量很低，不是结构物质及能源物质，而是以辅酶和催化剂的形式参加体内代谢多种化学反应，从而保证机体组织器官的细胞结构和功能正常，维持健康和生产。动物对它们的需要量尽管很小，但缺乏会引起代谢紊乱，影响健康甚至生命，它们必须由饲料供给。按其溶解性分为脂溶性维生素(包括维生素 A、维生素 D、维生素 E 和维生素 K)和水溶性维生素[包括硫胺素(维生素 B_1)、核黄素(维生素 B_2)、胆碱(维生素 B_4)、烟酸或烟酰胺(维生素 B_5)、吡哆素(维生素 B_6)、生物素(维生素 B_7)、叶酸、氰钴素(维生素 B_{12})、肌醇、维生素 C 等]。

对于脂溶性维生素，动物组织有较强的积蓄能力，大量添加可能造成中毒；对于水溶性维生素，则很少在组织中积蓄。一旦供应不足就易造成缺乏症；供给过多会经肾脏排出，一般不会表现出中毒现象。

(二)各营养物质的需要量

1. 蛋白质与必需氨基酸的需要量

(1)蛋白质的需要量和饲料中的适宜含量

鱼类对蛋白质的需要量较低，其中鲤鱼、草鱼和鲮鱼等(杂食性和草食性)温水性鱼类的需要量较虹鳟(肉食性)等冷水性鱼类低。水产养殖动物对蛋白质的最适需要量有一定差异，中华绒螯蟹和中华鳖对蛋白质的最适需要量低于鱼类。各种鱼类的蛋白质最适需要量也不相同[6.4～17.0g/(kg・d)]，其中团头鲂和鲮鱼低于尼罗罗非鱼、鲤鱼和虹鳟鱼，草鱼最高。

(2)必需氨基酸的需要量及其比例

饲料中必需氨基酸的适宜比例，反映饲料及其蛋白质的质量。虽然在一般情况下，必需氨基酸与饲料蛋白质含量正相关，但是蛋白质含量相同的饲料，由于蛋白源不同，必需氨基酸的含量与比例可能差异很大。因此，饲料中必需氨基酸的适宜含量与比例对动物生长发育要比饲料蛋白质适宜含量更为重要。

各类养殖动物饲料中赖氨酸、精氨酸、蛋氨酸和苯丙氨酸等必需氨基酸的适宜含量与食性密切相关。肉食性的中国明对虾、虹鳟、青鱼、真鲷、鳗鲡、中华鳖等饲料中赖氨酸、精氨酸、蛋氨酸和苯丙氨酸含量占饲料的百分比分别高于2.0%、2.0%、1.0%和1.3%，而杂食性鲤鱼、尼罗罗非鱼和草食性的草鱼、团头鲂饲料中上述四种必需氨基酸的适宜含量分别低于2.0%、2.0%、0.8%、1.3%。同种动物幼体饲料必需氨基酸的适宜含量适当高于成体，如幼鲤鱼饲料中赖氨酸、精氨酸、蛋氨酸和苯丙氨酸的适宜含量分别为2.8%、1.9%、1.4%和2.9%，而成鲤鱼则分别为1.5%、1.1%、0.8%和1.8%。

2. 脂肪与必需脂肪酸的需要量

水产动物对脂肪需要量较少，种间差异也不大，饲料中脂肪适宜含量一般为6%左右。同种水产生物的幼体对脂肪需要量略高于成体，在饲料中适量添加脂肪可节约蛋白质的消耗。

20世纪70年代末以来，国内外重视了水产养殖动物对必需脂肪酸及其需要量的研究，迄今基本探明了主要养殖鱼类和虾蟹类对各类必需脂肪酸的需要量。主要养殖动物饲料中各类必需脂肪酸的适宜含量，一般占饲料的0.5%～2.0%。饲料中必需脂肪酸含量过高，不仅不利于饲料储藏，还会抑制动物生长发育。

3. 糖类的需要量

水产动物对糖类的需要量比家畜、家禽少，并与食性有关。虾蟹类、肉食性鱼类(虹鳟、青鱼、鳗鲡等)和中华鳖饲料中糖类适宜含量一般低于30%，而草食性草鱼、杂食性鲤鱼、尼罗罗非鱼饲料中糖类的适宜含量高于30%。饲料中粗纤维的含量一般都较低，限量不得超过10%，幼体的限量在3%左右，个别鱼类(如鲮鱼)饲料中粗纤维含量高达17%。

4. 维生素的需要量

水产养殖动物对维生素的需要量分为最小必需量、营养需要量、保健推荐量和药理效果期待量四个剂量级。最小必需量是预防出现缺乏症的剂量；营养需要量是满足动物正常健康生长发育的剂量；保健推荐量是动物处于不良环境条件下的需要量，比营养需要量多1倍左右；药理效果期待量是为防治某些疾病，大幅度增加的剂量，药理效果期待量高达营养需要量的10倍。

各种水产养殖动物饲料中维生素适宜含量的差异较大，其中中国明对虾和鳗鲕对脂溶性维生素的需要量较高，而鲤鱼与中华鳖的需要量较低。同种动物不同研究者提供的需要量也有较大差异。这说明水产养殖动物对维生素的需要量是相对的，随环境条件个体发育阶段不同而发生相应变化。

二、水产饲料

（一）饲料原料的种类及其特性

天然饲料资源包括动植物和矿物质。动植物饲料资源多种多样，绝大多数都可以单独作为饲料，称单一饲料。配合饲料的原料主要指的是天然动植物及其加工的副产品。

饲料原料的分类方法较多，其中 Harris 分类方法又称国际饲料分类法，它根据饲料原料的营养特性，将其分为八大类，并实行了国际饲料编码。我国传统的饲料（原料）分类是按其来源、理化性状及动物的消化特性，将饲料原料分为植物性、动物性、矿物质等，其缺点是不能反映出饲料的营养特性。目前，我国的饲料分类方法是综合国际分类原则和我国传统的饲料分类法建立起来的，共分 16 类并具有统一编号及国际分类编码。根据配合饲料的主要营养性来源或饲料原料的主要营养特性，可将饲料原料分为蛋白质饲料原料、能量饲料原料。

1. 蛋白质饲料原料

蛋白质饲料原料是配合饲料蛋白质的主要来源，其蛋白质含量高于 20%，分为植物性蛋白饲料原料、动物性蛋白饲料原料和单细胞蛋白饲料原料。

(1)植物性蛋白饲料原料

①豆科籽实。豆科籽实的共同特点是蛋白质含量高(20%～40%)，蛋白质品质好(表现为植物性饲料中限制性氨基酸之一的赖氨酸含量较高)，糖类含量较低(28%～63%)，脂肪含量较高(大豆含脂量在 19%左右)，维生素含量较丰富，磷的含量也较高。这类饲料原料的主要缺点是蛋氨酸含量较低，含有抗胰蛋白酶、植酸等抗营养因子。目前，世界各国普遍使用全脂大豆作为配合饲料的主要蛋白原料。

②油饼与油粕类。油料籽实采用压榨法榨油后的残渣为油饼，采用溶剂浸出提油后的产品叫油粕。这类原料包括豆饼(粕)、棉籽饼、花生饼、葵籽饼、菜籽饼、芝麻饼等。

(2)动物性蛋白饲料原料

动物性蛋白饲料主要包括鱼粉、骨肉粉、血粉等，蛋白质含量较高且品质好，必需氨基酸含量高且比例也适合动物需要；含糖量低，几乎不含纤维素；脂肪含量较高，灰分也较多，B族维生素含量较丰富。

(3)单细胞蛋白饲料原料

单细胞蛋白(SCP)饲料也称微生物饲料，是一些单细胞藻类(螺旋藻、小球藻)、酵母菌(啤酒酵母、饲料酵母等)、细菌等微型生物体的干制品，是配合饲料的重要蛋白源，蛋白质含量高(42%～55%)，蛋白质质量接近于动物蛋白质，蛋白质消化率一般在80%以上，赖氨酸、亮氨酸含量丰富，但硫氨基酸含量偏低，维生素和矿物质含量也很丰富。

2. 能量饲料原料

能量饲料原料是组成配合饲料能量的主要组分或是配合饲料能量的主要来源，其糖类和脂肪的含量较高，但蛋白质含量低于20%，纤维素低于18%，包括谷实类、糠麸类、饲用油脂等。

(二)饲料添加剂

饲料工业包括饲料原料、饲料添加剂、饲料加工和饲料机械。配合饲料由蛋白质饲料原料、能量饲料原料和添加剂组成，经过饲料机械加工成型。

饲料添加剂是在配合饲料中添加的少量或微量非能量物质，目的是完善饲料的营养性、改善适口性、提高饲料的摄食率与转化率、促进动物生长发育和预防疾病、减少饲料在加工与运输储藏过程中营养物质的损失以及改善动物产品的质量。饲料添加剂在配合饲料中用量虽微，但作用却很大，可大幅度提高配合饲料的质量和效价(30%左右)，降低饲养成本。

我国饲料添加剂的研究工作起步较晚，随着饲料工业的迅速发展，于20世纪80年代初先后开始进行畜禽和水产动物饲料添加剂的研制工作。迄今为止，我国许多单位相继开展了主要水产养殖动物(虾蟹类、鱼类和中华鳖)饲料添加剂的研制工作并取得了可喜成果，其产品广泛应用于养殖业中。

第四节 水产动物生物学

一、形态结构

（一）鱼类的形态结构

1. 鱼类的体形

鱼类在演化发展过程中，由于生活习性和生活环境的差异，形成了多种与之相适应的体形。

(1)纺锤形(又称梭形)

这种体形的鱼类，头、尾稍尖，身体中段较粗大，其横断面呈椭圆形，侧视呈纺锤状，适于在静水或流水中快速游泳活动，如金枪鱼、鲤鱼、鲫鱼等为此种类型。

(2)侧扁形

这种体形的鱼体较短，两侧很扁而背腹轴高，侧视略呈菱形，通常适宜于在较平静或缓流的水体中活动，如长春鳊、团头鲂等属此种类型。

(3)平扁形

这种体形鱼类的特点是背腹轴缩短，左右轴特别延长，鱼体呈左右宽阔的平扁形，多栖息于水体的底层，运动比较迟钝，如斑鳐、南方鲆、平鳍鳅等属此种类型。

(4)圆筒形(棍棒形)

这种体形的鱼体延长，其横断面呈圆形，侧视呈棍棒状，多底栖，善穿洞或穴居生活，如鳗鲡、黄鳝等属此种类型。

2. 鱼类的内部构造

(1)肌肉

鱼类产生一系列动作的基础就是肌肉。鱼类的肌肉按作用点不同可以分为头部肌肉、躯干肌肉和附肢肌肉。鱼体头部肌肉种类繁多，如司口关闭的下颌收肌、司鳃盖开闭的鳃盖开肌和收肌等。躯干肌肉分为大侧肌和上下棱肌，大侧肌是鱼体最大、最重要的肌肉，自头后直至尾基两侧。上下棱肌位于背部和腹部中线上(软骨鱼类无梭肌)。附肢肌肉包括胸鳍肌、腹鳍肌、背鳍肌、臀鳍肌、尾鳍肌，这些肌肉都是从大侧肌分化而来的。

(2)消化系统

消化系统由消化道和消化腺组成。消化道起于口腔，经咽、食道、胃、肠，终于肛门。鱼类的口腔和咽无明显区分，因此常把它们合称为口咽腔。

(3)呼吸系统

①鳃：主要由鳃弓、鳃片和鳃耙组成。鳃弓是支持鳃片的骨骼。鳃耙有过滤食物的功用，它与呼吸作用无直接关系。鳃片由许多鳃丝组成，鳃丝又由很多鳃小片构成，其上密布着无数的毛细血管，是气体交换的场所。当水通过鳃丝时，鳃小片上的微血管通过本身的薄膜摄取水中的溶解氧，同时排出 CO_2。鱼类不断地用口吸水，经过鳃丝从鳃孔排出，完成呼吸过程。一旦鱼离开了水，鳃就会因失水而互相黏合或干燥，从而失去交换气体的功能，导致鱼窒息死亡。

②副呼吸器官：有些鱼类除了用鳃呼吸以外，还有一些辅助的呼吸器官，称为副呼吸器官。副呼吸器官分布着许多微血管，能进行气体交换，具有一定的呼吸功能。例如，鳗鲡和鲇鱼都能用其皮肤呼吸，泥鳅能用肠呼吸(把空气吞入肠中，在肠道内进行气体交换)，鳝鱼可以借助口咽腔表皮呼吸，乌鱼可以用咽喉部附生的气囊呼吸，埃及胡子鲇的鳃腔内也有树枝状的副呼吸器官等。上述鱼类都可以离水较长时间而不至于很快死亡。

③鳔：鳔是多数鱼类具有的器官，无呼吸作用。鳔呈薄囊形，位于体腔背方，一般为二室，里面充满气体。它是鱼体适应水中生活的比重调节器，可以借放气和吸气改变鱼体的比重(相对密度)，有助于鱼体上升或下降。

(4)血液循环系统

鱼类的血液循环系统主要由心脏和血管构成。心脏位于最后一对鳃的后面下方，靠近头部，由一个心房和一个心室组成。血液经血管由心室流出，经过腹大动脉进入鳃动脉，深入鳃片中各毛细血管，其红细胞在此吸收氧气，排出血液中的 CO_2，使血液变得新鲜。此后，血液流出鳃动脉而归入背大动脉，再由许多分支进入鱼体各部组织器官，然后转入静脉，再汇集到腹部的大静脉。静脉血液经过肾脏时被滤去废物，流经肝脏后重新进入心脏循环。

(二)虾蟹类的形态结构

虾蟹属于无脊椎动物甲壳纲，身体分头胸部和腹部两部分，头部 5 节，胸部

8 节，腹部 6 节，尾部 1 节。头部除第 1 节具有复眼外，其他各节皆有附肢一对。胸部 8 节也各有附肢一对。腹部除最末的尾节外，一般也各具一对附肢。除腹部的分节明显之外，一般头胸部的分节界限已消失，因此合称为头胸部。蟹的背甲有许多钙质沉淀，因此形成了一块坚厚的铠甲。虾的腹部很发达，蟹的腹部却有所退化，附贴在头胸部的下面。

二、食性与生长

(一)鱼类的食性与生长

1. 鱼类的食性

根据各种鱼类脱离幼年时期后所摄取的主要食物，可将鱼类的食性分为以下类别。

(1)草食性

以摄食水生高等植物为主，也摄食附着藻类和被淹没的陆生嫩草及瓜菜叶片等，如草鱼、鳊鱼和团头鲂等。

(2)浮游植物食性

以摄食浮游藻类为主，典型的有鲢，这类食性鱼的鳃耙的滤食性能最佳。

(3)鱼虾类食性

以摄食鱼虾类等游泳生物为主，有的甚至捕食较大的哺乳动物。这类鱼通常游泳活泼，口裂大、牙齿锐利，而且性格凶猛，所以又称凶猛鱼类，如海洋中的噬人鲨、淡水中的鲶和狗鱼等。

(4)底栖动物食性

以摄食底栖的无脊椎动物为主，如青鱼以螺蚬为食，铜鱼等以水生昆虫、水蚯蚓、淡水壳菜等为主。这类鱼有的采食底面上的动物，有的挖食埋栖在底泥中的动物。

(5)浮游动物食性

以摄食浮游动物如轮虫、桡足类、枝角类为主。鳙、鲥等主要通过鳃耙滤食，短吻银鱼等小型鱼类则主动捕食。

(6)腐屑食性

以吸取或舔刮底层的动植物腐屑为主，也同时刮食周丛生物和摄取腐屑中的小型底栖动物，典型的如鲴类和鲮等。

(7)杂食性

这是一类兼食各类食物的鱼类，典型的例子有鲤和泥鳅，它们的食物种类广泛，食性的适应能力强。

2. 鱼类的生长

各种鱼类有其一定的大小，也有其不同的生长速度。有的小型鱼(如银鱼)在出生后一年之内(甚至几个月之内)性就成熟，能长到和亲体一样大；有的大型鱼(如真鲷、红鳍笛鲷)则要长几年才能达到性成熟，才能长到和亲体同样大。鱼类的生长和哺乳动物不同，只要食物充足，环境适合，可以一直生长到死亡为止。鱼类也会生病、衰老和死亡。不过，由于鱼类的内在和外在的许多因子，往往使得鱼类长到某种长度(这种长度随种类而异)以后，生长便很缓慢，所以鱼类生长有两个重要的特性：一个是生长的连续性；另一个是生长的周期性。由于水温、食饵等变化所造成的鱼类生长的连续性和周期性这两个重要特性，能够在鱼类的内、外骨质和耳石的形态构造上反映出来，所以应用鱼类的鳞片、脊椎骨、耳石或鳃盖骨能够鉴定鱼类的生长情况和年龄。从鱼类的生长和年龄情况，可以查明鱼类的寿命、生存条件、性成熟开始的年龄以及生长发育的特点。从鱼类生长的好坏，可以判断饵料基础有没有被充分利用，捕捞强度对渔业资源的影响程度。因此，对鱼类的生长和年龄的研究，能确定合理的捕捞时间，为制定法定的捕捞规格提供依据。

(二)虾蟹类的食性与生长

1. 虾蟹类的食性

(1)虾类食性

我国目前虾类养殖种类较多，在海水方面主要有中国对虾(东方对虾)、墨吉对虾、日本对虾、斑节对虾、刀额新对虾、南美白对虾等，在淡水方面主要有青虾(河虾)、罗氏沼虾、海南沼虾和南美白对虾(淡化苗)等。

上述各种养殖虾类，除对水温、水质、营养需要等方面的要求稍有差异之外，在生长发育规律、摄食方式以及食性诸方面，基本上大同小异。一般地说，所有虾类都属杂食性。其中，日本对虾和中国对虾偏重于食用动物性饵料，斑节对虾、罗氏沼虾、南美白对虾、青虾等食用动植物性饲料均可以。

(2)蟹类食性

虾蟹类的食性，因其种类、发育阶段的不同，有一定的差异。由于其生存的水域生态环境和季节不同，其摄食的饵料种类也有变化，但大多数虾蟹类为杂食者或腐食者，少数为肉食者或植食者。

虾蟹类的饵料范围很广，可分为碎屑、微生物、植物及动物几大类。碎屑成分复杂，由底质中的植物碎片、有机颗粒以及微生物等聚集而成。植物性饵料包括微型藻类、大型藻类、高等水生植物及某些陆生植物。动物性饵料主要有甲壳动物、软体动物、多毛纲动物、有孔虫及小型鱼类等。

虾蟹类的幼体多是营浮游生活，一般以浮游藻类、原生动物以及水中的悬浮颗粒为食。溞状幼体和糠虾幼体以多甲藻、硅藻为食，其中以舟形藻为多，其次为圆筛藻、曲舟藻和菱形藻。此外，也摄食少量的桡足类及其幼体、双壳类幼体、多毛类幼体等。

2. 虾蟹类的生长

虾蟹类同其他甲壳动物一样，生长是通过蜕皮来完成的。在旧的甲壳未蜕皮之前，虾蟹类的生长与蜕皮后的生长相比是微不足道的。因此，一般认为虾蟹类的生长随蜕皮的发生呈阶梯式增长，在两次蜕皮之间虾蟹类基本维持体长不变，在体重上随物质积累而略有增长。蜕皮后，动物的新甲壳柔软而有韧性，此时动物通过大量吸水使甲壳扩展至最大尺度，随后矿物质及蛋白质常常使甲壳硬化，完成身体的体长增长，然后以物质积累和组织生长替换出体内的水分，完成真正的生长，而在两次蜕皮之间则几乎没有生长，使虾蟹类的生长呈阶梯状的不连续生长。

第二章

现代水产养殖的水质管理技术研究

第一节　水的理化性质与水质指标
第二节　养殖用水的过滤
第三节　养殖用水的消毒
第四节　养殖用水的充气与除气
第五节　水产养殖水质综合调控技术
第六节　养殖水域的生产力与养殖容量

第一节　水的理化性质与水质指标

一、纯水的性质

（一）结构

水分子由两个氢原子和一个氧原子构成，而氧原子最外层有六个电子，其中有两个电子与两个氢原子的电子形成共享电子对，而另外两对不共享电子会产生极性，共享的一端为正极，另一端为负极，因此水分子为极性分子。水分子的结构特征导致水的特有氢键的形成，即非共享的两对电子的负电子云所形成的弱键可以吸引相邻水分子的正电子云。氢键的形成与否直接与水的物理性质、形态相关。

（二）形态

日常可观察到水有 3 种形态，即液态、气态(蒸汽或水蒸气)、固态(冰)。液体的水有体积而无一定形状，其形状取决于容器。大于 4℃时，液态水与其他物质一样随温度的下降相对密度增加。而小于 4℃时，随着温度的下降，水的相对密度反而减小。这是由于小于 4℃的水，其结构趋于晶体化，密度减小。

水的物理特性对水产养殖者来说十分重要，因为在冬天，冰可以在冷空气与下层水之间形成隔层。如果水的理化特性与其他物质一样，就会有整个池塘或湖泊从底层到表面都会变成固体冰的危险。

（三）温跃层

作为一个水产养殖者来说，可能更关心的是在常温条件下液态的水。液态水的性质主要体现在水分子间的氢键不断形成又不断断裂，随着温度的升高，氢键的形成和断裂的频率就会增加，这也是为什么液态水没有固定体积的原因。

“温跃层”在较浅的池塘中一般不会形成，但在有一定深度的池塘中，就有可能形成，而且会造成很大危害。因为表层水温度高，相对密度轻，始终处于底层温度低、相对密度大的水体之上，导致底层水因长期不能与表层水交换而缺氧。

在较深的湖泊和池塘会发生上下水层交换的现象，称为“对流”。对流通常发生在春秋两季，当表层水密度增加时，整个水体会产生上下层水的混合。

（四）热值

水的热值很大，比酒精等液体大得多。这是由于必须用很大一部分能量去打破氢键，尤其是在固体变液体，液体变气体的过程中。将 1 g 液体的水温度升高 1℃需 1 cal；将 1 g 100℃的水变成 100℃的水蒸气需 540 cal；将 1 g 0℃冰变成 0℃的水需 80 cal。

二、海水的性质

海水的理化性质与淡水有许多相似之处，但又有一定的差异。海水的基本组成是：96.5％的纯水和 3.5％的盐，因此有盐度一说。盐度指一升海水中盐的含量，因此正常海水的盐度是 35‰，现标记为“盐度 35”。海水盐度在不同地理区域如内湾、河口会发生变化，过量蒸发就导致盐度升高，如波斯湾、死海，而在位于河口的地区，由于大量的内陆径流注入，致使盐度降低。

海水中融入了许多不同的离子，其中主要有以下 8 种：Na^+、Cl^-、SO_4^{2-}、Mg^{2+}、Ca^{2+}、K^+、HCO_3^-、Br^- 等。Na^+ 和 Cl^- 约占 86％，SO_4^{2-}、Mg^{2+}、Ca^{2+} 和 K^+ 约占 13％，其余各种离子总和约占 1％。

海水中绝大多数元素或离子(无论大量或微量)都是恒量的，也就是不管盐度高低，他们相互之间的比例是恒定的，不会因为海洋生物的活动而发生大的改变，因此称为恒量元素。与之相反的是非恒量元素，如氮(N)、磷(P)、硅(Si)等这类元素会因为浮游植物的繁殖，它们之间以及它们与恒量元素之间的关系发生显著改变。这类元素通常为浮游植物繁殖所必需的营养元素，因此也称为限制性营养元素。

盐在水中溶解后还会改变水的其他性质，其影响程度随着水中盐的含量增加而增强。盐溶解越多，水的密度、黏度(水流的阻力)越大。此外，折光率也会发生改变，光线进入海水后，发生比在淡水中更大的弯曲，意味着光在海水中的行进速度比在淡水中慢。海水的冰点和最大密度也随着盐度的升高而降低。

三、水质指标

作为水产养殖的工作者而言，水质指标是必须熟悉的，如 pH 和碱度、盐度和硬度、温度、溶解氧、营养盐(包括氮、磷、硅等)，因为这些指标直接影响养殖环境和养殖生物的健康生长。由于水质指标无法用肉眼观察判断，只能借助仪器工具进行测试，因此水产养殖者必须掌握对各类水质指标的测试方法，并且了解测试结果所代表的意义。

(一)pH

pH是氢离子浓度指数，是指溶液中氢离子的总数和总物质量的比，表示溶液酸性或碱性的数值，用所含氢离子浓度的常用对数的负值来表示，$pH=-\lg[H^+]$或者是$[H^+]=10^{-pH}$。如果某溶液所含氢离子的浓度为0.000 01 mol/L，它的氢离子浓度指数(pH)就是5，与其相反，如果某溶液的氢离子浓度指数为5，它的氢离子浓度就为0.000 01 mol/L。

氢离子浓度指数(pH)一般在0～14之间。在常温下(25℃时)，当它为7时溶液呈中性，小于7时呈酸性，值越小，酸性越强；大于7时呈碱性，值越大，碱性越强。纯水25℃时，pH为7，即$[H^+]=10^{-7}$，此时，水溶液中H^+或H^-的浓度为10^{-7}。

许多水体都是偏酸性的，其原因为环境中存在酸性物质，如土壤中存在偏酸物质，水生植物、浮游生物以及红树林对二氧化碳的积累等都可能使水体pH小于7。有的水体受到硫酸等强酸的影响，pH甚至可能低于4，在强酸水体中，无论植物、动物都无法生长。养殖池塘中水体偏酸可以通过人工调控予以中和，最简便的方法就是在水中加生石灰。但这种调节不可能一次奏效，一个养殖周期，可能需要几次。实际操作过程中要通过检测水的pH来决定。

(二)碱度

使用池塘养殖，水体也可能发生偏碱性，只是发生频率比偏酸性要少。鱼类不能生活在pH超过11的水质中，水质过分偏碱性，也可以人为调控，常用的有硫酸铵$[(NH_4)_2SO_4]$，但过量使用会导致氨氮浓度上升。在偏碱性水体中，氨常以NH_3分子存在，而不以NH_4^+离子形式存在于水中($NH_4^+ \rightleftharpoons NH_3 + H^-$)，而$NH_3$分子的毒性远高于$NH_4^+$离子。

碱度是指在水中能中和H^+阴离子浓度。CO_3^{2-}、HCO_3^-是水中最主要的两种能与阳离子H^+进行中和的阴离子，统称碳酸碱。碱度会影响一些化合物在水中的作用，如$CuSO_4$在低碱性水中毒性更强。

（三）缓冲系统

二氧化碳与其他溶解于水中的气体不同，进入水中与水发生反应，能形成一个与大多数动物血液相似的缓冲系统。首先，二氧化碳溶于水后，与水结合形成碳酸，然后部分碳酸发生离解产生碳酸氢根离子，进一步碳酸氢离子发生离解产生碳酸根离子，其步骤如下：

$$CO_2 + H_2O \rightleftharpoons H_2CO_3$$

$$H_2CO_3 \rightleftharpoons H^+ + HCO_3^-$$

$$HCO_3^- \rightleftharpoons H^+ + CO_3^{2-}$$

在上述缓冲系统中，若 pH 在 6.5～10.5 时，系统中 HCO_3^- 为主要离子；pH 小于 6.5 时，H_2CO_3 为主要成分；而 pH 大于 10.5 时，则 CO_3^{2-} 为主要离子。这一缓冲系统可以有效保持水体稳定，防止水中 H^+ 浓度的急剧变化。在一个 pH 为 7 的系统中添加碱性物质，则系统中的碳酸氢根离子就会离解形成 H^+ 离子和碳酸根离子以保持 pH 的稳定。相反，如果添加酸性物质，则反应向另一个方向发展，碳酸氢根离子会与 H^+ 离子结合，形成碳酸以保持水体酸碱稳定。

在一个养殖池塘中，由于白天浮游植物进行光合作用，需要消耗溶于水中的二氧化碳，缓冲系统的反应就朝形成 H_2CO_3 方向发展，水中 pH 就会升高，水体呈碱性。反之，在夜晚，光合作用停止，水中二氧化碳增加，反应向相反方向发展，pH 降低，水体呈酸性。

（四）硬度

硬度主要是研究淡水时所用的一个指标。自然界的水几乎没有纯水，其中或多或少总有一些化合物溶解其中。硬度和盐度是两个密切相关的词，表达溶解水中的物质。

硬度最初的定义是指淡水沉淀肥皂的能力，主要是水中 Ca^{2+} 和 Mg^{2+} 的作用，其他一些金属元素和 H^+ 也起一些作用。现在硬度仅指钙离子和镁离子的总浓度，表示 1 L 水中所含有的碳酸盐浓度。从硬度来分，普通淡水可分为四个等级：①软水：$0 \sim 55 \times 10^{-6}$；②轻度硬水：$56 \times 10^{-6} \sim 100 \times 10^{-6}$；②中度硬水：$101 \times 10^{-6} \sim 200 \times 10^{-6}$；④重度硬水：$201 \times 10^{-6} \sim 500 \times 10^{-6}$。

Ca^{2+} 在鱼类骨骼、甲壳动物外壳组成和鱼卵孵化等方面起作用。有些海洋鱼类如鲯鳅属在无钙海水中不能孵化。而软水也不利于养殖甲壳动物，因为在软水中，钙浓度较低，甲壳动物外壳会因钙的不足而较薄，不利于抵抗外界不良环境因子的影响。镁离子在卵的孵化、精子活化等过程中有重要作用，尤其是在短时间内孵化，精子活化作用尤为明显。

（五）盐度

盐度是研究海水或盐湖水所用的水质指标。完整的定义为：1kg 海水在氯化物和溴化物被等量的氯取代后所溶解的无机物的克数。正常的大洋海水盐度为 35。

盐度对海洋生物影响很大，各种生物对盐的适应性也不尽相同，有广盐性、狭盐性之分。一般生活在河口港湾、近海的种类为广盐性，生活在外海的种类为狭盐性。绝大多数海水养殖在近海表层进行，这一区域的海水盐度一般较大洋海水低，盐度范围多为 28～32。

在水体养殖中，一般通过添加淡水来降低盐度，也可以通过加海盐或高盐海水(经过蒸发形成的)来升高盐度。对于一些广盐性的养殖种类，人们可以通过调节盐度来防止敌害生物的侵袭，如卤虫是一种具有强大渗透压调节能力的动物，可以生活在盐度大于 60 的海水中，在这样的水环境中，几乎没有其他动物可以生存，从而有效避免了被捕食的危险。

（六）溶解氧

溶解氧是指溶解于水中的氧的浓度。空气中氧的含量约占 21%，但在水中，氧的含量却很低。溶解氧正常水平为 6～8mg/L，低于 4mg/L 则属于低水平，高于 8mg/L 则属于过饱和状态。

所有水生生物都需依赖水中的氧气存活。高等水生植物和浮游植物在白天能利用太阳光和二氧化碳进行光合作用制造氧气，但它们同时又需要从水中或空气中呼吸得到氧气，即使夜晚光合作用停止，呼吸作用也不停止。因此，如果养殖池中生物量很丰富，一天 24h 溶氧的变化会很剧烈，下午 2：00—3：00 经常处于过饱和状态，而天亮之前往往最低，容易造成缺氧。

溶解氧是水产养殖中最重要的水质指标之一，如何方便、快速、准确地检测这一指标是所有水产养殖业者所学习的，从早先的化学滴定法到现如今的电子自动测试仪，都在不断地改进。化学滴定准确，但费时费力，而电子溶氧测试仪方便、快速，但仪器不够稳定，且容易出现误差。随着仪器性能的不断改进，溶解氧自动测试仪使用范围越来越广，尤其对于检测不同水深溶解氧状况，自动测试仪的长处更明显，而对于夏季水体分层的养殖池塘来说，第一时间掌握底层水溶解氧状况是每一个养殖业者最为关心的。

（七）温度

温度是水产养殖另一个十分关键的指标，几乎所有的水产养殖对象，在生产开始前，都首先需清楚它们适应在什么温度条件下生长繁殖。

可以说几乎所有的水生生物都属于冷血动物，其实这种表述也不完全正确。所谓的冷血动物虽然不能像鸟类和哺乳类一样能够调节身体体温，保持相对稳定，它们仍能通过某些生理机制或行为机制来维持某种程度的温度稳定，如趋光适应、迁移适应、动脉静脉之间的逆向热交换等。在过去的几十年里，冷血动物和温血动物的界限似乎已变得不那么明显了。

尽管一些水生动物具有部分调控体温的能力，但水产养殖者还是希望为养殖对象提供一个最适生长温度，使它们体内的能量可以最大限度地用于生长，而不是仅仅为了生存。最适温度意味着生物的能量可以最大限度地用于组织增长。最适温度与其他环境因子也有一定的关系，如盐度、溶解氧不同，最适温度会有一定差异。在实际生产中，养殖者一般选择适宜温度的低限，以利于防止高温条件下微生物的快速繁殖。

最适温度基于生物体内酶的反应活力。在最适温度条件下，生物体内的酶最活跃，生物对食物的吸收、消化率最佳。虽然检测养殖动物生长如何，需要有个过程，但是要了解温度是否适宜，体内酶反应是否活跃，可以从动物的某些行为状况进行判断。如贻贝的适温为15℃～25℃，在此温度范围内，贻贝滤食正常，而超过或低于此温度，其滤食率显著下降，而在这种不适宜的温度条件下，经过一段时间的养殖，其个体就会表现出来生长缓慢。

低于适温，生物体内酶活力下降，新陈代谢变慢，生长速度降低。如果温度突然大幅度下降会导致生物死亡。有时低温条件下，生物新陈代谢降低也是有利于水产养殖的，如低温保存作用，冷冻胚胎、孢子、精液等。温度的突然显著升高同样是致命的：一是迅速上升的温度会导致池塘养殖动物集体加快新陈代谢，增加BOD，导致缺氧情况发生；二是过高的温度会导致生物体内酶调节机制失控，反应失常；三是高温也容易导致养殖水体中病原体繁殖，疾病发生。

显然细菌等病原比养殖动物更能适应温度的剧变，所以若控制得当，适当升温也有正面作用，如生长速度加快，即使冷水动物也如此。比如美洲龙虾、高白鲑等水生生物自然生活在冷水水域，但将其移植到温水区域养殖，也能存活，而且生长加快。鳕鱼卵，15～90d 孵化都属正常，温度高，孵化就快。

与盐度相似，动物对温度的适应也可以分为广温性和狭温性。一般近岸沿海以及内陆水域的生物多为广温性，而大洋中心和海洋深层种类多为狭温性。生物栖息环境变化越大，其适应温度范围就越广。

（八）营养元素

营养元素指的是水中能被水生植物直接利用的元素，如氮、磷等，这类容易被水生植物和浮游植物耗尽从而限制它们继续生长繁殖的元素也称限制性营养元素。通常，在海水中，控制植物生长的主要是氮，而在淡水中则是磷。这些限制性营养元素被利用，必须是以一种合适的分子或离子形式存在，且浓度适宜，否则有毒害作用。

1. 氮(N)

氮是参与有机体化学反应、组成氨基酸、构建蛋白质的重要元素。它的存在形式可为氨(NH_3)、铵(NH_4^+)、硝酸氮(HO_3^-)、亚硝酸氮(HO_2^-)、有机氮以及氮气(N_2)等。从水产养殖角度看，能作为营养元素被利用的主要是前 3 种，尽管亚硝酸氮和有机氮也能被一些植物所利用，但是只能被少数清绀菌和陆生植物的根瘤菌直接利用。

在养殖池塘中，有一个自然形成的氮循环，即有机氮被逐步转化为水生植物可直接利用的无机氮。这是一个复杂的循环，影响因子很多，如植物(生产者)、细菌或真菌(消费者)以及其他理化因子(如溶解氧、温度、pH、盐度)等。

上述含氮化合物浓度过高对生物尤其动物有毒害作用，其中氨氮的毒性最强，铵的毒性相对较低。氨氮和铵在水中处于一个动态平衡($NH_4^+ \rightleftharpoons NH_3 + H^+$)，其反应方向主要取决于 pH。pH 越低，水中 H^+ 离子越多(偏酸)，反应就朝形成 NH_4^+ 方向发展，对生物的毒性越小；相反，温度上升，NH_3/NH_4^+ 的比例上升，毒性增强，而盐度上升，这一比例下降。但温度和盐度对氨氮和铵的比例影响远不如 pH。不同种类的生物对 NH_3 的敏感性不同，而且同一种类不同发育期的敏感性也不一样，如虹鳟的带囊仔鱼和高龄成色比幼鱼对氨氮敏感得多。另外，环境胁迫也会增强生物对氨氮的敏感度，如虹蹲稚鱼在溶解氧 5 mg/L 的水质条件下对氨氮的忍耐性要比在 8 mg/L 条件下低 30%。

NH_3 被氧化为 HO_2^- 后毒性就小得多，进一步氧化为 HO_3^- 后毒性就更小。一般在水产养殖中，这两种物质的含量不会超标，对于它们的毒性考虑得较少，但并非无害。过高的 HO_3^- 易导致藻类大量露殖，形成水华。而 HO_2^- 能使鱼类血液中的血红蛋白氧化形成正铁血红蛋白，从而降低血红蛋白结合运输 O_2 的功能。鱼类长期处于亚硝酸氮过高的环境中，更容易感染病原菌。

2. 磷(P)

磷同样是植物生长的一个关键营养元素，通常以 PO_4^{3-} 的形式存在。磷在水中的浓度要比氮低，需求量也较低。磷和氮类似，一般在冷水、深水区域含量高，而在生产力高的温水区域，植物可直接利用的自由磷含量较低，更多的是存在于植物和动物体内的有机磷。与氮一样，自然水域中也存在一个磷循环，植物吸收无机磷，固定成有机分子，然后又通过细菌、真菌转化为磷酸盐。

有些有机磷农药剧毒，其分子结构中有磷的存在，但磷酸盐一般不会直接危害养殖生物。最容易产生问题的是如果某一水体氮含量过低，处于限制性状态，而磷酸盐浓度过高时，能激发水中可以直接利用 N_2 繁殖的青绀菌(又称蓝绿藻)大量繁殖，在水体中占绝对优势，从而排斥其他藻类，形成水华(赤潮)。这种水华往往在维持一段短暂旺盛后，会突然崩溃死亡，分解释放大量毒素，并且造成局部严重缺氧状态，直接危害养殖生物。

表面上看，氮、磷浓度升高，只要比例适当，不会产生危害，只是导致水中初级生产力增加而已，但并非如此。因为水中植物过多，在夜晚光合作用停止时，植物不再制造氧气，要消耗大量氧气，致使水中溶解氧大幅下降，直接危害养殖生物。而白天则因光合作用过多消耗水中的二氧化碳，使水体酸性减弱，碱性增强，NH_4^+ 离子更多地转化为 NH_3 分子，增强了氨氮对生物的毒性。

3. 其他营养元素

在自然水域中，磷、氮为主要限制性营养元素，而在养殖水域中，若磷、氮含量充足，不再成为限制性因素，其他元素或物质可能成限制使因素，如 K、CO_2、Si、维生素等。缺 K 可以添加 K_2O，使用石灰可以提升二氧化碳浓度。在正常水域中硅含量是充足的，但遇上某水体硅藻大量繁殖，则硅也会成为限制性因素，一般可以通过加 $Si(OH)_4$ 来改善。一些无机或有机分子如维生素也同样可能成为限制性营养元素。

四、其他水质指标

(一)透明度

透明度指的是水质的清澈程度，是对光线在水中穿透所遇阻力的测量，与水中悬浮颗粒的多少有关，因此也有学者用浊度来表示。若黏性颗粒，小而带负电，则称胶体。任何带正电离子的物质添加，均可使胶体沉淀，如石膏、石灰等。许多养殖者不愿意水质过于浑浊，即通过泼洒石膏或石灰水来增加水质透明度。

透明度太小，或浊度过大，不易观察鱼类生长状况，也容易影响浮游生物繁殖，导致 N 的积累，而且也会使鱼、虾呼吸受阻。但水质透明度太大易使生物处于应急状态，也不利于养殖动物的生长，如俗语所说的"水至清则无鱼"。

透明度有一个国际上常用的测量方法：用一个直径 25 cm 的白色圆盘，沉到水中，注视着它，直至看不见为止。这时圆盘下沉的深度，就是水的透明度。

（二）重金属

重金属污染对水产养殖的危害不可忽视，在沿海、河口、湖泊、河流都不同程度地存在，而且近几十年来有逐步加重的趋势。重金属直接侵袭的组织是鳃，致其异形，另外对动物胚胎发育、孵化的影响尤为严重。为减少重金属危害，育苗厂家通常都在育苗前，在养殖用水中添加 2～10mg/L 的 EDTA－Na 盐，可有效整合水中重金属，降低其毒性。一般重金属在动物不同部位积累浓度不同，如对虾头部组织明显大于肌肉。一些贝类能大量积累重金属。

（三）有机物

水中某些有机物污染会影响水产品口味，直接导致整批产品废弃，如受石油污染的鱼、虾会产生一种难闻的怪味，受青绀菌或放线菌污染的水产品有一股土腥味等。如果说水产养殖是养殖水生生物，那么就必须了解水生生物的生活环境——水。水是一种极性分子，因此形成的氢键决定了水的各种性质，如密度、热值、形态等。海水 3.5％为盐，96.5％是水，海水中最重要的离子是 Cl^-、Na^+、Mg^{2+}、SO_4^{2-}、Ca^{2+} 和 K^+。盐含量影响海水的诸多理化性质，如密度、冰点、蒸汽压、黏度和折光率等。海水中绝大多数元素和离子相互之间的比例是恒定的，除了少数被生物大量利用的元素如氮、磷、硅等。

有一些重要的水质指标是每一个水产养殖者必须熟知的。pH 是水中 H^+ 离子浓度指数，正常情况下应该是 7±1，碳酸碱度则是反映水体能够平衡 pH 变化能力的指标。盐度是指溶解于水中盐的含量，而硬度是指淡水中的 Ca^{2+} 和 Mg^{2+} 的浓度。溶解氧含量反映了池塘养殖状况是否健康正常，它在一天 24h 内变化很大。最适温度是指在此温度下，养殖生物生长最佳。营养盐是指能被水中植物光合作用时利用的元素或分子，如氮、磷以及其他一些作用相对较小的元素，这些元素通常以某种分子或离子形式被利用。其他指标还有透明度、重金属、影响水产品风味的物质等。

第二节　养殖用水的过滤

一、机械过滤

（一）网袋过滤

网袋过滤是一种最基本最简单的过滤方式，目的是去除漂浮在水中的粗颗粒物，一般用于将外源水泵入蓄水池以及池塘养殖进水过程。使用时，将网片、网袋套在进水管前段，防止外源水中一些木片、树叶、草、生物以及其他一些颗粒较大的物质进入养殖系统，消除潜在的危害。根据外源水的状况不同，网片可以用一层，也可以数层，同样，网片也可以有小有大，在生产中调整使用，要求是既能过滤绝大多数颗粒物，又不需要经常换洗网片，进水畅通。

当外源水颗粒物较多，网片网孔经常堵塞，流水不畅时，可改用大小不一的尼龙网袋。由于网袋具有较大的空间，能容纳一定量的颗粒物而不影响进水，通过换洗网袋可以持续进水。

（二）沙滤

沙滤是一个由细砂、粗砂、石砾及其他不易固积的颗粒床所组成的封闭式过滤系统，水在重力或水泵压力作用下，依次通过不同颗粒床，将水中的杂物去除。沙滤系统中过滤床颗粒的大小直接影响过滤效果。颗粒大，对水的阻力小，透水性能好，但它只能过滤水中大颗粒物质，而一些细小杂物会穿过滤床。过滤层颗粒很细，虽然可以过滤水中所有杂物，但是流速非常慢，过滤效率很低，而且要经常清洗过滤床。如果采用分级过滤，由粗到细，则可以提高过滤效率，但要增加过滤设备和材料用量。

沙滤系统必须阶段性地进行反冲清洗。反冲清洗过程中，水的流向与过滤时相反，且流速也大。为增加清洗效果，有时还将气体同时充入系统，增加过滤床颗粒的搅动、涡旋。此时的过滤床处于一种流体状态。反冲时，过滤床颗粒运动频繁，相互碰撞，可以有效清除养殖用水强附在滤床颗粒上的杂物，达到清洗目的。反冲清洗完成后，水从专门的反冲水排放口排出。

由一组不同规格沙滤床构成的系列沙滤系统效果是最理想的。但若条件不具备，也可以用一个过滤罐组成独立过滤系统，只是过滤速度较慢。独立过滤罐内部有系列过滤床，颗粒最细的在最上层，最粗的在最下层。这样设置的理由是，养殖用水杂物不会积聚在不同过滤床中间形成堵塞，反冲时，底部的粗颗粒最先下沉，保持沙滤层原有排列次序。这种独立过滤系统实际上只是上层最细颗粒床起过滤作用，而下层粗颗粒层只是起支撑作用，所以过滤效率较低。

生产上所建造的沙滤池与沙滤罐原理结构基本类似，但体积大得多，通常在沙滤池最下层有较大的空间用于贮水，同时起到蓄水池的作用。

二、重力过滤

重力可以使养殖用水中的水和比水重的颗粒分开，密度越大，分离越快。

(一)静水沉没

这是一种在沉淀池中进行的简单而有效的过滤方法。利用重力作用使悬浮在水中的颗粒物沉淀至底部。在外界，水中的一些细小颗粒物始终处于运动中，而进入沉淀池后，水的运动逐步趋小，直至处于静止状态，水中颗粒物也不再随水波动，由于密度原因，渐渐沉于底部。这种廉价、简单的过滤方法可以去除养殖用水中大部分的颗粒杂物。

(二)暗沉淀

一般大型沉淀池都在室外，虽然能沉淀大部分非生物颗粒，但是一些小型浮游生物仍然因为光合作用分布在水的中上层，无法去除。如果将水抽入一个暗环境，则由于缺少光，无法进行光合作用，浮游植物会很快沉入底部，随之浮游动物也逐渐下沉。通过暗沉淀，可以有效去除水中的小型生物颗粒。

(三)絮凝剂沉淀

养殖用水在沉淀过程中如果加絮凝剂，则可加快沉淀速度。这是因为絮凝剂可以吸附无机固体颗粒、浮游生物、微生物等，形成云状絮凝物，从而加速下沉。常用的絮凝剂有硫酸铝、绿矾、硫酸亚铁、氯化铁、石灰、黏土等。根据不同的絮凝剂，适当调整 pH，沉淀效果更好。絮凝除了可以消除水中杂物外，还可以用来收集微藻。一种从甲壳动物几丁质中提取的壳多糖可以用来凝聚收集多种微藻，而且壳多糖没有任何毒副作用，适合用于食用微藻的收集。受海水离子的影响，絮凝在海水中作用效果较差，除非联合不同絮凝剂，或预先用臭氧处理水。

三、离心过滤

沉淀过滤是由于重力作用将水中比重较大的颗粒物与比重较小的水分离，如果增加对颗粒物的重力作用，则过滤速度会加快，这就是离心机的工作原理。许多做科学实验的学生对小型离心机用试管、烧瓶进行批量离心较熟悉，显然这种离心方法不可能用于养殖用水过滤。一种较大型的连续流动离心机(图 2-1)可以达到目的。养殖用水从一端进入，经过离心机的作用，清水从另一端排出，颗粒物聚积在内部。这种离心机适用于小规模的养殖场，尤其是饵料培养用水。除了处理养殖用水，这种离心机也适用于收集微藻等。

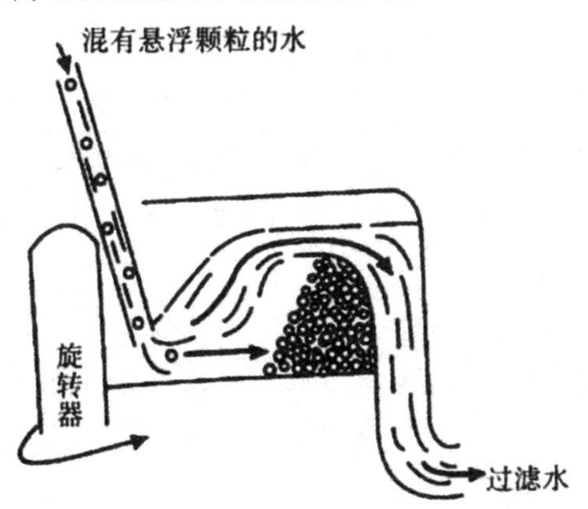

图 2-1　旋转式流动离心过滤示意图

四、生物过滤

(一)生物过滤类型

几乎所有的水产养殖系统中都存在某种程度的人为的或自然的生物过滤，尤其在封闭式海水养殖系统中(如家庭观赏水族缸)中，生物过滤是不可或缺的。与机械过滤和重力过滤不同，生物过滤不是过滤颗粒杂物，而是去除溶解在水中的营养物质，更重要的是将营养物质从有毒形式(如氨氮)转化为毒性较小形式(如硝酸盐)。

在生物过滤中发挥主要作用的是自养细苗，其他如藻类、酵母、原生动物以及一些微型动物起协助作用。这些自养菌往往在过滤基质材料上形成群落，产生一层生物膜。为使生物过滤细菌生长良好，生物膜稳定，人们设计了许多过滤装置，如旋转盘式或鼓式滤器、浸没式滤床、水淋式过滤器、流床式生物滤器等，各有利弊。

1. 浸没式滤床

浸没式滤床是最常用的生物过滤器，也称水下沙砾滤床。破碎珊瑚、贝壳等通常被用作主要滤材，不仅有利于生物细菌生长，而且因这些材料含有碳酸钙成分，有利于缓冲水的 pH，营造稳定的水环境。生物过滤的基本流程如图 2-2 所示。水从养殖池(缸)流入到生物滤池，经过滤池(缸)材料后，再回到养殖池(缸)。当水接触到滤床材料时，滤器上的细菌吸收了部分有机废物，更需要将水中有毒的氨氮和亚硝酸氮氧化成毒性较低的硝酸氮。这一氧化反应对于细菌来说是一个获取能源的过程。浸没式滤床的一个主要缺点是氧化反应可能受到氧气不足的限制，一旦溶氧缺乏，就会大大降低反应，甚至停止活动。有的系统滤床材料本身就作为养殖池底的组成成分，此时，滤床就可能受到养殖生物如蟹类、底栖鱼类的干扰破坏，从而使生物过滤效果降低。

2. 水淋式过滤器

水淋式过滤器的最大优点是不会缺氧，过滤效果比浸没式高，缺点是系统一旦因某种原因，水流不畅，滤器缺水干燥，则滤材上的细菌及相关生物都将严重受损无法恢复。

3. 旋转盘式过滤器

旋转盘式过滤器不受缺氧的限制，它的一半在水下，一半露在空中，慢慢旋转。滤盘一般用无毒的材料，以利于细菌生长。滤鼓的外层包被一层网片，内部充填一些塑料颗粒物，增加滤材表面积，以利于细菌增长。

4. 流床式生物滤器

流床式生物滤器由一些较轻的滤材如塑料、沙子或颗粒碳等构成，滤材受滤器中的上升水流作用，始终悬浮于水中，因而不会发生类似浸没式滤床中的滤材阻碍水流经过的现象，保证溶解氧充足。实验表明，这种滤器的去氨氮效果为同等条件下固定式生物滤器的 3 倍。

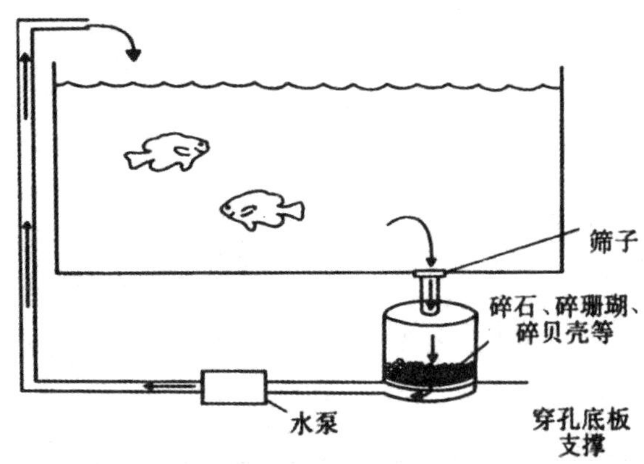

图 2-2 浸没式生物过滤示意图

(二)硝化作用

动物尤其是养殖动物在摄食人工投喂的高蛋白饲料后，其排泄物中的氮绝大部分是以氨氮或尿素形式排出的，尿素分解产生 2 分子的氨氮或铵离子，氨氮是有毒的，必须从养殖系统中去除。在生物滤床中，存在着一种亚硝化菌，它可以把强毒性的氨氮转化为毒性稍轻的亚硝酸盐。虽然亚硝酸盐比氨氮毒性要低些，但是对养殖生物生长仍然有较大危害，需要去除。

生物滤器中同时还存在着另一种细菌硝化菌，能够将亚硝酸盐进一步转化为硝酸盐。将氨氮转化为亚硝酸氮进而转化为硝酸盐的过程称为硝化反应，参与此反应的细菌通称为硝化菌。注意，上述两步反应都是氧化反应，需要氧的参与，因此，反应能否顺利进行取决于水中的溶解氧浓度。

上述两类细菌自然存在于各种水体中，同样也会在养殖系统中形成稳定的群落，但对于一个新的养殖系统，需要一个过程，一般在 20～30d，在海水中，形成过程通常比淡水长。如果要加快硝化细菌群落的形成，可以取一部分已经成熟的养殖系统中的滤材加入新系统中，也可以直接加入市场研制的硝化菌成品。硝化菌群落是否稳定建立，生物膜是否成熟是该水体是否适合养殖的一个标志。

如果对一个养殖系统进行氨氮化学检测，会发现在动物尚未放入系统之前，氨氮浓度处于一个峰值，如果有硝化菌存在，首先是氨氮被转化为亚硝酸盐，然后再转化为硝酸盐(图 2-3)(检测实验最好在暗环境中进行，以消除植物或藻类对氮吸收的影响）。

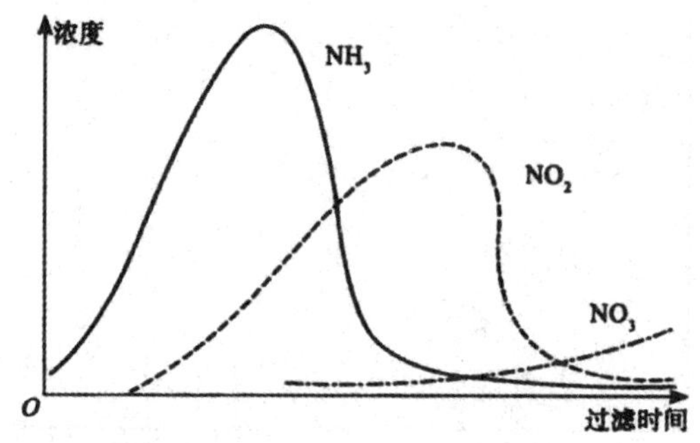

图 2-3　在生物滤器中氮的氧化过程

水产养殖者应该清楚，对于一个新建立的养殖系统，必须让系统中的硝化菌群最先建立，逐步成熟，能够进行氨氮转化，具备了生物过滤功能后，才能放养一定量的养殖动物，否则硝化菌无法去除或转化动物产生的大量氨氮，养殖动物就会出现氨氮中毒。

生物过滤的效率受众多因素的制约，首先是环境因子，如温度、光照、水中氨氮浓度以及系统中其他溶解性营养物质或污染物的多寡等，这些因素都会影响硝化细菌的新陈代谢作用。

生物滤器设计时需要重点考虑的是过滤材料颗粒的大小，过滤器体积与总水体体积之比，以及水流流过滤床的速度。它们彼此之间是相互联系又相互制约的，例如，减小滤材颗粒大小可以增加细菌附着生长的基质面积，有利于细菌数量增加，从而促进生物过滤效率，但是太细的滤材颗粒又容易导致滤床堵塞，积成板块，影响水从滤床中通过，而且会在滤床中间产生缺氧区，导致氧化反应停止。为此，养殖用水在进入系统之前最好先进行机械过滤和重力过滤，减少颗粒杂物进入系统堵塞滤床，这样可以增加滤床的使用时间。另外，有机颗粒如动物粪便等物质存留在滤床上，会导致异养菌群的繁殖，形成群落与自养菌争夺空间和氧气，降低硝化作用效率。在硝化菌群数量够大且稳定时，加快系统水流速度可以加快去除氨氮，只是水在滤床中的停留时间会缩短。

所有生物滤器在持续使用一段时间后，最后总是会淤塞，水流不畅，氨氮去除效果降低。因此，经过一段时间的运行，需要清洗滤床。通过虹吸等方法使滤材悬浮于水中清除滤床中的杂物。清洗过程会使生物膜受到一定的损伤，但水流速度会加快。总之，一个理想的滤床应该是既能支持大量硝化苗群生长又能使水流通过滤床，畅通无阻。对于生物滤器的设计制作有许多专业文献可供参考。

(三)其他生物过滤

硝化作用是最常见的生物过滤方法，此外，还有其他一些方法，如高等水生植物、海藻等也可以用作生物过滤材料，在条件合适时，这些生物的除氯氮能力和效率非常高，而且这类植物或藻类具有细菌所不具有的优点就是它们本身就是可被人类利用的水产品，可作为养殖副产品。缺点是如果将动物与植物混养在一起，会给收获带来较大的麻烦，除非将动植物的养殖区域分开(图 2-4)。

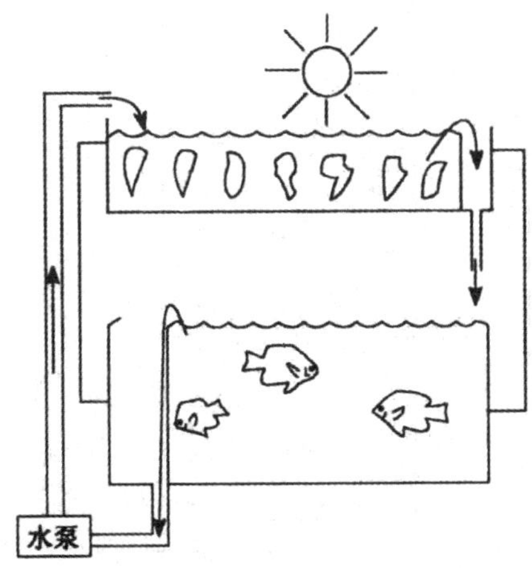

图 2-4 水生动植物分养的生物过滤泵统示意图

反硝化作用过滤系统也可作为一种生物过滤方法，其原理是硝酸盐在缺氧状态下分解成氮气，起作用的是气单胞杆菌等细菌。反硝化作用过滤系统比正常硝化作用系统难以维持：第一，一般养殖系统都是在氧气充足的条件下进行的，而反硝化作用却需要在几乎无氧状态下完成；第二，反硝化作用需要有碳源(如甲醇)的加入，反应的终末产品是二氧化碳；第三，如果在反应过程中溶解氧过高，而碳源不足，则会导致硝酸盐转化为亚硝酸盐，毒性增强，适得其反。

五、化学过滤

与生物过滤类似，化学过滤也是为了去除溶解于水中的物质。这些物质包括营养物质如氨等，而且还能去除一些硝化菌无法去除的物质。

(一)泡沫分馏

泡沫分馏的原理比较简单：将空气注入养殖水体中，产生泡沫，水中的一些疏水性溶质黏附于泡沫上，当泡沫从水表面溢出时，水中的溶解物质也随之得以去除(图 2-5)。有时泡沫形成不明显，但位于泡沫分馏的表层水中所含的溶质浓度比底层高很多，可以适当排除以达到过滤效果。影响泡沫分馏的因素很多，如水的化学性质(pH、温度、盐度)，溶质的化学性质(稳定性、均衡性、相互作用、浓度等)，分馏装置的设计(形状、深度)等。另外，充气量、气泡大小等都会影响泡沫分馏的效果。

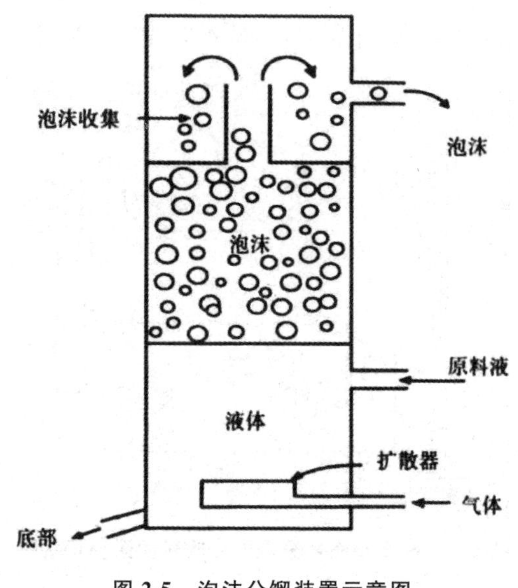

图 2-5　泡沫分馏装置示意图

(二)活性炭过滤

活性炭过滤是日常生活中常见的水过滤方法，也用于小型或室内水产养殖系统的水处理。一般是将活性炭颗粒放置在一个柱形、鼓形的塑料或金属容器中，水从容器的一端进入，在活性炭的作用下得以净化，贮留一定时间后再流入养殖池。活性炭的作用主要是去除浓度较低的非极性有机物以及吸附一些重金属离子，尤其是铜离子。用酸处理的活性炭也可以去除氨氮，但很少用于水产养殖。

当水从活性炭过滤床的一端进入，靠近进水端的活性炭可以迅速吸附水中溶质分子，随着水流继续进入。很快，进水口端的活性炭逐渐失去吸附能力，吸附作用需要离进水口稍远的滤材，这样逐步向出水口转移，直至整个滤床的吸附趋于饱和，净化能力迅速衰减，此时系统处于临界点，已无法继续净化水质，除非对活性炭进行重新处理或更换新滤床(图 2-6)。

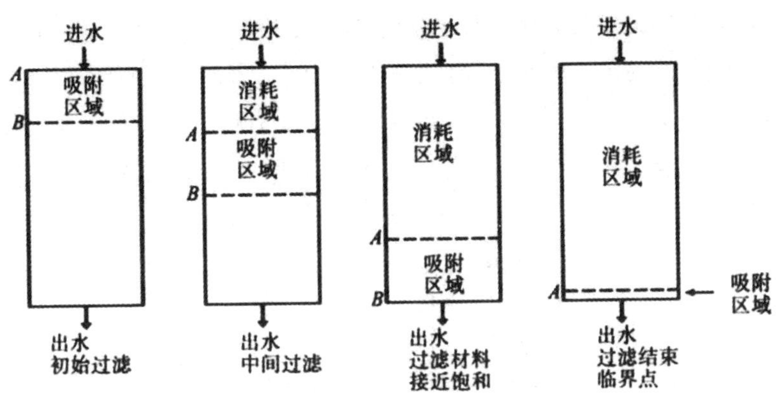

图 2-6 活性炭过滤原理示意图

活性炭过滤通常与生物过滤系统联合使用，起到净化完善作用。如果经过生物过滤的水中仍含有较高浓度的氨氮或亚硝酸氮，则细菌会很快在活性炭表面附着生长，堵塞活性炭表面微孔，从而降低其吸附作用。

活性炭的材料来源很广，可以是木屑、锯粉、果壳、优质煤等，将这些原料用一定的工艺设备精制而成。其生产过程大致可分为炭化→冷却→活化→洗涤等一系列工序。活性炭净化水的原理是通过吸附水中的溶质起到净化作用，因此活性炭的表面积越大，吸附能力越强，净化效果越好。在活化过程中，使活性炭颗粒表面高度不规则，形成大量裂缝孔隙，大大增加表面积，一般 1g 活性炭的表面积可在 500～1 400m^2。

活性炭的吸附能力与许多因素相关。首先，取决于溶质的特性尤其是其在水中的溶解度，水越疏，就越容易被吸附。其次，溶质颗粒对活性炭的亲和力(化学、电、范德华力)。另外，与活性炭表面的已吸附的溶质数量直接相关，越是新活性炭滤床，具有更多的空隙，吸附能力越强。pH 由于能对溶质的离子电荷发生作用，因此也影响活性炭吸附能力。温度对活性炭的吸附能力也起作用。温度升高，分子活动加强，就会有更多的分子从活性炭表面的吸附状态逃离。

(三)离子交换

离子是带电荷的原子或原子团。有的带正电荷，如 NH_4^+、Mg^{2+}，称为阳离子；有的带负电荷，如 F^-、SO_4^{2-}，称为阴离子。

离子交换的材料通常是一类多孔的颗粒物，通称树脂。在加工成过滤材料时，有许多离子结合在其中。将树脂如同活性炭一样，放置在一个容器中制成滤床，当水流入树脂滤床时，原先与树脂结合的一些离子被释放出来，而原来水中一些人们不需要的离子与树脂结合，水中的离子和树脂中的离子实现了交换，这一过程就称为离子交换(图 2-7)。树脂可以根据需要制成阳离子交换树脂或阴离子树脂。树脂交换的能力有限，由于海水中各种阴、阳离子浓度太高，树脂无法用于海水，一般只用于淡水养殖系统。

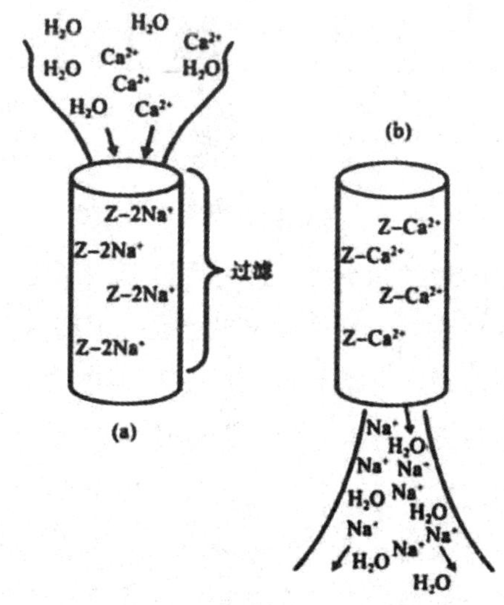

图 2-7　离子交换原理示意图

在水产养殖中，使用最多的离子交换树脂是沸石。沸石是一种天然硅铝酸盐矿石，富含钠、钙等。沸石通常用于废水处理，软化水质等，有些沸石如斜发沸石可以去除氨氮。各种树脂、沸石对于离子的交换有其特有的选择性，如斜发沸石对离子的亲和力从高到低依次是：K^+、NH_4^+、Na^+、Ca^{2+}、Mg_2^+。离子交换的能力也受 pH 的影响。

如果水体有机质含量较高的话，在离子交换之前先进行活性炭处理或者泡沫分馏，因为有机质很容易附着在树脂表面阻碍离子交换进行。被有机质附着的树脂滤床也可以用 NaOH 或盐酸清洗，但处理过程一定要谨慎，清洗不当很可能影响其离子交换功能。

在经过一段时间的水处理后，离子交换树脂会达到一种饱和状态，此时，需要进行更新处理。每一种树脂材料都需要有特殊的方法来处理。如斜发沸石的再处理方法是在 pH 为 11～12 的条件下，将沸石置于 2％的 NaCl 溶液中，用钠离子取代结合在树脂中的铵离子。

第三节　养殖用水的消毒

消毒一词的意思是杀灭绝大多数可能进入养殖水体中的小型或微型生物，目的是防止这些生物可能带来疾病，或成为捕食者，或与养殖生物竞争食物和空间。消毒与灭菌一词意义不完全相同，后者是要消灭水中所有生命。从养殖角度讲，灭菌既无必要，也不现实，不经济。紫外线、臭氧和含氯消毒剂是水产养殖使用最广、效果最好的消毒方法。

一、紫外线

紫外线是波长在10～390mm范围的电磁波，位于最长的X射线和最短的可见光之间。紫外线可以有效杀死水中的微生物，前提是紫外波必须照射到生物，而且被其吸收。一般认为紫外线杀菌的原理是源于紫外线能量，但其作用机理仍在探讨之中。

消毒效果最好的紫外线波长是250～260nm。不同生物对紫外线的敏感程度各不相同，因此在消毒时，要根据实际情况调整控制紫外线波长和照射时间。紫外线通常被用于杀灭细菌、微藻以及无脊椎动物幼体，其实对杀灭病毒的效果也很好，如科赛奇病毒、脊髓灰质炎病毒等。一般认为紫外线对于动物的卵或个体较大的生物杀灭效果较差，一种通俗的规则是：如果你肉眼可见，则常规紫外线就不易杀灭。

在纯水中，紫外线光波几乎没有被吸收，可以全部用于消毒，因此消毒效果最好。当水中溶解了物质以后，溶解颗粒会吸收紫外线的能量，因此溶解物大小和浓度对于紫外射线的强度就会产生影响。实验证明，氨氮和有机氮对常规使用波长的紫外线的消毒效果有显著的影响。在紫外线消毒过程中，影响消毒效果的因素有许多，当然最关键的是紫外线的强度和照射时间，相比之下，温度、pH的影响显得很小。

由于紫外线消毒取决于射线的强度和照射时间，因此接受处理的水量越小，消毒越彻底。如果水量较大，则照射时间需要越长，水流速度越慢。因此，这种消毒方法一般适合小规模水产养殖的水处理。紫外线消毒的优点是方法简便实用，消毒彻底，而且不会改变水的理化特性，水中没有任何残留，即使过量使用也无不良影响。

二、臭氧

臭氧是一种不稳定的淡蓝色气体，带有一种特殊的气味。臭氧(O_3)与氧分子属同素异形体，由于臭氧可以有效去除水中异味、颜色，因此被广泛用于处理废水，在欧洲已有近百年的使用历史。20 世纪末逐步推广使用于水产养殖，尤其是室内封闭系统养殖和苗种培育系统。

臭氧作为高效消毒剂是因为它的强氧化性，同时它又具有很强的腐蚀性和危险性。臭氧可以与塑料制品发生反应，但对玻璃和陶瓷没有作用。臭氧杀灭病毒的效果最好，对细菌效果也很好，作用机理是通过破坏其细胞壁完成消毒。经过臭氧处理的水对某些水产养殖品种是有害的，尽管臭氧在水中很快就分解为氧。如果经过臭氧处理的水再用活性炭处理，就不再有危害。

臭氧消毒效果取决于气体与微生物的直接接触，接触面小，效果就差。因此在臭氧处理水时，需要确保气体与水的充分混合，一般通过充气就可以达到臭氧与水充分混合的目的。

三、氯化作用

氯气(含氯消毒剂)是最常使用的消毒产品，价格低廉，使用方便，形式多样，广泛应用于工农业及日常生活中，在水产养殖中应用也越来越广泛。氯气是一种绿黄色气体，具有强烈的刺鼻气味，可以通过电解 NaCl 进行商业化生产。市场上销售的含氯消毒剂有多种形式，如高压状态下的液态氯气，干粉状的次氯酸钙[$Ca(ClO)_2$]，或液体的次氮酸钠[NaClO]。氯气易溶于水，在 20℃条件下，溶解度为 700mg/L，与其他卤素元素一样，氯也是因其强氧化功能而消毒的。

当氯气与水混合时，迅速形成次氯酸($Cl_2 + H_2O \rightarrow HClO + H^+ + Cl^-$)，次氯酸是弱酸，会进一步分解成次氯酸根离子($HCl \rightleftharpoons OH^+ + ClO^-$)。显然上述反应与 pH 关系密切。当 pH 降低时，次氯酸浓度升高，当 pH 为 4 时，所有氯都转化为次氯酸，而 pH 为 11 时，只有 0.03%的氯转化为次氯酸，而 99.97%以次氯酸根的形式存在。由于水产养殖中存在各种不同的 pH，因此次氯酸和次氯酸根也就同时存在。HClO 和 ClO^- 通常被称为游离氯，游离氯的氧化功能比氯气分子强很多。

氯的杀菌机制到目前为止还不是很清楚。一种观点认为，氯进入细胞后与一些酶发生反应，这是基于氯容易与含氮化合物结合，而酶就是一类蛋白质，由许多含氮的氯基酸所构成。自由氯越容易穿透细胞膜进入细胞，其杀菌效果就越好。实验表明，次氯酸比次氯酸离子更容易进入细胞，因此其消毒效果更好。这也就是含氯消毒剂在低 pH 条件下消毒效果更好的原因。

有余氯残留的水不适宜进行水产养殖，必须在放养生物之前去除余氯。去除余氯的方法有很多种。如果余氯残留量很大，则用二氧化硫处理效果最好。通过添加二氧化硫使氯转化为氯化物或亚硫酸盐，进而转化为硫酸盐离子。但此种方法比较适宜于较小的水体，对于大规模的水产养殖用水未必合适。其他去除余氯的方法有离子交换，充气、贮存，活性炭等。

第四节　养殖用水的充气与除气

一、养殖用水的充气研究

所有的动物都需要氧气维持生命，植物虽然在阳光充足的条件下能通过光合作用来制造氧气，但是在晚上或阴天，也需要耗氧。因此，作为一名水产养殖者，不能只依靠植物制造的氧气来维持动物的生存，尤其在养殖密度较大的情况下。溶解氧的需求因养殖动物的生存状况、水温、放养密度以及水质条件等而不同。

对于水产养殖者来说，有一项十分关键的指标就是水中的氧气含量，也就是溶解氧。增加水中氧气的方法有多种，最常用的是将空气与水混合，使空气中的氧气(占空气的 21%)穿过气/液界面，溶解于水中。还要考虑的是水的垂直运动。在一个相对静止的池塘，表层水通常溶解氧很高，而底部却很低。因此在养殖时，要设法使池水进行垂直运动，即使底部水上升到表层，而表层含氧量高的水降到底部，从而避免底部因缺氧而形成厌氧状态。此类问题在夏天特别容易发生，因为夏天的池塘容易形成温跃层，阻隔上下水层的交流。充气系统大致可以分为四类：重力充气、表层充气、扩散充气等。

(一)重力充气

重力充气是最常见和实用的充气方法，其原理是将水提升到池塘或水槽的上方，使水具有重力势能，等其下落时势能转化为动能，使水破散成为水珠、水滴或水雾，充分扩大了水与空气的接触面，从而增加了氧气的溶入。

（二）表层充气

表层充气与重力充气有相似的原理，利用机械装置搅动表层养殖水体，将水搅动至水面上，然后落回池塘或水槽，增加水与空气的接触，从而达到增氧的目的。通常有如下几种形式：水龙式、喷泉式、漂浮动力叶轮式。

1. 水龙式

水龙式充气常用于圆形的养殖水槽。水通过水龙注入水槽水面。由于水压动力，通过水龙射入水体，使水体流动，不仅起到增氧的目的，而且还能形成一股圆形的水流。

2. 喷泉式

喷泉式充气是通过螺旋桨实现的。螺旋桨一般设置在水面以下，旋转时，将表层和亚表层的水搅动至空气中。氧气的溶解度取决于螺旋桨的尺寸大小、设置深度以及旋转速度。

3. 漂浮动力叶轮式

漂浮动力叶轮式是一种流行的增氧方式。与螺旋桨式不同，这种方式增氧其机械装置是浮在水面的，而旋转的叶轮一半在水面，另一半在水下。这种方式增氧效果好，能量利用率最高。通过叶轮驱动水体，不仅能达到增氧效果，而且还能使池水产生垂直流动和水平流动。这种机械装置可以多个并列同时工作。其增氧效果同样取决于叶轮的大小和旋转速度。

（三）扩散充气

扩散充气的作用也是使水积空气充分接触，所不同的是将空气充进水体，氧气通过在水中形成的气泡扩散至水中。扩散充气的效果取决于气泡在水中停留的时间，停留时间越长，溶入水中的氧气越多。如果需要，充入水中的可以不是空气，而是纯氧。由于氧浓度梯度差之故，纯氧的增氧效果远好于压缩空气，纯氧的成本也比压缩空气高。扩散充气装置也有多种，如简单扩散器、文丘里管扩散器、U 型管扩散器等。

1. 简单扩散器

气石是最常用的空气扩散器，将一个连接充气管的气石放置于养殖池池底，气石周围即会冒出许多大小不等的气泡，这些气泡从水底一直漂浮到水面，氧气通过气泡溶入水中。在气泡上升过程中，一些小气泡在水中不容易破裂，可以一直升到水表层，从而一部分底层水上升，有助于池水混合，均匀分布。

2. 文丘里管扩散器

文丘里管扩散器是通过压力下降使水流高速流过一个限制装置(图 2-8)，在这限制装置中，有一个与空气联通的开口，在水流高速流过这个限制装置时，会有一部分空气通过开口进入水流，产生水池。氧气溶入水中。这种扩散器的优点是不需要专门的空气压缩器。

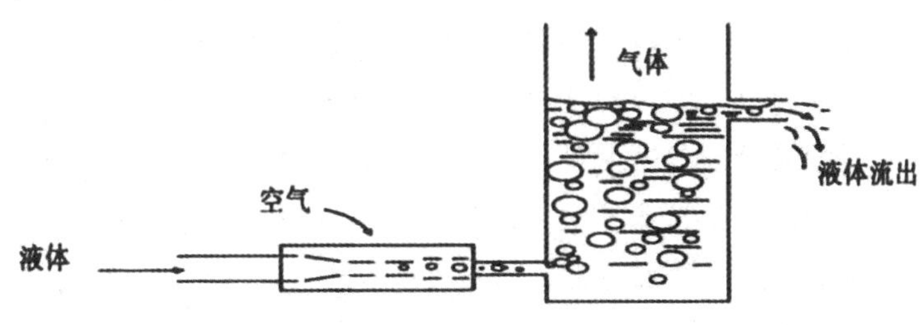

图 2-8　文丘里气体扩散器示意图

3. U 形管扩散器

U 形管扩散器的设计较简单，其原理是增加气泡在水中的驻留时间。水从 U 形管一端流入，同时注入空气形成气泡，水流的速度要比气泡上升的速度快，保证气泡能沉至底部，然后从另一端上升随水溢出(图 2-9)。氧气的溶解度与气体的成分(空气还是纯氧)、气泡的流速、水流的速度、U 形管的深度相关。

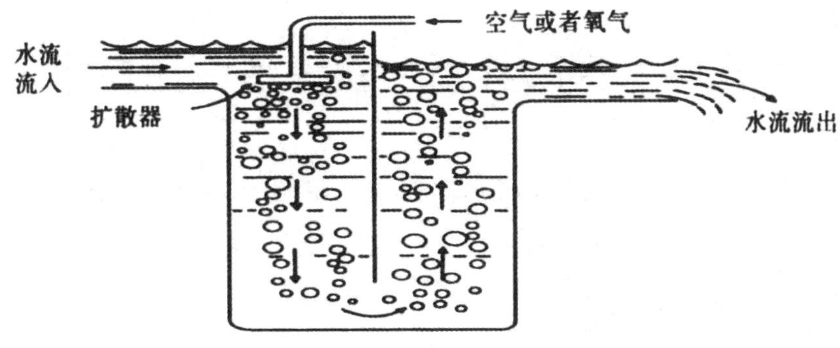

图 2-9　U 形管气体扩散器示意图

二、养殖用水的除气

氮气是大气中的主要气体，占 78%，因此，溶于水中的主要气体也是它。

高浓度的氮气溶于水中会达到过饱和状态，从而引起水生动物气泡病(即在鱼类、贝类等生物血液内产生气泡)。气体过饱和是一种不稳定状态，通常由于养殖水体遇到物理条件异常变化如温度、压力等时发生。一般水生生物可以在轻度气体过饱和状态(101%～103%)下生活。水中氮气过多的话，可以通过真空除氮器或注入氧气等方法消除。

鱼类、甲壳类和贝类必须生活在良好的水环境中。养殖用水在进入养殖系统之前可以通过物理、化学和生物方法进行处理得到改善。处理方法需要根据养殖生物种类、养殖系统以及水源的不同来选择应用。

除气的目的是消除水中过多的氮气以防止养殖动物血液内产生气泡导致气泡病。消除方法有使用真空除氮器或直接在水中充氧。

溶解性营养物质会导致一些微藻和细菌过量繁殖，而且对养殖生物也可能有直接危害，可以通过生物过滤方法予以去除，主要是通过一些细菌将氨氮转化为硝酸盐。水中营养物质或一些溶质也可以通过化学过滤方法予以去除，如活性炭和离子交换树脂，前者是利用溶质的疏水性质，后者是通过树脂中的无害离子与水中相同电荷的有害离子进行交换。

除去水中颗粒物可以增加水的透明度，为藻类生长带来更多的阳光，也可以防止它们黏附动物鳃组织，影响呼吸或堵塞水管，还可以防止一些生物颗粒成为潜在的捕食者和生存竞争者。机械过滤可以消除一些大颗粒物，而沉淀过滤则可以使一些比水略重的颗粒物沉降到底部。

第五节　水产养殖水质综合调控技术

定期注水是调节水质最常用的也是最经济实用的方法之一。除此之外，还要注意对水质进行人工调节和控制。

一、科学增氧

从一定意义上说，溶氧量就是产量。要保持充足的溶解氧，最好的实施办法包括如下内容。

第一，注入新水。第二，开动增氧机、充气机或喷灌机。合理的开机时间是在晴天的中午，通过开动增氧机搅动水体，将水体上层的过饱和氧输送到水体下层；为增加水体下层溶氧，也可采用新型池塘底部微孔增氧技术(可增加溶解氧7%以上，降低氨氮13%以上)。第三，适当施肥，以促进浮游植物的生长，增加溶解氧水平。若水体浮游植物较多，水体溶解氧过饱和时，可采用泼洒粗盐、换水等方式逸散过饱和的氧气；也可用杀虫药或二氧化氯杀灭部分浮游植物，再进行增氧。

二、生物调节水质

利用水生生物本身可进行鱼塘养殖系统的结构与功能的合理调控。一是利用水生植物调控水质。高等水生植物(轮叶黑藻、鱼腥草、水葫芦、浮萍等)通过吸收水中的营养物质，控制浮游藻类的生长繁殖，起到很好的净水作用。养殖户可根据鱼塘承载量及水体肥度，因地制宜引进部分水生植物，调节水体水质。但注意不可盲目过多引进，以免造成二次污染。二是根据养殖动物食性特点，适当套养肉食性或滤食性鱼类来调节水质。如套养鲢鱼，可以充分利用水体中的浮游生物，控制水体肥度；套养鳙鱼可以抑制水体中的轮虫；套养鲤鱼、鲫鱼可充分利用水体中残饵，大大减少残饵腐化分解；套养黄颡鱼可以抑制水体中的锚头鳋；套养鳜鱼、鲈鱼等可以有效控制水体中野杂鱼虾的生长繁殖，减少与主养鱼争食争氧的竞争压力等。

三、微生态调控

微生态制剂是一种能够调理微生态环境，保持藻相、菌相平衡，从而改善水环境，提高健康水平的益生苗及其代谢产物的制品，主要有假单胞杆菌、枯草芽孢杆菌、硝化细菌等种类。一般来说，微生态制剂能够吸收利用氨氮、亚硝态氮等物质，并可吸收二氧化碳及硫化氢等有害物质，促进有机物的良性循环，达到净化水质的目的，被誉为“绿色”水质改良剂。施用微生态制剂时，应注意以下几点：①微生态制剂施用后，有益菌活化和繁殖需要耗氧，因此，施用时间最好在晴天上午或施用后补充增氧，这样才能发挥出较理想的作用和效果；②在施用杀菌、杀藻等化学制剂(如氯制剂、硫酸铜及硫酸亚铁等)后，不能马上施用微生态制剂，应等到施用的化学制剂药效消失后再施用，一般要在施用化学制剂一周后再施用微生态制剂比较适宜；③微生态制剂在水温25℃以上施用效果较好。

四、对pH的调节

在鱼塘中定期使用生石灰等药物，可起到净化水质、调节水体pH、改善养殖环境和预防鱼病等重要作用。使用生石灰调节水质时，一般每半月按每亩(1亩≈666.7平方米)用生石灰15～20kg溶解在水中，全池泼洒一次。但对于碱性土壤或池水pH偏高的池塘，不宜使用生石灰，以避免pH进一步升高。

五、水色、通明度和底质的控制

水色与透明度取决于水中浮游生物的数量、种类以及悬浮物的多少。通过施肥可影响水色、透明度等水质指标变化，并影响鱼、虾生长。在养殖时，也可以通过适度培肥，使浮游生物处于良好的生长状态，增加水体中的溶解氧和营养物质，从而培养出良好的水质，辅助鱼虾生长。应注意一次施肥量不宜过多，注重少施勤施，以便维持合适的透明度。

高产精养及名优养殖池塘的水质，要求“肥、活、嫩、爽”。池水透明度应保持在30～40cm之间。低于20cm，可排出部分老水，加注部分新水。以养鲢鱼、鳙鱼为主的池塘，透明度为20～30cm，水色应保持草绿色或茶褐色；以养草鱼、鲤鱼等常规鱼为主的池塘，水色较鲢鱼、鳙鱼池塘水色淡些。

对于池中有机悬浮物过多的池塘，可使用20～25 kg/m^3 的沸石粉全池泼洒，吸附水中的氨氮、亚硝态氮、硫化氢等有害成分，降低有机物耗氧量和增加水体的透明度；或施用40～50 kg/m^3 的“底净”，不但可以吸附池水中的悬浮物，还可通过改良底质，达到改良水质的目的。

六、应急控制

养殖中常出现一些不明原因的异常现象，如浮头现象在开增氧机后仍不见好转，应在保证水源无污染的情况下立即换水。缺乏增氧设备的池塘，浮头时除了换水外，常使用“高能粒粒氧”等增氧剂，再施放“超级底净”等水质改良剂。

精养池塘在养殖的中后期常出现转水，主要原因有原生动物突然大量繁殖，造成浮游植物数量锐减，pH降低，溶解氧下降而使池水变成灰白水或红水，若施救不及时有可能造成全池鱼虾死亡。一般此时可用0.7～1.0 g/m^3 的晶体敌百虫进行全池泼洒，杀灭池中的原生动物。如发现有死鱼虾，应及时捞出，检查死因，对症治疗，同时对病死鱼虾要做远离深埋处理，以免诱发鱼病或使鱼病蔓延。此外，在养殖中还要注意轮捕轮放，随着鱼虾的快速生长，池塘载鱼量大幅上升，水质恶化的概率越来越大，此时应注意搞好轮捕轮放，释放水体空间。控制好水体的载鱼量，达到调节水质、防患于未然的作用。

第六节　养殖水域的生产力与养殖容量

养殖水域生态系统是一个人工干预程度较高的半自然生态系统，该系统中自然的物质循环和能量流动功能仍然在起作用，甚至起着主导作用。虽然集约化程度较高的养殖系统(如精养池塘、工厂化养殖、网箱养殖等)中自然生态过程仍在起作用，但是由于养殖水体中放养动物的生物量如此之大，以至于自然的生产、消费和分解过程已无法维持其良好的生态平衡，因此必须进行人工干预以维持养殖生态系统结构和功能的稳定。而大水域(如湖泊、水库、海洋牧场)和粗养、半精养池塘系统中自然生态过程仍占主导地位，天然生产力为养殖产品的生产起着较大作用。

生产力和养殖容量是养殖系统对特定养殖生物的生产和承载性能，直接反映的是特定养殖系统质量的优劣。通俗地讲，在养殖生产中生产力所反映的是水体所能生产出的鱼、虾等经济产品的最大净生产量，而养殖容量则反映的是水体所能提供的最大毛产量。这两个指标对养殖生产具有重要的指导意义，了解这两个指标，可以明确特定水体对某种养殖生物的生产能力和特点，从而可以据此有针对性地指导具体的养殖工作，如放养量的确定、养殖过程中的日常管理、水质调控的方法等，从而有助于合理利用资源，提高经济效益。

养殖水域的生产力和养殖容量概念是从生态学中种群生长的逻辑斯谤曲线(Logisti ccurve)演化而来，只是养殖水体中放养的生物群体一般没有自然种群的补充过程，而且养殖生态学更关注养殖生物群体生物量的变化过程。

一、养殖水域的生产力

在生态学和水产养殖学中，生产力(Productivity)被定义为水体生产有机产品的能力或性能。

养殖水体的养殖生物现存量变化很大。在养殖前期，养殖对象个体较小，现存量较小，食物和空间资源未得到充分利用，很多剩余的物质与能量未参加生产过程，其实际生产量不能真正体现出生产力。而在养殖后期，养殖对象已长大，现存量也可能过大，个体生长会受到抑制，摄食的能量大部分用来维持代谢消耗，其生产量也不能真正代表其生产力。

一般情况下，养殖水体中的放养群体没有个体数量的增长(轮捕轮放是特例），在养殖过程中养殖群体的质量或现存质量一直在增长，其生长曲线类似S形曲线，即在拐点处养殖群体的个体或群体的瞬时特定生长率最大，养殖群体的日增重率最大。因此，此时的群体日增重率，即最大日增重率，可作为表征养殖水域生产力的一个参数。当养殖群体的现存量越过此拐点后，个体或群体增重率开始减缓，但养殖个体的规格和现存量还在增加，直至达到养殖容量为止。养殖规格是水产养殖生产中一个重要考量指标，通常，规格越大单位质量的价格越高。为获得更大的经济利益，生产实践中养殖群体的质量通常都会超过拐点后才收获。因此，水产养殖活动中，人们又常把年或季节净产量，即最大收获量与初始放养量的差值，作为养殖生产力的参数。

实际净生产量在数值上远小于最大日增重率乘以养殖天数的理论数值，这是由于养殖早期水体养殖生物现存量较低，会造成一定的水体饵料等资源浪费，后期又由于养殖生物现存量太大，呼吸消耗更多。从这个意义上讲，用日生产量最大值表征养殖生产力更能反映水体的属性。

水体的养殖生产力是养殖系统本身的一种属性，由水体的环境条件状况等多种客观因素决定，但其也会受到特定的养殖种类、养殖方式等影响。养殖水体不同于天然水域，其中经济生物的结构通常较简单，而且受人为的影响较大，如放养量的大小、投饲、施肥及人工对环境条件的调控等，同样的水体不同的生产方式其生产力会不同。

二、养殖水域的养殖容量

容量(carrying capacity)也称容纳量、负荷力、负载量等。水产养殖生态学关心的是养殖生态系统的容量，即养殖容量。养殖容量概念所涉及的范围与养殖环境条件、水体的功能、经济目标等多种因素有关，因此，确定一个养殖区或养殖水体的养殖容量时必须考虑经济因素，即确保在特定时间养殖群体中的个体生长到一定的商品规格，同时，在获得较高养殖产量和养殖效益的同时还应考虑养殖活动不会对周围环境、人类的其他活动构成直接或潜在的危害。

养殖容量是单位水体在保护环境、节约资源和保证应有效益的各个方面等都符合可持续发展要求的最大养殖量。在具体研究时，养殖容量内涵的侧重点可以有所不同。对于养殖水域使用权的申请和规划可以侧重物理因素和社会因素，即物理性和社会性养殖容量，而对于生产中确定放养量、管理措施等则可侧重环境因素和经济因素，即生态性和生产性养殖容量。

第三章

海水池塘多品种综合养殖技术——以辽宁为例

第一节　海水池塘养殖品种

一、刺参

仿刺参(*Apostichopus japonicus*)，又称刺参(图 3-1)。刺参在我国主要分布在辽宁省的大连，山东省的烟台、威海及青岛等沿海水域以及河北省的秦皇岛。江苏连云港外的平山岛是刺参在中国自然分布的南界。质量以辽宁大连及山东长岛海域为最优。

图 3-1　刺参

刺参在自然环境中栖息于潮间带水深 20～30m 的浅海，多为水流缓稳、无淡水注入、海藻丰富的细沙海底和岩礁底，或在水流静稳处及礁石的背流面。刺参特别是其幼参耐温范围很广。2cm 左右幼参生长温度范围为 0.5～30℃，适温范围为 15～23℃。个体大小不同的刺参生长的适温范围也不同。稚参生长最快时温度为 24～27℃。成体刺参在产卵后的夏季高水温期(20～24℃)进入夏眠期。适宜的盐度范围为 25～34，属于狭盐性动物。水温变化对刺参的生理活动影响较大，当水温低于 3℃时，刺参摄食量减少，处于半休眠状态；当水温超过 18℃时，刺参活动减少、摄食量下降，当水温在 20～30.5℃范围内进入夏眠阶段。在中国北部沿海，刺参的夏眠时间可在 2～4 个月。夏眠期间，刺参消耗机体自身能量维持最低代谢水平，体重明显减轻。

二、海蜇

海蜇（*Rhopilemaes culentum*），俗称面蜇、水母、石蜡（图 3-2）。海蜇为大型暖水性水母，经加工后，伞部称为“海蜇皮”，口腕部称为“海蜇头”，二者均具有很高的营养价值，同时海蜇也是一种医食同源的海产品，具有较高的经济利用价值。海蜇一般栖息于近岸水域，尤其喜居河口附近，分布区水深 5～20m。生活水温 8～30℃，生长适宜水温 20～24℃，适宜盐度 18～26。海蜇繁殖具有有性和无性世代交替现象，人工养殖在饵料充足的条件下最少 40d 就能长至商品规格（3kg 以上）。

图 3-2　海蜇

三、中国明对虾

中国明对虾（*Fenneropenaeus chinensis*），旧称中国对虾，亦称东方对虾，是我国的特有虾种（图 3-3）。主要分布在黄、渤海，东海北部和南海珠江口附近也有少量分布，其资源数量大，经济价值高，曾是黄、渤海的主要捕捞对象和支柱产业，在我国渔业资源和海水养殖中具有重要地位。

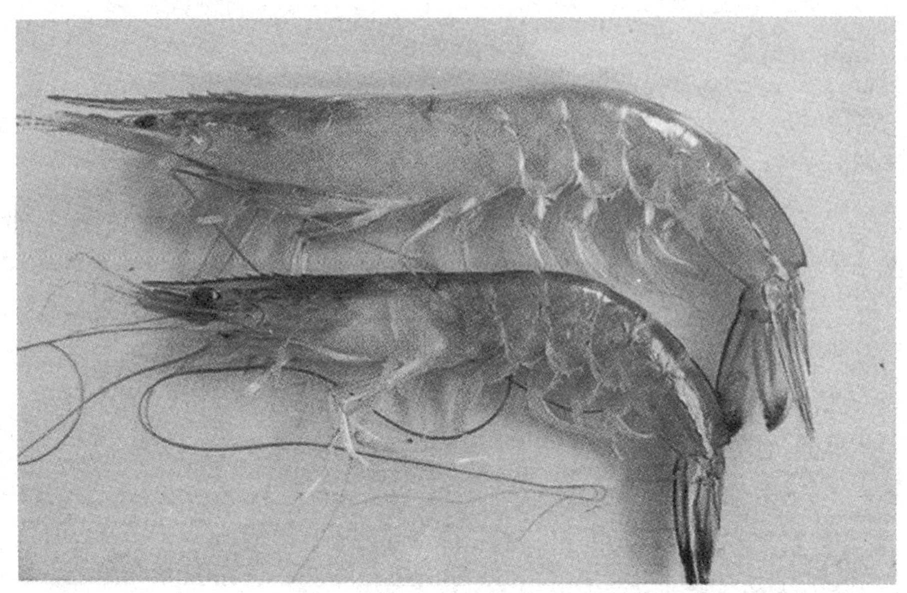

图 3-3　中国明对虾

中国明对虾喜栖息于泥沙质海底，白昼多爬行或潜伏于泥沙表层；夜间觅食，活动频繁，常于下层游动，偶尔也会快速游向中上层。适宜生长温度范围为18～30℃，适宜生长盐度范围为2～40。食性较广，幼体阶段以甲藻、舟形藻和圆筛藻等为主，也摄食少量的动物性食物(如桡足类、瓣鳃类及其幼体等)。人工养殖时，多投喂小型贝类、小杂鱼、虾蟹及人工配合饵料等。由于中国明对虾食性较杂，其食物组成的变化，也受栖息环境影响较大。此外，不同生活阶段的摄食强度有明显的季节变化，在主要索饵育肥期，生长迅速，摄食强烈；但在蜕皮和交配时，空胃率很高。交配结束后开始强烈的索饵，摄食强度较高。在越冬和生殖洄游途中摄食强度不高，但在进入产卵场后，摄食强度明显增加。

四、凡纳滨对虾

凡纳滨对虾(*Litopenaeus vannamei*)，又称南美白对虾，别名白虾(图 3-4)。凡纳滨对虾因食性广泛、肉质鲜美、加工出肉率高，环境耐受力强、生长速度快、耐高密度养殖、抗病力强等优，成为目前世界虾类养殖产量最高的三大优良品种之一。适应盐度范围广，可在盐度 0～40 条件下生长，不仅适合沿海地区养殖，也适合内陆地区淡水养殖，是优良的淡化养殖品种，因而成为我国养殖区域最广泛、养殖面积最大和产量最高的对虾品种。

图 3-4　凡纳滨对虾

凡纳滨对虾最适生长水温为 22～32℃。当水温长时间处于 18℃以下或 34℃以上时，虾体处于紧迫状态，抗病力下降、食欲减退甚至停止摄食。对盐度的适应范围很广，盐度耐受范围为 0～40，在逐渐淡化的情况下可在淡水中生存，最适盐度为 28～34。对 pH 的适应范围为 7.3～9.0，最适为 7.8～8.6，当 pH 低于 7.3 时，其活动受到限制。凡纳滨对虾属杂食性种类，偏肉食性，在人工饲养条件下，凡纳滨对虾对饲料的固化率要求较高，但对饵料中的蛋白质需求并不十分严格，饲料蛋白含量占 20%以上就可正常生长。离水存活时间长，可以长途运输。

五、日本囊对虾

日本囊对虾(*Penaeus japonicus*)，旧称日本对虾，又称车虾、花虾(图 3-5)，具有抗病力强、适应性广、经济效益高、离水性好和适于长距离运输等优点，是我国海水虾类养殖的主要品种之一。

图 3-5　日本囊对虾

日本囊对虾的口感好、肉质嫩、营养丰富，深受消费者青睐，是现阶段人工养殖对虾的极品，市场价格较高。但该虾生长速度较凡纳滨对虾慢，养殖技术要求较高，而且养殖产量普遍偏低，因此很多养殖从业者的积极性并不高，但是由于近年来其他虾类病害颁发，日本囊对虾依靠其高营养高经济效益逐渐进入人们的视野。

日本囊对虾的分布范围极广，中国自然水域主要分布于黄海南部、台湾海峡、南海北部沿岸浅水水域。日本囊对虾的最适生存温度范围为 15～29℃，水温高于 32℃时无法正常存活，8～10℃摄食减少，5℃下开始死亡。日本囊对虾为广盐型种类，盐度适应范围为 15～36，幼虾主要分布在盐度较低、沙质底的河口水域，随着个体的成长，逐步移向深水区。

六、斑节对虾

斑节对虾（*Penaeus monodon*），俗称花虾、斑节虾、竹节虾（图 3-6），因其喜欢栖息于水草及藻类繁生的场所，故我国台湾称它为草虾，联合国粮食及农业组织（FAO）称其虎虾。斑节对虾个体巨大，是对虾属中的最大虾种，也是当前世界三大养殖虾类中养殖面积和产量最大的对虾养殖品种。生长快速、肉质鲜美、抗病力强、适温适盐范围广、可耐受较长时间的干露，故易干活运销。最大个体长达 33cm，体重 500～600g，是深受消费者欢迎的名贵虾类。

图 3-6　斑节对虾

斑节对虾对水环境的适应能力非常强，其适宜生长温度范围为 17～35℃，最适生长温度为 25～33℃。斑节对虾为广盐性，能生活在盐度 5～45 的水域，最适宜盐度范围 5～25。斑节对虾喜栖息于沙泥或泥沙底质，白天潜底不动，傍晚食欲最强，开始频繁的觅食活动。食性广泛，摄食对象包括甲壳类、软体动物、多毛类等小型底栖动物，也摄食少量浮游动物、植物碎屑等。斑节对虾属杂食性虾类，人工养殖过程中，贝类、杂鱼、虾、花生麸、麦麸等均可摄食，对蛋白质需求相对较低，饲料蛋白最适含量为 35%～50%。

七、三疣梭子蟹

三疣梭子蟹（*Portunus trituberculatus*），俗称梭子蟹、飞蟹（图 3-7），因其个体大、生长快、肉味鲜美、经济效益好，是我国海洋渔业重要的捕捞蟹类和增养殖品种。三疣梭子蟹广泛生活于我国沿海一带，是沿海的重要经济经济来源之一，由于营养价值高、药用价值大，已成为我国北方产量最高的海产食用蟹类，同时也是我国重要的出口畅销品之一。

图 3-7　三疣梭子蟹

三疣梭子蟹是一种温水性蟹类，其适应温度范围为 17～30℃，最适温度为 25～28℃。盐度适应范围为 15～35，在 25～30 的盐度范围内生长迅速。三疣梭子蟹主要生活于水深10～30m的泥沙质海底环境中，自身没有钻洞能力，白天常隐藏在凹陷的泥沙或某些遮蔽物下躲避敌人，夜间觅食，运动活跃，有明显的趋光性。

三疣梭子蟹属于底栖动物食性，食性较杂，多摄食动物饵料，包括双壳贝类、甲壳类、头足类、鱼类和腹足类，兼食多毛类、真蛇尾类和海葵，但在饵料不充足时，也转为腐食性或植食性。性格凶猛、好斗，进食时有“争斗”和“残食”现象。通常白天摄食量少，傍晚和夜间大量摄食，水温在8℃以下和32℃以上时停止摄食。食性随着生长阶段的不同而发生改变，幼蟹时期偏于杂食性，此时可通过驯化使其摄食部分配合饲料，成蟹时期由于性腺发育的需要趋向肉食性。配合饲料中适宜的蛋白添加量为41%。投喂菲律宾蛤仔生长最快，其次为杂蟹类和小型虾类，投喂杂鱼效果最差。

八、缢蛏

缢蛏(*Sinonovacula constricta*)，俗称蛏子、青子(图3-8)。味道鲜美，营养丰富，是我国四大养殖贝类之一。缢蛏养殖有成本低、周期短、产量高等优点，是沿海地区贝类养殖的优良品种。

图3-8　缢蛏

缢蛏为广温广盐性贝类，适温范围为0～39℃。在自然环境中，缢蛏喜欢生活在盐度较低的河口附近和内湾的滩涂上，尤以软泥或沙泥底的中、低潮区最为适宜。

九、菲律宾蛤仔

菲律宾蛤仔(*Ruditapes philippinarum*)，俗称观子、蛤喇、花蛤(图3-9)，生长迅速，养殖周期短，适应性强，离水存活时间长，是一种适合于人工高密度养殖的优良贝类，是我国四大养殖贝类之一。

图 3-9　菲律宾蛤仔

菲律宾蛤仔属于典型的埋栖型贝类，于滩中营穴居生活，多栖息在风浪较小的内湾且有适量淡水注入的中、低潮区，栖息底质以含沙量为 70%～80%的沙泥滩为主。水温 0～36℃均能生存，适宜生长水温为 5～35℃，最适生长水温为 18～30℃；适宜生长的盐度为 10～35，最适生长盐度为 20～26。耐干能力强，耐干露能力随规格的增加而增大。菲律宾蛤仔属滤食性贝类，滤食海水中的单细胞藻类和有机碎屑。

十、褐牙鲆

褐牙鲆（*Paralichthys olivaceus*），俗称比目鱼、牙片等（图 3-10），为近海冷温性底栖鱼类，具有生长快、繁殖力强、洄游性小、回归性强、易驯化等特点，属于中高档海水产品，是我同鲆鲽类养殖和海水养殖的重要品种之一。体型规格较大，肉质细嫩鲜美，营养丰富，富含人体所需的多种微量元素，同时也是制作生鱼片的上等材料。不仅在国内热销，也是出口的重要水产品。

图 3-10　褐牙鲆

褐牙鲆的生活环境多为靠近沿岸水深 20～50m，潮流畅通的海域，其栖息底质多为沙。褐牙鲆属暖温性底层鱼类，其适温范围较广。成鱼生长的适宜温度为 8～24℃，最适水温为 16～21℃，褐牙鲆为广盐性鱼类，对盐度变化的适应能力很强，生长最适盐度为 17～33，同时也能在盐度低于 8 的河口地带生活。褐牙鲆是代表性肉食性鱼类，在自然环境中多以小型鱼类为食，以鳀鱼、天竺鲷、小型虾虎鱼、枪乌贼和鹰爪糙对虾等为主，为黄、渤海比目鱼类中食性最凶猛者。

第二节　海水池塘养殖模式

一、单品种养殖

所谓单品种养殖即单养，指养殖水体中只放养一种养殖对象的养殖方式。单品种养殖是多品种综合养殖的基础，在我国水产养殖史上，单养在大部分时间充当着养殖的主要模式。单品种养殖是针对养殖品种、尽可能调节其他条件满足该养殖品种需求的一种养殖方式。因此，这种养殖方式能最大限度地满足该养殖品种的生长发育条件，但池塘单养模式尤其是高密度集约化单品种养殖模式，也存在能耗高、排污多、过分依赖饵料、容易打破生态平衡等弊端。由于经济效益的驱使、绿色环保理念的普及，池塘单品种养殖模式的规模正逐渐减少。

二、多品种养殖

所谓多品种养殖即多品种综合养殖，又称多营养层次综合养殖，是指运用生态学原理，根据不同养殖生物间的生态位互补原理，利用自然界物质循环系统、在一定的养殖区域内，使多种食性不同的生物在同一环境中共同生长，实现保持生态平衡、提高养殖效益的一种养殖方式。

多品种综合健康生态养殖模式是淡水生态混养和海水池塘生态综合养殖模式的精细化、专业化成果，主要原理是基于生物的生态理化特征进行品种搭配，利用物种间的食物关系实现物流、能流循环利用。这种综合养殖系统一般包括投饵类动物、滤食性贝类、大型藻类和底栖动物等多营养层级养殖生物，系统中的残饵和一些生物的排泄废物可以作为另一些生物的营养来源，这样就可以实现水体中有价无机物质的循环利用，尽可能降低营养损耗，进而提高整个系统的养殖环境容纳量和可持续生产水平。由于该养殖模式涉及底栖、浮游、游泳类养殖品种的综合养殖，还可以达到养殖用海空间资源立体化利用目的，提高养殖空间利用效率。多品种综合健康生态养殖模式的养殖品种营养级搭配更加齐全，养殖空间更加立体，管理环节也更加全面。

在辽宁地区，池塘多品种综合养殖主要围绕着刺参、贝类(缢蛏、菲律宾蛤仔等)、海蛰、甲壳类(对虾、三疣梭子蟹)等几个物种进行。刺参有“海底清道夫”之称，贝类能有效改善水体和底质营养盐的组成和浓度，三疣梭子蟹等甲壳类能摄食利用混养其他种类的残饵，并对疾病的暴发具有一定的抑制作用。围绕着这几个品种，可实施刺参—对虾混养、刺参—红鳍东方鲀混养、海蜇—缢蛏—对虾混养、海蜇—对虾混养、三疣梭子蟹—对虾混养等模式。

三、其他养殖方式

综合养殖是一个极其复杂的养殖模式，随着养殖技术的进一步发展，综合养殖的类型也越来越多。

(一)多水层池塘养殖

同一养殖品种，多水层池塘养殖是指为充分利用养殖空间和资源，在池塘的上、中、下层均进行养殖的一种养殖方式。例如，辽宁各地刺参养殖池塘，在池塘表面进行小规格刺参网箱暂养，中间水层采用塑料、网袋等附着基培养稍大规格刺参，底层进行池塘底播刺参的综合养殖方式。不仅能充分利用空间和饵料等资源，提高刺参成活率和生长速度，还能控制水色，抑制刚毛藻等大型有害藻类的暴发。

(二)轮捕轮放

这里所说的轮捕轮放是指混养多种生物，分不同时间捕捞。例如，辽宁大部分地区刺参养殖池塘混养日本囊对虾和斑节对虾，9 月中上旬可收日本囊对虾，9 月中下旬可收斑节对虾，刺参则在春节和秋季分别采捕大规格的成参(通常平均在 4～8 头/千克)，也有秋季采捕手拣苗(通常 20～30 头/千克)销售给福建等地的养殖业主进行越冬养殖。同时，分别在春季或者秋季向池塘内投放不同规格的苗种，这种轮捕轮放的方式可以保障刺参的全年采摘。

(三)轮养

轮养是指在同一水体不同时间段养殖不同的种类，以达到时间上充分利用养殖水体资源，实现高产、高效目的的一种养殖方式。例如，庄河地区海水养殖池塘进行海蛰、日本囊对虾与菲律宾蛤仔轮养，海蛰、对虾于 6 月前后进行放苗，至当年9月末前后抓捕干净后进行菲律宾蛤仔育苗并过冬，翌年4—5月收获，进行下一轮的养殖。对虾与刺参轮养也是很成功的模式，即每年春季4—5月开始放养中国明对虾、日本囊对虾或者凡纳滨对虾等，到8—9月收获，此时放养大规格刺参苗种，至翌年的4—5月收获，清池后再次放养对虾，这样避开了刺参的夏眠期，同时也避免了由于高温而造成刺参死亡的风险。

（四）池塘套养网箱

池塘套养网箱是指海水养殖池塘在混养系统中，养殖主动摄食性种类，为防止养殖种类损失，将主动摄食性种类隔离养在网箱中的养殖方式。辽宁葫芦岛地区刺参养殖池塘混养日本囊对虾系统中套养红鳍东方鲀，为防止红鳍东方鲀摄食对虾，将红鳍东方鲀养殖在池塘内网箱中。红鳍东方鲀粪既可增加刺参与对虾的饵料，又可发挥鱼类对水质的调控作用，从而获得刺参、对虾、鱼都丰收的效果。

第三节　海水池塘多品种综合养殖技术

一、多品种混养的原则

由于池塘综合养殖模式混养品种较多，为避免各个品种之间出现种间竞争、破坏种群平衡现象，在混养时要选择合适的品种及其放养比例。首先，要以主导养殖品种最适生长环境条件作为基础，其他所有的混养品种的适宜生长环境要与之相近，保证所有养殖品种能够在同样环境中良好生长。需要考虑的关键环境因素包括水温、盐度、pH、溶解氧等。其次，混养品种的选择要考虑到经济效益的问题，可以选择经济价值较高的鱼、虾、贝、参、蜇等作为混养对象，增加养殖效益。但是不能够过分强调辅养品种的经济价值，增加成本，提高养殖风险，只能作为一个副产品选择，注重辅养品种在混养系统中的作用。同时还要根据养殖地区的实际情况，混养品种的易得性和广泛性来选择。对于放养比例的问题，要保障主导品种的主体地位，辅养品种不能与之争夺生态位。

在养殖开始后，各个养殖品种的放养规格和顺序也要做好计划，目的是要保证混养的生态系统尽快达到平衡稳定的状态，促进主导品种的生长。辅养品种尽量投放幼苗以降低养殖成本，提高经济效益。规格的选择要保证品种间不会出现互相摄食的现象，如放养肉食性和杂食性鱼类，因其本身就以对虾为食，其放养规格和放养时机应以不会大量捕食虾苗为准。例如，在中国，对虾养殖池塘放养河豚要等对虾到一定规格后，再放养河豚幼苗，也要严格控制放养密度。此外，放养规格还影响对氯、磷的利用率。对于各养殖品种的放养顺序要根据实际情况来确定，放养规格和时间顺序要灵活把握，如果混养品种数量较大，还要考虑饲料利用率的问题，如对虾饲料中蛋白质含量较多，成本高，如果混养品种抢夺对虾饲料，不仅会提高养殖成本，而且对虾由于摄食不足会导致生长缓慢，延长养殖周期，降低经济效益。

二、海水多品种综合养殖标准化池塘条件

（一）池塘选择

养殖池塘环境应符合《无公害食品海水养殖产地环境条件》（NY 5362—2010）的要求。取水区应潮流通畅。刺参混养池塘应以 0.7～0.11hm^2 为宜。海蜇混养池塘以 2～100hm^2 为宜。长方形的池塘水深应超过 1.5m，建有进排水闸门。刺参混养池底以岩礁石、硬泥沙或砂质为宜，无渗漏。海蛰混养池底要求平坦，底质以泥底或泥沙底为主。

（二）环境要求

水源水质应符合《海水水质标准》（GB 3097—1977）的规定，养殖用水应符合《无公害食品海水养殖产地环境条件》（NY 5362—2010）的规定；底质无工业废弃物和生活垃圾，无大型植物碎屑和动物尸体，无异色、异臭，自然结构。底质有毒有害物质最高限量应符合《海洋沉积物标准》（GB 18668—2002）和《绿色食品产地环境质量》（NY/T 391—2021）的规定。

（三）放苗前准备

池塘在养殖前要进行改造，造礁前和旧池都要彻底清淤，防止池底在高温期间影响水底，同时杜绝水草的生长。清淤原则按照《对虾养殖质量安全管理技术规程》（SC/T 0005—2007）中的规定；清淤整池之后，在放苗前 15～30d 采用药物清除养殖池的敌害生物、致病生物及携带病原的中间宿主。用药应符合《无公

害食品渔用药物使用准则》(NY 5071—2002)的要求。常用药物及使用方法见表3-1。

表 3-1 常用清塘药物及使用方法

药物名称	用量与用法	注意事项
氧化钙(生石灰)	800～1 500 kg/hm^3，干塘清池	不能与漂白粉、有机氯、重金属、有机络合物混用，休药期≥10 d
漂白粉(有效氯含量28%～32%)	150～300 kg/hm^3，全池泼洒(池塘水深 10～20m)	不能用重金属品盛装，不能与其他消毒剂混用，休药期≥5 d

(四)基础饵料培养

清塘后，在放苗前 10～15d，为防止敌害生物入池，用 60 目筛绢网做成锥形大网袋过滤进水 60～80cm，培养基础饵料。肥料应根据池塘水中浮游生物的丰度而定，使透明度在 30～40cm 为宜。常用肥料用量及使用方法见表 3-2，施肥每次递减。

表 3-2 常用肥料用量及使用方法

肥料种类	名称	用量	使用方法
有机肥	发酵鸡粪	75～150 kg/hm^3	使用经发酵的鸡粪上清液全池泼洒
无机肥	磷肥	1.8～3.6 kg/hm^3	稀释后全池泼洒
	尿素	91.8～18 kg/hm^3	
生物肥		按产品使用说明操作	

三、多品种综合养殖技术

参—虾、虾—蜇、虾—蟹—贝、虾—蟹、鱼—虾—蟹、虾—蜇—贝—鱼等多品种综合养殖是目前辽宁地区海水池塘典型的多品种综合养殖模式，主要养殖品种包括刺参、中国明对虾、日本囊对虾、斑节对虾、海蛰、缢蛏、菲律宾蛤仔、牙鲆等。这些模式通常采用轮捕轮放方式，动植物饵料混合投喂，集成肥水、调水、改底等养殖技术，可提高经济效益，达到生态防病和减少养殖污染等效果。

(一)刺参—中国明对虾池塘混养技术

1. 苗种选择

刺参苗种体重≥1000 头/kg，苗种要求规格基本一致，体色鲜艳，身体伸展自由，健康活泼，无擦伤、碰伤现象，体壁较厚。中国明对虾苗种体长 0.8 cm 以上。

2. 苗种运输

刺参苗种运输按照《刺参 亲参和苗种》(GB/T 32756—2016)的要求执行；中国明对虾苗种运输按照《中国对虾 苗种》(GB/T 15101.2—2008)的要求执行，虾苗应体色透明，游泳活泼，体质健壮(捞起一部分放入水盆内用手搅水，虾苗全部逆水游动，然后全部散开，盆的底部放些沙子，虾苗很快就会潜入其中)，运输用水应符合《无公害食品 海水养殖产地环境条件》(NY 5362—2010)的要求。

3. 放苗时间

刺参苗种应选择在春秋两季投放(4—5 月或 10—11 月)，根据苗种的来源合理安排投放时间。中国明对虾在 5 月中旬至 6 月上旬，或自然水温在 15℃以上时投放。放苗顺序是参苗先于虾苗。

4. 放养密度

春季投苗选体重 1 000～1 500 头/kg 的参苗，按 6×10^4～1.2×10^5 头/公顷投放；秋季投苗选当年培育的体重 1 000～2 000 头/千克的参苗，按 7.5×10^4～1.5×10^5 头/公顷投放；50～60 头/千克的参苗，按 3×10^4～4.5×10^4 头/公顷投放。中国明对虾放养密度为 4.5×10^4～7.5×10^4 尾/公顷。

5. 放苗方法

放苗应选择晴朗无风或微风的天气。投放中国明对虾苗应先将运苗袋放入池中平衡温差，然后打开袋口，让池水缓缓流入袋中，几分钟后将虾苗慢慢放入池中，进行多点投放。

6. 日常管理

调控刺参养殖池塘水质，保持水环境的生态平衡和友好是刺参和对虾健康快速生长的关键。养殖前期以满足刺参苗生长的需要为主。在参苗放养初期，气温上升较快，而水温上升较慢，此时应保持较低水位，0.6～1.0m，这样日光可直接照进池底，便于水温快速上升，利于刺参快速生长。春季潮水较小，每个潮汛只能换水 3～4 次，因此有潮汛就换水，保持养殖池内的水质新鲜。春季在保持低水位的同时，要密切注意池塘底部大型藻类的变化，预防因透明度过大引起底栖大型藻类的过度繁殖，影响养成。进入6月份以后，随着气温的升高，潮水开始变大，池水逐渐加深，此时养殖池内的水位应保持在1.5m以上，每日换水30～40cm。换水时要谨防换入带有油污的水、黑水和赤潮水。每日早、中、晚巡池，观察刺参和对虾的生长、摄食、排便、活动及死亡状况；定期监测水温、透明度、盐度、溶解氧、pH、营养盐、浮游生物量、饵料生物等理化指标，保持透明度在30～40cm，当水体透明度变大时可以根据水质状况通过施肥调整。通过采取增氧和不定期使用微生态制剂进行水质调节，有效地改善水质和底质，保持并创造良好的底栖生活环境。

7. 饵料投喂

在养殖过程中，刺参一般不需要单独投喂饲料，主要依靠定期肥水和加大换水量，摄食对虾残饵、排泄物、有机碎屑以及底栖微小动植物等。中国明对虾可以进行适当投饵，虾苗放养一周后，每日19时开始投喂卤虫，3～4d后加大卤虫投喂量，根据晚间虾的摄食情况决定次日投喂量，当虾苗生长至8cm左右，适当投喂少量人工配合饲料或鲜活天然饵料。根据虾的生长情况和摄食情况以及池塘水质、底质环境调整饵料投喂量，原则是投喂量适中，尽可能不留残饵。

8. 底质管理与病害防治

在养殖过程中，应定期对养殖池塘进行底质改良，底质管理可适时投放一些底质改良剂改善底质环境。在高温季节，每隔15d向池内泼洒微生物制剂以改善水质和底质，同时微生物制剂可作为刺参和中国明对虾的补充饵料，能够控制有害微生物的繁殖，提高刺参和中国明对虾的成活率。

9. 养成收获

每年10月至翌年5月为刺参收获季节；对虾一般自7月下旬至11月初收获，水温低于15℃前应将对虾全部起捕。刺参采捕可用潜水方式，一般采用轮捕轮放的方式，捕大留小，根据存池量，每年补充参苗；对虾主要采取定置陷网或在排水闸口安装锥形网排干池水等方法进行采捕。

(二)海蜇—中国明对虾池塘混养技术

1. 中间培育

中间培育规格：伞径 1.0～1.5cm 的海蜇幼蜇经过中间培育至伞径 3cm 之后再进行放养。

中间培育池设置：在混养池塘一角，用 40～60 目筛绢围成一个小池。培育池面积可根据混养池塘面积和培育的苗种数量而定，为池塘总面积的 1/20～1/10。中间培育池暂养期间最好投喂人工孵化的卤虫幼体。

2. 苗种质量与运输

海蜇苗种质量和运输应符合《海蜇 苗种》(SC/T 2059—2014)的要求；中国明对虾苗种质量和运输应符合《中国对虾 苗种》(GB/T 15101.2—2008)的要求。

3. 放苗时间及放养密度

放苗时间：4 月下旬至 6 月下旬，水温稳定在 15℃以上 5d 后，选择天气较好的早晚和无风或微风的时段放苗，避免午间阳光直射时投放以及大风、暴雨天放苗。4 月底至 5 月初先放养中国明对虾苗，5 月上旬当水温达到 17℃以上时开始放养海蜇苗。

放养密度：海蜇苗分 2～4 批放养。幼蜇经中间培育规格为 3cm 以上时，放苗密度为 750～1 200 个/公顷。当第 1 批海蜇大多数个体重量达 1.5～2.0kg 时，开始放入下一批苗种。第 2～4 批放苗总量为 750～900 个/公顷。中国明对虾放苗量为 3.0×10^4～7.5×10^4 尾/公顷。

4. 放苗方法

先将装苗袋放入池塘中间的水中，使其在水面上漂浮 15min 左右，待袋内的水温与池塘中的水温逐渐接近，然后再打开袋口，贴近水面，将苗种均匀、缓慢地倒入池中，进行多点投放。放苗时最选择在上风口，以便及时散开，以防幼蜇过大密度造成死亡。海蜇在早晨和傍晚风平浪静时有上浮习性，在放养后，每天早上 6—9 时巡池观察，并将滞留在塘边的海蜇及时送回深水区，同时对其生长情况进行观察。

5. 日常管理

放苗后如果天气正常，水质正常，前期以加水为主，逐渐将池水加满，半月内可以不换水，以防换水过快而造成个体间相互碰撞，影响成活率。后期应逐渐加大换水量，每次换水 15%～50%，先排后进，并遵循少量多次的原则，天气异常或海区水质不良时不换水。水温控制在15～32℃，盐度控制在18～36，pH控制在7.8～8.5，溶解氧控制在5mg/L以上，透明度控制在30～50cm。

对虾饲养前期多不投饵，主要摄食基础饵料。中国明对虾体长达到5cm时，开始每天投喂3%～8%的配合饲料和卤虫，每天2～4次。海蛰饲养中后期应投喂卤虫、轮虫与桡足类等活体饵料，添加光合细菌、EM菌生物制剂，投喂量依据存塘海蛰和中国明对虾数量、浮游生物数量、苗种生长状况等作相应调整。

6. 养成收获

海蛰生长60～80d后，分批采捕伞径达到30cm、体重3kg以上规格的海蛰。对虾体长10cm以上时即可收获，水温低于15℃前应全部起捕。7hm^{2}以下的池塘中的海蛰采用拉网出池，围起后抄网捞出。特别大的池塘可采用机动船在上风口用抄网捕捞，最后剩下的海蜇还可以通过排水降低水位来进行收获；对虾用定置陷网或在排水闸口安装锥形网排干进行采捕。

（三）海蜇—中国明对虾—缢蛏池塘混养技术

1. 蛏田建造及准备

在池塘中沿长边走向用挖掘机修条形蛏床，蛏床高40～50cm，宽2.3m，两侧留有浅沟。蛏床面积占池塘面积的15%～20%，并在蛏苗放养前耙松、整平。每年3月，加水淹没蛏床，用漂白粉全池泼洒进行清塘消毒，3d后排干池水重新进水，水深1～1.2m。

2. 苗种选择与运输

海蛭苗种质量和运输按照《中国对虾 苗种》(GB/T 15101.2—2008)的要求执行，对虾苗种质量和运输按照《文蛤 亲贝和苗种》(SC/T 2042—2011)的要求执行，缢蛏苗种质量和运输按照《缢蛏 亲贝和苗种》(SC/T 2066—2014)的要求执行。

3. 放苗时间及放养密度

放苗时间：4月上旬至6月下旬水温10℃以上，选择天气较好的早晚和无风或微风的时段放苗，避免午间阳光宜射时投放以及大风、暴雨天放苗。放苗顺序是缢蛏、中国明对虾、海蛰。

放养规格与密度：缢蛏苗在4月上旬，水温稳定在10℃以上，天气晴好，池塘水深1.2m，放养规格为壳长1cm左右，放苗密度为350～500粒/平方米(蛏田面积)。

中国明对虾苗在4月下旬放养，池塘水温稳定在10℃以上，规格在1cm以上，密度为30 000～75 000尾/公顷。

海蛰苗分多次放养、分批捕捞，一个养殖周期可放养2～4批。第一批放苗时间为5月上旬，水温稳定在17℃以上5d后，放养经中间培育规格为3cm以上的幼蛰。放苗密度为750～1 200个/公顷，当第1批海蛮多数体重达1.5～2.0kg时开始放入下一批苗种，第2～4批总放苗量为750～900个/公顷。

4. 放苗方法

海蛰与中国明对虾放苗：应先将装苗袋放入池塘的水中，使其在水面上漂浮15 min左右，使袋内的水温与池塘中的水温逐渐接近，然后再打开袋口，贴近水面，将苗种缓慢地倒入池中，进行多点投放。

缢蛏放苗：规格较小(壳长小于1cm)的稚贝，宜湿播(即用手拿稚贝在水中慢慢撒落)，规格较大(壳长大于1cm)的稚贝，宜干播(即握苗的手贴在涂面，轻轻地抹，使苗种胶附于涂面)。播种时工人行走在蛏床边，顺风将苗种均匀撒播在滩面上。

5. 日常管理

在整个养殖过程中，坚持早、中、晚各巡塘一次，重点观察海蛰和对虾的生长、运动、摄食等情况，做好记录。换水坚持少量多次的原则，天气异常或海区水质不良时，不宜换水。应注意监测水温、溶解氧、盐度、pH、氨氮、透明度等理化因子变化，防止局部水体盐度过低而造成养殖品种死亡。

定期检查养殖生物的摄食和生长情况，及时清除池中敌害生物。透明度控制在30～50cm，溶解氧5mg/L以上，pH7.8～8.6。前期以加水为主，每汛加水20～30cm，水位控制在1.2～1.4m，中后期逐渐将池水加到2m左右，每汛换水量20%～40%。加水、换水不仅可以改善水质，还可以带进饵料生物。养殖过程中根据水色和透明度确定是否肥水，以透明度60cm为基准，小于60cm施肥，大于60cm施肥。

蛏苗投入10d以后，池水透明度变大时，补充投喂豆浆，将黄豆粉碎成浆，每亩投喂0.3kg(干豆)；虾苗入池10d后，开始投喂用绞碎的玉筋鱼、鳀鱼等，日投饵2次。鱼糜中大颗粒鱼肉可被对虾利用，微细鱼肉可被缢蛏利用。需严格控制饵料量，防止过剩。

6. 养成收获

海蜇生长60～80d后，即可进行收获，最长养殖时间不超过90d。分批采捕伞径达到 30cm，体重生长到 3kg 以上规格的海蜇，采用抄网或拉网捕捞，通过网具控制捕捞规格。

中国明对虾一般自 7 月下旬至 10 月初，体长 10cm 以上时即可收获，水温低于 15℃时，应将对虾全部起捕完毕。采取定置陷网或最后在排水闸口安装锥形网排干池水等方法进行采捕。

缢蛏规格达到 60～80 枚/千克或大于 4cm 时可进行采捕。在 11 月中旬海蛰、对虾采捕完成后，可翻埕收获或先将池水放至漏出蛏田 10～20cm，微流水保证池中其他养殖生物不因缺氧死亡，采取挖捕、捉捕或钩捕的方式进行。

（四）海蜇—斑节对虾—菲律宾蛤仔池塘混养技术

1. 苗种选择与运输

海蜇苗种质量和运输按照《海蛰 苗种》(SC/T 2059—2014)的要求执行；斑节对虾苗种质量和运输按照《斑节对虾亲虾和苗种》(SC/T 2043—2012)的要求执行；菲津宾蛤仔苗种质量和运输按照《菲律宾蛤仔 亲贝和苗种》(SC/T 2058—2014)的要求执行。

2. 放苗时间及放养密度

放苗时间：4 月中旬至 6 月下旬，水温 17℃以上，选择天气较好的早晚和无风或微风的时段放苗，避免午间阳光直射时投放以及大风、暴雨天放苗。4 月中旬开始放养菲律宾蛤仔，5 月上中旬放养海蛰，5 月中旬以后放养斑节对虾。

放养规格与密度：菲律宾蛤仔苗放养规格为壳长 0.3cm 以上，规格 2×10^4 粒/千克以上，放苗密容为 150～180kg/公顷。

海蛰苗分 2～3 批放养，幼蛰为经中间培育、规格为 3cm 以上。水温稳定在 17℃以上 5d 后，放养第一批幼蛰，放苗密度为 600～750 个/公顷。当第一批海蛰大多数个体重量达 1.5～2.0kg 时，开始放入下一批苗种。第 2～3 批放苗密度为 450～600 个/公顷。

斑节对虾苗在 5 月中旬放养，规格在 1cm 左右，密度为 3×10^4～45×10^4 尾/公顷。

3. 放苗方法

菲律宾蛤仔：池塘低水位时，将苗种运到池塘中心位置，从中心向四周均匀撒播，切忌成堆。播苗面积占池塘的 1/4～1/2。

海蛰与中国明对虾：应先将装苗袋放入池塘的水中，使其在水面上漂浮

15min 左右，使袋内的水温与池塘中的水温逐渐接近，然后再打开袋口，贴近水面，将苗种缓慢地倒入池中，进行多点投放。

4. 日常管理

养殖前期以添水为主，5 月中旬以后开始换水。整个养成期间，根据养殖生物的生长、池塘水质、天气、海区水质等，换水坚持少量多次的原则，天气异常或海区水质不良时，不宜换水。应注意监测水温、盐度等理化因子变化，防止局部水体盐度变化而造成养殖品种死亡。

定期检查养殖生物的摄食和生长情况，防止敌害和受污染的海水及油污随纳潮进入池内，及时清除池中敌害生物。

混养池塘养殖品种多，特别有滤食性强的海蜇，所以池塘必须保证足够的饵料生物。使池塘水质透明度控制在 30～50cm，饵料不足时，适当施肥来培育天然饵料或向池中添加光合细菌、EM 菌等微生态制剂。饵料质量应符合《无公害食品渔用配合饲料安全限量》(NY 5072—2002)的规定。

5. 养成收获

海蜇生长 40～60d 后即可进行收获，分批采捕伞径达到 30cm，体重 3kg 以上规格的海蜇，采用抄网或拉网捕捞。

菲律宾蛤仔经过 5～8 个月的养成，壳长在 3 cm 以上时，可以收获。收获方法采取蛤耙、翻滩和机械采收。

斑节对虾一般自 7 月下旬至 11 月初、体长 10cm 以上时即可收获。水温低于 15℃前，应将对虾全部起捕。采取定置陷网分批捕捞，或最后在排水闸口安装锥形网排干池水等方法进行采捕。

第四章

海淡水池塘综合养殖技术

第一节　海淡水池塘综合养殖的概念

第二节　虾蟹混养技术

第三节　虾鱼混养技术

第四节　多品种混养、轮养与多茬养殖技术

第一节　海淡水池塘综合养殖的概念和内容

一、海淡水池塘综合养殖的概念

海淡水池塘综合养殖也叫海淡水池塘多元化立体养殖，以对虾塘综合开发利用为主，包括海水池塘及部分淡水池的多品种混养、多品种轮养和多茬养殖等。海淡水池塘综合养殖是当前世界水产养殖向集约化、农牧化方向发展的一种形式，尤其在当前虾病肆虐的情况下，因地制宜地开展虾海淡水综合养殖，现实意义重大。

二、海淡水池塘综合养殖的内容

（一）虾塘立体混养

虾塘立体混养即立体综合利用虾塘，根据不同养殖品种的生态特性，实行以对虾为主养，虾、鱼、贝、参或藻等按比例搭配，选择一种或两种甚至三种以上混养在一起，构成一个统一的养殖模式，例如，虾鱼混养、虾贝混养、虾蟹混养、虾参混养、虾藻混养、鱼虾贝混养等。不同养殖品种混养，可大幅度地降低饵料的投喂量并提高饵料利用率，同时对改善水域生态环境、保持水质稳定、预防疾病具有积极意义，是提高社会、经济和生态效益较好的养殖模式之一。

（二）多品种混养

多品种混养是对条件特差，又缺乏改造条件、产量低的虾塘，改蟹、贝为主养，适当搭配一些对虾；也有的改鱼、贝为主养，适当搭配一些对虾。

（三）多品种轮养

轮养是指在同一口池塘中，在不同年份进行虾与其他养殖对象的轮流养殖，或在同一口池塘中利用不同虾类养殖时间的差异，进行轮流养殖；即在同一口池塘中，一年内多次放养苗种，多次捕捞上市。池塘中第一次某种苗放养后，养殖一定时间，根据其生长情况，达到商品规格后收获，然后再选择某适宜的品种进行第二次放养，养殖一定时间后适时收获。这样的轮捕轮放可以是一次、两次或多次。如中国对虾与日本对虾轮养，斑节对虾与日本对虾轮养，斑节对虾与刀额新对虾轮养等，都是利用养殖季节特点进行轮养。再如第一茬放养东方对虾，第二茬放养长毛对虾或南美白对虾或三疣梭子蟹等，第三茬放养脊尾白虾或三疣梭子蟹暂养育肥或南美白对虾密养、轮捕等模式。

（四）多茬养殖

根据养殖对象的生长期，结合当地气候条件，选择某品种在一年内分别进行两次放养两次收获称两茬养殖、三次放养三次收获称三茬养殖，如两茬或三茬日本对虾养殖。

（五）其他养殖

利用一年中养殖空闲的池塘，选择适宜品种进行养殖称季节性利用，如4—9月份养对虾，其余时间养其他品种或育苗，或暂养三疣梭于蟹等。在原对虾塘中，试养比对虾适销的、产值更高的品种，如海参、海蛰、河豚鱼、龙虾等珍贵水产品和出口创汇新品种等。在淡水池塘可开展鳖鱼或鱼鳖混养，或养名特优淡水鱼类新品种等。为了有利于所养水产品的销售，必须根据收获前的市场消费水平、销售价格、出售时间等情况安排生产，也可根据具体情况安排反季节生产。

第二节　虾蟹混养技术

一、虾蟹混养的可行性

在海水对虾养殖池塘中，根据虾、蟹的不同习性，除养殖对虾或其他虾类外，同时混养经济蟹类，如三疣梭子蟹、青蟹等。在淡水虾养殖池塘中，也可进行虾蟹混养。有的池塘中以虾为主养，搭配蟹类，称为虾蟹混养；有的以蟹为主养，搭配虾类，称为蟹虾混养。虾塘中混养蟹类，不仅可以降低因虾苗过密引起的虾病风险，而且蟹类可以摄食塘中的病虾、死虾，对虾塘起到净化除病的作用。虾与蟹混养于同一口池塘中，应采取措施，减少或避免二者相互残杀，创造一个适宜虾、蟹同栖共生、互补互利的生态环境，从而提高池塘养殖的综合效益。

虾蟹混养在广西、福建、浙江的沿海地区较为普通。山东、江苏的沿海地区，在虾塂内同时放养三疣梭子蟹、青蟹等，均取得了显著的社会和经济效益。蟹虾混养一般选青蟹、三疣梭子蟹或河蟹中的一种做主养，与虾类混养。

二、适宜混养的虾蟹品种

（一）与蟹混养的虾主要品种

1. 脊尾白虾

脊尾白虾（*Exoaplaemon carinicauda*）俗称白虾、河晃虾、白枪虾、短腕白虾（图4-1）。多生活在近岸浅海或河口附近的半咸淡水中。我国北至辽宁，南至广东均普遍分布，具有生长快、繁殖周期短、适应性强和饲料系数小等特点，作为海水池塘养殖品种堪称理想。目前，由于脊尾白虾养殖在人工育苗上的突破，其与青蟹的混养正在逐渐得到推广。

图4-1　脊尾白虾

2. 刀额新对虾

刀额新对虾（*Metapenaeus ensis*）俗名基围虾、土虾、三夜活（图4-2）。成虾规格一般为体长7.5～16cm，是中小型经济虾类，在我国主要分布于广东、福建、台湾等地。它具有食性广，生长快，对低盐、高温耐力强，耗氧量低，离水存活时间长，活体运输方便等特点。目前，开展刀额新对虾与三疣梭子蟹混养生产，经济效益显著。常见的混养方式有池塘单养、网围养殖、海区笼养。

图 4-2　刀额新对虾

3. 青虾

青虾(*Macrobrachium nipponense*)又名河虾，学名日本沼虾(图 4-3)，是产量最大的一种淡水虾。成虾规格为体长 6～9cm，广泛生活在淡水湖泊、池沼、河流、沟渠里，最喜栖息于多水草的浅水水域。我国北自河北南到广东等地都有分布。青虾杂食性，幼体以浮游生物为食，成虾则以水生植物的腐败茎叶及鱼贝类的尸体为食，或捕食底栖的小型无脊椎动物。人工养殖可投喂糖糟、豆饼、米糠、豆渣等，尤以糖糟最为喜食。青虾非常贪食，一投饵料就迅速成群，在饵料少的情况下，常因抢食而引起争斗，同类相残，出现大吃小、强吃弱的现象。青虾与河蟹混养，不需增加投饵，便可获得虾、蟹增产增收。

图 4-3　青虾

（二）与虾混养的蟹主要品种

1. 青蟹

青蟹(*scaylla serrata*)学名锯缘青蟹(图 4-4)，多生长于潮间带的泥滩或泥沙底的海滩中，喜欢潜居于岩洞、石缝和较硬底质的滩涂洞穴中。青蟹具有个体大、生长快、适应性强的优良特性，且有昼伏夜出的生活习性。对盐度适应范围广，适宜盐度为 0.5%～3.32%，最适盐度为 1.37%～1.69%，最适水温为 18～32℃。青蟹肉食性，主要摄食软体动物和小型甲壳类，在我国主要分布在长江口以南沿海。可以池塘养殖、潮下带围栏养殖，也可以单养或与虾、鱼泥养。与青蟹混养的对虾品种主要有中国对虾、南美白对虾、长毛对虾和刀额新对虾等。

图 4-4　青蟹

2. 河蟹

河蟹(*Eriocheirsin ensis*)即中华绒螯蟹，又称毛蟹、螃蟹、大闸蟹(图 4-5)。喜欢栖息在水质清新、阳光充足、水草丰盛的江河湖泊中，通常在泥岸或浅滩掘洞穴居，具有昼伏夜出习性。河蟹为杂食性蟹类，偏喜食蚬、螺、虾、蚌、鱼、昆虫等动物性饵料，对腐臭的动物尸体特别感兴趣。植物性饵料为轮叶黑藻、马来眼子菜、浮萍、伊乐藻等。它同青虾一样，生长过程中也有同类相残现象。河蟹生长分为幼体期、黄蟹期和绿蟹期 3 个阶段。河蟹多与青虾混养，可在不增加投饵情况下获得虾、蟹的增产与增收。

图 4-5　河蟹

三、虾蟹混养模式

（一）对虾与青蟹混养

1. 虾塘条件

虾塘中混养青蟹，面积以 0.35～0.7hm^2 为宜，最大不超过 2hm^2，水深保持 1.2～1.5m。底质以松软的泥沙或沙泥底较好，底质硫化氢含量应低于 0.01mg/L。有独立的进排水系统，日换水量在 29% 以上。盐度 1.02%～3.27%，pH 值 7.8～8.4，氨氮含量在 0.5mg/L 以下。要求邻近有淡水源，可用于调节塘水盐度。塘底要求有 0.5%的倾斜度，有纵沟或侧沟数条，每条沟宽 2～3m，深 0.5m，以利于虾、蟹的生活和放水收捕之用。每公顷虾塘需配 3kW 增氧机。苗种放养前需做好清淤整修、消毒和肥水等准备工作。

2. 设置隐蔽物与防逃设施

为了防止虾、蟹遭受敌害袭击和避免或减少蟹的相互斗殴，应在池塘中设置隐蔽或栖息场所。障碍物可以加大蟹的栖息和活动空间，减少其相通的机会，蟹还可爬上障碍物和在露水滩上栖息，逃避缺氧或水质不良等情况。青蟹的攀爬和逃跑能力很强，防逃设施的建造要特别重视。堤坝四周内侧及进排水口设置防逃设施，目前常用塑料片、水泥板、筛绢网、玻璃钢板等材料做围栏；浙江沿海最常采用 60 目塑料筛绢网片作为防逃材料。每隔 2m 左右深插 1 根竹竿或木杆，以竹竿露出一端垂直钉上 1 根长 30cm 的木杆或竹竿，构成倒“L”形，网的下缘埋入堤坝内基，上缘向池内折成宽 30cm，夹角 90°，用直径 2～3mm 的塑料绳绑扎固定在木架或竹架上(图 4-6)。

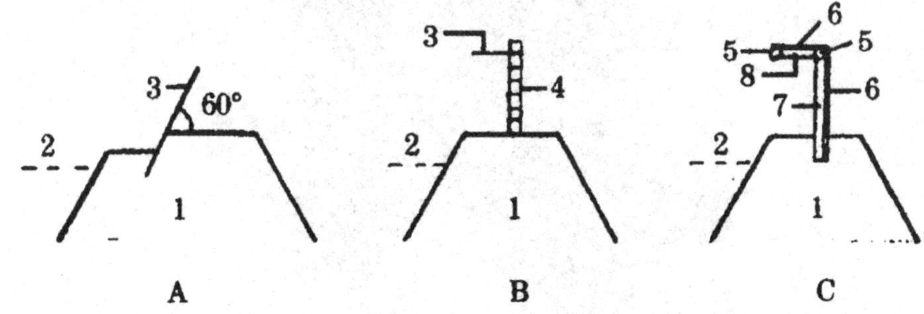

图 4-6　3 种防逃设施示意图

A. 破璃防逃；B. 砖墙仿逃；C. 筛绢网防逃

1. 池埂；2. 水位线；3. 玻璃；4. 砖墙；5. 塑料绳；6. 筛绢网；7. 木桩；8. 木条

3. 苗种放养

一般情况下先放虾苗后放蟹苗，注意避免虾、蟹苗种规格差异太大而互相残食。如果先放蟹苗，则须投放体长 3cm 以上的大规格虾苗，即暂养苗，以提高虾苗的成活率。所谓暂养苗是指将规格为体长 0.8～1cm 的刚出育苗场的苗，培育到体长 3cm 左右。暂养塘面积 0.06～0.13hm^2，水深 1m，每亩放养虾苗 10 万～15 万尾。如果没有单独的暂养塘，可在混养塘中选取一角，用 40 目筛绢围成 600m^2 水面作为暂养区。如果先放虾苗，后放蟹苗，则要在虾苗规格达到体长 3cm 以上后，再放入蟹苗。

放养的虾苗要求个体大小均匀、体质健壮、肌肉结实、体表光洁无附着物，虾苗规格最好在体长 1.2 cm 以上。目前，人工繁殖的蟹苗比较少，主要使用由人工捕捞的海区自然苗。蟹苗以春苗和秋苗为佳，清明前后的春苗质量最好，成活率高。规格为甲壳宽 1～3 cm，体壮壳硬、规格整齐、附肢健全，螯足和游泳足不缺少或损伤的蟹苗。

混养方式与密度视池塘换水条件、饵料来源、管理水平等因素定。南方地区如广西，以长毛对虾为主养，每亩放虾苗 8 000～14 000 尾，放养体重 50g 的青蟹苗 240～300 只，或偏小蟹种放养 400～500 只；若以青蟹为主养，可适当增加青蟹的放养量，减少虾苗放养量，每亩放养蟹苗 500～1 000 只，放养长毛对虾苗 1 500～3 000 尾。北方地区如山东，虾塘内混养青蟹，以中国对虾为主养，每亩放养蟹苗200～300只；以青蟹为主养，每亩放养蟹苗500～1 000只。浙江地区，先放养虾苗，至少比蟹苗早15d左右，待虾苗规格长到体长3 cm以上再放蟹苗，一般每亩放养体重10～20g的蟹苗300～400只。浙江北部有些地区，由于5—6月份海水处于低盐度(0.5%～0.6%)，所放苗种须经过淡化处理，如南美白对虾苗要淡化到盐度0.4%～0.5%。5月中上旬开始放养，对虾放养密度为30 000～10 000尾/亩，青蟹200～300只。浙江南部地区虾蟹混养苗种放养量见表4-1。

表4-1 浙江南部地区虾蟹混养苗种放养量

虾苗规格(厘米)	放虾苗量(尾/亩)	放青蟹苗量(只/亩)
3～5	1 000	800～15 00
3～5	4 000	500～800
3～5	8 000	160～300

青蟹雌雄比例一般掌握在4∶1～5∶1为好。虾、蟹苗要求规格整齐，不同规格的苗种分塘放养。在混养塘中青蟹和对虾均可实行两茬养殖。青蟹生长速度快，若放扣蟹，80～90d即可养成商品蟹，一年可养两茬，5—6月份放养第一茬，8月底至9月初放养第二茬。如5月份至6月上旬放虾苗，每亩10 000～15 000尾，9月上旬前起捕完毕。第二茬以日本对虾为主养，放苗时间在9月份至10月上中旬，每亩放苗20 000～30 000尾。

4. 混养方式

有直接混养和囤养两种。直接把蟹苗放进虾塘中养殖的为直接混养，是最普遍的混养方式。囤养即把青蟹苗放养在有盖的竹笼内，每笼1～4只，再把笼均匀地安置在虾塘滩面上。此法在浙江、广西等沿海地区使用比较普遍。饵料可直接投入笼中和塘内，不必设置隐蔽物和障碍物。养殖笼有竹笼和网笼两种(图4-7)。竹笼用竹片编织，再用铁钉连成正方形或长方形，规格有25cm×25cm×25cm，60cm×40cm×50cm，100cm×50cm×50cm等。有的地区采用大笼，规格为200cm×60cm×30cm，大笼分成双排，并列6格，共12格，每格放养一只，每格笼盖上没有投饵孔或活动门，四角系有浮绳。网笼用8号镀锌铅丝或塑料管做笼架，外面围上较粗的聚乙烯线编织成的网片，规格为(60～80cm)×(30～40cm)×50cm。

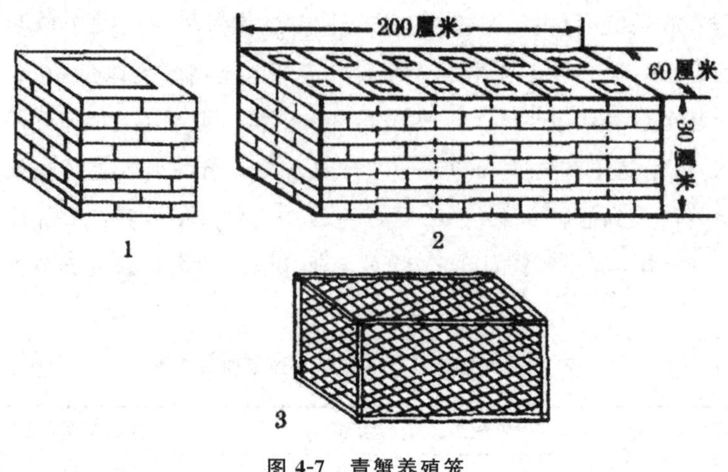

图 4-7 青蟹养殖笼

5. 养成管理要点

养成期间要做好投饵、水质管理、巡塘和防病除害等常规技术工作。尤其注意虾与蟹相残多因争食引起，要做到投足饵料、少量多餐、合理搭配、先粗后精、日少夜多、均匀投撒。青蟹放养后半个月虾塘开始换水。到中期，高温或水质变化时，一般每隔 2～3d 换水一次，每次换水量为 30%～40%，水质好的大潮汛期尽量多换水，小潮汛期以添水为主。高温季节应适时开启增氧机，保持水中溶解氧量在 4mg/L 以上。

6. 收获

当虾、蟹达到商品规格，可根据市场行情陆续起捕或一次性起捕上市。蟹与对虾可同步或不同步收获。各地收获时间不同：浙江沿海地区多在 10 月中旬前后，浙南地区在立冬之前，广西北海等地的两茬养殖分别在 5 月底至 6 月初和 10 月底至 11 月初收获。对虾可用地笼网收获，青蟹通常采用诱捕或网捕，捕大留小，捕肥留瘦。青蟹大量出售时可采取排干池塘水，用越捕、手捉、捅洞钩捕等方法收获。

(二)脊尾白虾与青蟹混养

1. 虾苗暂养

无论是海区自然苗，还是人工苗，规格为体长 0.7～1cm，直接与青蟹混养，易被其残实，成活率极低。因此，需要经过中间暂养。暂养塘面积 667～1 340m^2，水深 0.8～1m，可专门修建，也可利用塘的深沟或在大塘中一角围成暂养区。虾苗经 20～40d 暂养，规格达体长 2.5～3cm，便可移入大塘混养。

2. 苗种放养

如果先放虾苗后放蟹苗，须等到白虾规格达体长 2.5cm 以上后再放养青蟹苗。如果先放蟹苗后放虾苗，须放养经中间暂养、规格为体长 2.5cm 以上的白虾苗。如果以青蟹为主养，只搭配适量白虾的混养，一般每亩放养蟹苗 600～1 200 只，放养规格为体长 2.5～3cm 的白虾苗 0.3 万～0.6 万尾。白虾在塘内能自然繁殖，放苗量不宜过高。

3. 养成管理要点

养成期间需做好投饵、换水和巡塘等常规技术工作。尤其注意一般在青蟹饵料充足时，不必投放白虾饵料。在青蟹饵料不足时，每亩可投喂 1.5～4kg 的农副产品和水产品的下脚料。

4. 收获

白虾长到规格为体长 6cm 左右时即可收获。收获的方法有以下 4 种。

(1)排水收获。宜在大潮汛期进行。此法操作同对虾收获，所用袖网的孔径比对虾网小，袋口网目仅 1cm，袋网部分为 0.8cm。白虾对流水反应不敏感，如一次收不完，可以在第二潮进水再收，反复几次，直至收净。

(2)罾网收虾。适用于少量白虾的起捕。操作时选择迎风面，网内撒上一些诱饵，待虾游入网内即可用捞网捞取白虾。

(3)竹箩诱捕。在虾快长成时用若干只竹箩筐，每只箩筐口蒙上蛇皮袋塑料布，中间挖几个直径 8～10cm 的小孔，筐内放些诱饵，筐上系一条直径 2～3mm 的绳子，绳子另一端串上浮标，筐下也系上 1 条绳子，绳子另一端绑上小石块，以固着竹箩，使其不移位。将箩筐下沉至离水面 40～50cm 处。每天早晨收取进入竹箩内的虾，把还没有达到上市规格的虾放回池塘。一口一亩大小的虾塘，每天可收 5～10kg 白虾。

(4)地笼网收虾。操作时晚上把网放入池塘内，第二天早上起网。结合排水或进水，捕虾效果更佳，因为水流会刺激白虾进入。

(三)刀额新对虾与三疣梭子蟹混养

1. 池塘条件

泥养塘应选择在风浪较小的内湾，潮差较大、进排水方便的中高潮区虾塘。面积以 0.33～0.67hm^2 为宜，塘底开 1m 宽、0.5m 深的环沟和中央沟。塘底用石板、石块、瓦片和陶罐构筑成三疣梭子蟹隐蔽物。在塘四周堤内应有 2m 宽的滩面。苗种放养前做好清塘消毒与肥水等准备工作。

2. 苗种放养

6 月上旬放规格为体长 0.7～1cm 的刀额新对虾苗 5 000 尾/亩。幼蟹放养到虾塘前必须经过暂养。6 月中旬在虾塘的一角用 8 目网衣围成一个面积相当于养成面积 1/10～1/8 的小塘，塘内用网衣、棕绳等材料构建隐蔽物，蟹苗先放入围网衣内暂养 20～30d，待规格达甲壳宽 2～3cm 时，将 8 目网衣撤掉，使用网围成的暂养区与虾塘连成一体，蟹将自行分散到塘中。每亩放养规格为甲壳宽 3cm 的三疣梭子蟹幼蟹 2 000～2 500 只。

3. 养成管理要点

养成期间需做好水质管理、投饵等常规技术工作。注意通过施基肥和追肥调节水质肥瘦，保证虾、蟹食料充足。三疣梭子蟹在 7—8 月份生长最旺盛，应多投喂饵料，并且要遍池塘均匀地投喂；对虾则沿塘四周投喂。要先投喂三疣梭子蟹，1h 后再投喂对虾。

4. 利用网笼泥养三疣梭子蟹

三疣梭子蟹放入网笼养殖，可限制蟹的活动范围，减少蟹的互相残食，增强蜕壳后的安全性，成活率较高；同时，便于观察，精养细管，投饵量易掌握，饵料利用率高，收获方便。

(1)笼的制作

用直径 8mm 铁丝制成 2 个圆环，其中上圆环直径 28cm，下圆环直径 36.6cm，再用 3 根长 16.5cm 铁丝与上下两圆环焊接成上口直径 28cm、底部直径 36.6cm 的网笼架，然后用 30 目网片裁成与网笼相同的尺寸，穿绳扎紧(图 4-8)。

在主干绳两端打桩，并在绳子两端拴上浮标，沿此主干绳顺池塘宽度方向摆笼，主干绳上系侧绳，侧绳另一端再与另一个笼子连接，笼与笼间距为 60cm。

(2)蟹苗放养

5 月初从育苗场购入幼蟹入池暂养，经 20d 暂养后，蟹长到规格为壳宽约 3cm，再转移到网笼中养殖，每笼放 1～2 只。也可从海上收购规格为壳长 3cm 以上的幼蟹，放入笼中。

(3)养成管理要点

养成期间做好投饵和水质管理等常规技术工作。注意三疣梭子蟹对饵料的要求不甚严格，投新鲜或冷冻的杂鱼虾均可。投饵量为蟹体重的 5%～20%，视笼中残饵情况决定投饵量的增减。投喂方法简单，提起网笼，从网笼顶部上口投饵。投喂时可检查网笼及饵料剩余情况。其他管理以对虾为主。

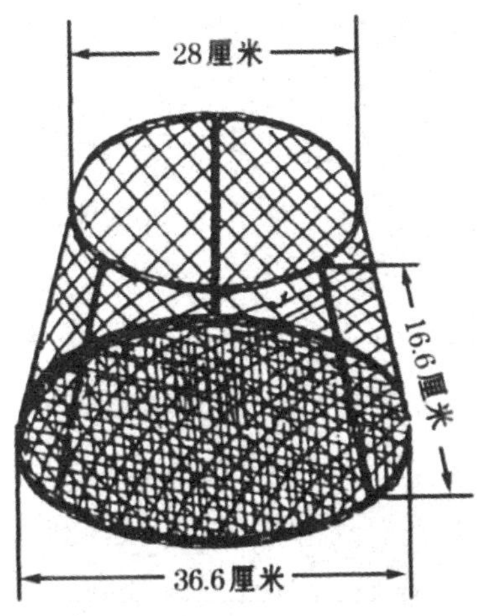

图 4-8　三疣梭子蟹网笼养殖

5. 收获

蟹、虾不能同步起捕，对虾起捕后，蟹还没有达到商品规格，要继续养到下半年或市场行情好时再收获上市。这是因为，雄蟹价格比雌蟹低许多，继续养不合算，所以雄蟹比对虾稍迟起捕，而远比雌蟹早起捕。

(1)刀额新对虾收获

收获时间在 9 月上旬至 10 月中旬，根据刀额新对虾的生活习性，常用的捕捞方法有两种。第一，笼捕。夜间在虾塘四周及四角设置地笼网，笼口小，虾易进难出，三疣梭子蟹难进入。第二，灯光诱网捕。选择无月的夜晚，在出水闸口设网，闸上方设强光灯，开闸门缓缓放水，虾入网受捕，连续几个晚上，即可全数捕获。

(2)三疣梭子蟹收获

根据三疣梭子蟹是否进入膏蟹期、市场行情和天气变化等情况决定起捕时间。三疣梭子蟹的起捕从 10 月下旬开始至翌年春节，特殊情况下可延迟到 4—5 月份才结束。三疣梭子蟹有昼伏夜出及潜伏塘底的习性，故宜在夜间放水起捕。一般在大潮汛期间而非阴雨天起捕，在闸门固定网笼袋，晚上开闸放水，蟹会顺流进入网笼袋中受捕，反复几次，可收获大部分三疣梭子蟹，最后放干池塘水将蟹捕净。网笼养殖的可直接收获。

(四)青虾与河蟹混养

1. 池塘条件

面积以 0.2～0.33hm² 为宜，平均水深 1～1.5m，塘埂坡度在 1∶3 左右，池底平坦，淤泥少，水体 pH 值 7.5～8.5。苗种放养前需做好清塘消毒和防逃设施建筑工作。

2. 移植水草和放养螺蛳

清塘 1 周后，抽干池塘水，再注新水 10cm。在离池塘边 1m 处的浅水带，沿四周种上植物或移植水花生、空心菜和水浮莲等水生植物，水草带宽约 1m。池塘底也可栽种沉水性水草，如苦草、轮叶黑藻等。水草面积应控制在生长旺盛时占池塘总面积的 30%～40%。注意虾蟹混养的池塘中不能有大叶黄草，因为这种草自然死亡后，在池塘底腐烂会造成河蟹死亡。水草移入前需用漂白粉 10mg/L 消毒。

收购活蛳螟放入池塘中，让其自然繁殖，一般每 0.1hm² 投放蛳螟 450～750kg，可保证河蟹在生长阶段有充足的鲜活饵料，同时具有减少人工投饵量，净化水质，增强河蟹的抗病能力，防止疾病暴发，以及提高河蟹的商品规格和品质等作用。

3. 苗种放养

初冬或初春放养 1 龄蟹种，以避开严冬低温期，规格为 600～1 500 只/千克。豆蟹则尽早放养，以提高出塘规格，放养规格为 300～500 只/千克。6 月上旬至 7 月下旬放养育虾，规格为体长 1cm(1 600 层/kg)，每亩放 4 万尾，如放养怀卵虾，则每亩放养 0.5～0.53kg。一般在夏季每亩放养规格为 20～30 尾/千克的 1 龄 50～55 尾，或在春季每亩投放 l 龄鱼种 20～33 尾。

4. 养成管理要点

养成期间需做好投饵、水质管理、巡塘和防病除害等常规技术工作。尤其注意投喂的饵料有颗粒饵料、动物性饵料及植物性饵料，如螺、蚌、蚬、小杂鱼、小麦、玉米、南瓜等。其中，颗粒饵料粒径为 1.5～2.2mm，粗蛋白质含量 35%～40%；动物性饲料要轧碎成适口颗粒。河蟹为杂食性，饵料投喂必须做到荤素搭配。前期以颗粒饵料、动物性饵料相结合投喂为主，辅以少量水草，这样既可满足虾、蟹的营养需求，又可避免或减少同类相残。饲养中期(7—8 月份)正是高温，须减少动物性饵料的投喂，每周仅 2～3d 投喂动物性饵料；相反要增加植物性饵料的投喂量，主要投喂小麦、玉米、南瓜等，小麦、玉米需煮熟。饲养后期(9—11月份)河蟹进入生长及育肥阶段，要加大动物性饵料的投喂量，若用颗粒饵料，其组成应为小杂色、豆粕80%，植物性饵料20%。每天投喂两次，上午投全日投喂量的1/3，下午投2/3。饵料必须均匀地投放到离塘边1m左右的水草带边。

一般初期水位保持在0.6～0.8m，中后期加至1.2～1.5m、在7—9月份高温季节，每5～7d换水一次。平时每半个月至一个月加注新水一次。

当河蟹越冬后第一次蜕壳前，常发生纤毛虫病(聚缩虫、钟形虫等)，可用0.2～0.6mg/L的硫酸锌或0.3mg/L的甲壳净全塘泼洒，连用2～3次。河蟹患细菌性黑鳃病、腐壳病、水肿病，可用0.2～0.5mg/L的二氧化氯或三氯异氰脲酸全塘泼洒，并每千克饲料拌入1～2g土霉素，做成药饵进行投喂。患肠炎病可用大蒜并饵投喂。

5. 收获

河蟹在9月底或10月初开始起捕上市，持续至春节前后，采用池塘边徒手捕捉和干塘起捕方法。青虾在元旦至春节期间上市，采用抄网抄捕，最后干塘起捕的方法。对于不能上市的小规格青虾可续养至翌年收获。

(五)三疣梭子蟹与脊尾白虾混养

1. 池塘条件

三疣梭子蟹与脊尾白虾混养是以三疣梭子蟹为主养，适量混养脊尾白虾的一种混养类型。池塘大小以0.66hm^2为宜，底质以泥沙质为佳。塘底平整，略向排水口倾斜。池塘相对两端设进排水闸门各一个，进水闸设置60～80目的滤水网，排水闸门设置防逃网，在排水闸门前增加一道弧形排水拦网，以利于水体交换和保护虾不被流水追死。苗种放养前需做好旧塘改造、消毒除害和服水等准备工作。旧塘改造须在12月份至翌年2月份收获结束后进行。

2. 三疣梭子蟹苗种放养

放苗时要求水深60～80cm，透明度40cm左右，水温16℃以上。大风、暴雨天气不宜放苗。以往养殖户多选择土池培养的III期以上的幼蟹或海区自然幼蟹放养。由于人工苗质量的提高，目前放养的三疣梭子蟹以人工苗为多。短距离蟹苗运输采用蟹苗专用箱，加入适量浸泡锯末干运。较远距离的运输则用泡沫箱加冰袋降温装运，温度控制在15℃左右。长途运输采取尼龙袋带水充氧装运，在袋内放一些棕丝或塑料遮光网小块，使蟹苗不堆积，该法是目前各育苗厂普遍采用的装运方法。装运密度根据运输方法和蟹苗规格大小而定，如运输规格为甲壳宽 2cm 左右的幼蟹，每只尼龙袋可放 100～200 只。对海区捕捞的自然幼蟹，只要将其放入盛有水的底铺沙土的容器中，运输中常换水遮阳，运输成活率较高。

放养时间一般是 5 月中下旬，每亩放养规格为 1 500～3 000 只/千克的蟹苗 2 000～2 500 只，若投放纯雌蟹苗，则放 1 000～1 200 只，如蟹苗规格为 20～50 只/千克，则放 500～600 只。

3. 脊尾白虾苗种放养

脊尾白虾苗种要采用人工苗或通过池塘投抱卵虾自繁的方法获得。人工苗目前较少。脊尾白虾一年繁殖多代，投放抱卵虾的时间和数量是获得白虾苗的关键，以 7 月份每亩投放 0.5kg 抱卵虾最为合适，投放太早或太迟均难以获得丰收。

4. 养成管理要点

养成期间需做好投饵、水质管理、防病除害和巡塘等常规技术工作。尤其注意 9 月份多投一些优质饵料，以促进蟹的肥壮和性腺发育。幼蟹在 V 期前，每天要投饵多次，日投饵量为蟹体重的 50%～100%。当蟹体重达到 50g 以后，日投饵量控制在 15%左右。水温下降到 15℃以下后，日投饵量减少到蟹体重的 5%～8%，甚至更少。养殖后期水温下降，对脊尾白虾少量投饵。一般每隔 3～4d 换水一次，换水量在 30%～50%，使塘水相对密度保持在 1.015 以上。当 7—8 月份脊尾白虾繁殖时排水要慢，排水闸的滤网用 40 目，防止把幼苗、无节幼体排掉。在高温季节换水应注意中午不宜将塘水排得太低，以免造成水温过高而伤害栖息在浅水处的蟹。三疣梭子蟹虽然有潜入泥沙中越冬的习性，但水温太低易受冻伤，应在寒流来临前将塘水提到最高水位。

5. 越冬与收获

三疣梭子蟹春节前后的销售价格较高，且畅销。雌蟹的价格往往高出雄蟹一倍。而体质差的三疣梭子蟹在越冬期会部分死亡，所以雄蟹一般在寒潮来临之前起捕上市。起捕排水时，三疣梭子蟹易滞留在浅水区离水死亡。如果天气特别冷，则要在白天起捕，起捕后将雌雄蟹分开暂养。脊尾白虾留在池塘中继续养殖，适时用地笼网等有计划地分批起捕，进行活体销售。

第三节　虾鱼混养技术

一、虾鱼混着的可行性

虾鱼混养是以虾为主养，适量混养少量鱼类；鱼虾混养是以鱼为主养，适当混养少量虾类。二者分别属于立体养殖的不同类型，鱼虾混养类型基本要求同虾鱼混养。虾鱼混养或鱼虾混养对于充分利用池塘水体，提高饵料利用率，净化水质，减少鱼、虾病害，提高经济效益均具有积极作用。

与虾混养的鱼类属肉食性或植物食性，具有广盐、广温及生长速度快的特点。由于肉食性鱼类的特点，在混养生产中，一般是作为搭配品种与虾类混养。混养鱼类的品种主要有两类：一是偏植物食性的杂食性的鱼类，如大弹涂鱼、鲻鱼和丁鱵等。这类鱼不但不会与对虾争食，而且可使对虾塘内的食物链组成更趋完善。虾与这些鱼类混养，管理技术不难掌握。二是偏肉食性的高档鱼类，如河豚和鲈鱼等。虾与这些鱼类混养，管理技术相对较难。这是因为，这些鱼类能捕食对虾，但混养时只要控制好其规格与比例，并适当投饵，鱼类对对虾也不会构成太大危害，反而能吃掉病虾、死虾，起到防止病原体传播和减少疾病发生的作用，提高了虾塘的综合效益。

与鱼类混养的虾类品种主要是进行单茬养殖的两类虾：一是海水虾类，如南美白对虾、日本对虾和中国对虾等；二是淡水虾类，如罗氏沼虾等。虾类与肉食性鱼类混养时，必须注意：第一，鱼类苗种的规格一定要小，要采用当年春季捕获的苗种，规格为体长 2～4 cm，经培育达到 6～10 cm 再混养。第二，虾类长到足够大时再放养鱼类，因为虾个体小，游泳速度慢，易被鱼捕食，致使虾苗成活率降低，养成产量减少。第三，鱼的放养时间要晚于对虾。

二、适宜混养的虾和鱼种类

(一)与鱼混养的虾主要品种

1. 罗氏沼虾

罗氏沼虾(*Macrobrachium rosenbergii*)，又称马来西亚大虾(图 4-9)，生活

在各种类型的淡水或咸淡水水域，是东南亚热带性大型淡水经济虾类，我国引进并推广到全国 20 个省、市、自治区。罗氏沼虾具有个体大、食性杂、生长快、生长周期短等特点。其适温范围较窄，与鱼混养能充分发挥池塘生产潜力。罗氏沼虾可与遮目鱼、鲻鱼、草鱼、鲢鱼、鳙鱼和罗非鱼等混养，严禁放入鳗鱼、尖吻鲈、鲤鱼和青色等肉食性鱼类。

图 4-9　罗氏沼虾

2. 南美白对虾

南美白对虾[*Penaeus*(*Litopenaeus*)*vannamei*]又称万氏对虾(图 4-10)，对环境突变的适应能力很强，可以长时间离水而不死，在自然海区是偏肉食性的虾类，以小型甲壳类或桡足类等生物为主食，池塘养殖的生长季节在 4—8 月份。其盐度允许范围为 0.2%～7.8%，最适生长水温为 22～35℃，在盐度 2%～4%、水温 30℃～32℃和不投饵的情况下，从虾苗开始饲养到收获时间需 180 d，平均每尾对虾体重可达到 40 g，体长由 1 cm 增长到 14 cm 以上。我国引入并逐步由海水养殖转向淡水养殖。南美白对虾主养可混养鲻鱼、黑鲷、罗非鱼以及河豚鱼等。与双斑东方鲀混养模式有两种：其一，同河豚与中国对虾混养模式，区别仅在于主养品种不一样；其二是反季节池塘塑料大棚混养模式。

图 4-10　南美白对虾

(二)与虾混养的鱼主要品种

1. 大弹涂鱼

大弹涂鱼(*Boleophthalmus pectinirostris*)是具有一定经济价值的小型鱼类(图 4-11),以底栖硅藻和有机碎屑为食,兼食蓝藻,营养级低,食物链短。它的食性从仔鱼、稚鱼阶段的肉食性转变为幼鱼的植物食性,从幼鱼直到成色,保持植物食性不变。适于与大弹涂鱼混养的对虾有中国对虾、长毛对虾、南美白对虾和日本对虾等。

图 4-11　大弹涂鱼

2. 鲻鱼

鲻鱼(*Mugil cephalus*)也称乌鱼(图 4-12),属广盐性、河口性鱼类,可放养于淡水、半咸水及全海水水域中。鲻鱼为杂食性，以摄食泥沙中的微小动植物、有机碎屑、微生物、硅藻、蓝藻以及多毛类幼虫等为主。与鲻鱼混养的虾类有罗氏沼虾和南美白对虾等。

图 4-12 鲻鱼

3. 河豚

河豚(*Pufferfish*)是鲀形目鱼类的统称，与我国饮食文化密切相关的一类剧毒而又味道鲜美的种类，俗称河豚鱼(图 4-13)。其养殖是近几年才兴起的，目前已发展为单养和混养两种方式，养殖品种主要有暗纹东方鲀(*Fugu. bimacutus*)、红鳍东方鲀(*F. rubripes*)、假睛东方鲀(*F. pseudommus*)和双斑东方鲀(*F. bimaculatus*)等。河豚鱼的混养模式较多，主要是与鲢鱼、鳙鱼混养，与日本对虾混养和与中国对虾混养。日本对虾一般白天潜入池塘底部沙中可达数厘米深，日落后才钻出沙来活动；而河豚鱼白天觅食，晚上潜伏水底。二者的活动与摄食基本上互不影响。因此，河豚鱼与日本对虾能够互利共生，二者混养有利于提高生产效益。

图 4-13 河豚

三、虾鱼混养模式

(一)罗氏沼虾与鱼混养

1. 池塘条件

罗氏沼虾与鱼混养需选择淡水池塘，面积以 0.2～0.5 hm^2 为宜，水深 1.2～1.5 m，水质良好，无污染的池塘、江河、湖泊和水库等水源较好。pH 值以 7.5～8.5 为好，溶解氧量高，要求底层水含氧量在 3 mg/L 以上，透明度保持在 35～45 cm。池底平坦坚硬，有一定坡度，以便排干池水。底质以保水力强的沙泥底为佳，淤泥不能过厚(15 cm 以下)。池塘中有约 1/5 面积的浅滩，对提高虾的成活率有益。根据池塘面积大小，安装 1.5 kW 或 3 kW 的增氧机 1 台。苗种放养前需做好清塘消毒、肥水、隐蔽物设置等准备工作。

2. 设置隐蔽物

罗氏沼虾在生长过程中要经过多次蜕皮。刚蜕皮的虾易被残食。因此，应在池塘栽种水草或放置树枝及其他隐蔽物。如"∧"形瓦片、陶管等，以利于虾栖息或躲避敌害，减少互相残食，以提高成活率。隐蔽物所设置的面积不应超过池塘总面积的 1/10。

3. 苗种放养

罗氏沼虾生长最适水温为 28～30℃。当水温低于 24℃或高于 31℃时，生长速度下降；当水温降低到 16～18℃时，开始停止进食；降至 14℃以下，连续几天就会被冻死。因此，池塘水温稳定在 20℃以上时，可放养虾苗。放养时间一般在 5 月上旬至 6 月上旬，养成 5～6 个月可达到商品规格。

以罗氏沼虾为主养的池塘，每亩放养规格为体长 2 cm 的淡化虾苗 2 万～2.5 万尾。如果放养的虾苗规格小，一个月后每亩才能放养大规格鲢鱼种 100 尾左右，放鳙鱼种 25～30 尾。年底可收获鲢鱼、鳙鱼 750～1 200 kg。如果放养的虾苗规格较大，在 3.5cm 左右，虾苗下塘 10d 以后即可放养鱼种。生产实践表明，收获时罗氏沼虾每亩存活在 0.6 万～0.73 万尾或以上才能获得较高的产量。因此，放养量和养殖模式由养成池塘条件、管理水平和计划产量等因素综合决定。在鱼种塘中也可套养罗氏沼虾，每亩放养夏花鱼 0.4 万尾，可套养罗氏沼虾 0.5 万～0.8 万尾。

4. 养成管理要点

养成期间要做好投饵、水质管理和防病除害等常规技术工作。尤其注意前期(虾苗下塘一个月内)，要根据池塘中浮游生物量，适当补充投喂蛋羹、豆浆、仔虾颗粒饵料等。虾苗下塘后第一个 10d，一般每亩每天投喂软颗粒饵料 0.5～1 kg；第二个10d 每亩每天投喂 1.5 kg；第三个 10d 每亩每天投喂 2 kg。每天投喂 2 次，上午投全日量的 30%，下午投 70%，投在浅水区或池塘坡上。中期(虾苗下塘一个月以后)，规格达体长 3 cm 以上，改投颗粒饵料，投饵量可根据虾总体重的 5%～7%投喂，每天投喂 3 次，上午投全日量的 30%，下午投 25%，晚上投 45%，白天投在深水区，晚上尽量将饵料撒布全塘。后期(自 9 月份开始)，每亩每晚投 0.5kg 左右动物性饵料。10 月份以后水温下降，虾的摄食量减少，投饵量为虾总体重的 3%左右。每半个月加注新水一次，以更换部分老水。罗氏沼虾的耗氧率和窒息点都比鲢鱼、鳙鱼、草鱼高，容易浮头，甚至窒息死亡。虾苗下塘后，每天凌晨 3—4h 至日出及中午各开增氧机一次。其他时间应灵活掌握开启增氧机增氧。

5. 收获

养殖季节可抽掉部分池水，拦网捕捞，捕大留小。当水温下降至 16℃以下时，应及时干塘。否则，温度继续降低，会冻死虾类。混养的鱼如果还没有达到商品规格，可以留养待翌年收获。

(二)对虾与大弹涂鱼混养

1. 虾塘条件

混养大弹涂鱼的虾塘应具备环沟与中央沟，沟与滩面积比为 1∶4 或 1∶5，虾塘沟深 1.3 m，滩面水深 0.2 m 左右。虾塘滩面底质以软泥质为宜。太硬，大弹涂鱼不能打洞穴；太软，洞穴容易坍塌。塘坝坡度要大，这不仅有利于底栖硅藻繁殖，而且增加了鱼的活动场所。塘内海水比重要适宜，海水比重高低对虾类影响不大，比重稍偏低对大弹涂鱼生长有利。苗种放养前需做好清塘消毒和肥水等准备工作。

2. 晒滩施肥

此项工作要选择晴天，结合虾塘换水时进行。排干水露出滩面，施入家禽肥后，晒滩 1～2 d。天气炎热，晒滩时间可缩短。施肥量一般每亩用 20 kg 左右；米糠施用量 15 kg。经常施肥晒滩增加塘内底栖硅藻的繁殖量，才能保持大弹涂鱼良好生长。水温降到 14℃以下，大弹涂鱼穴居，极少出来索饵活动；到 28℃以上，其索饵活动旺盛，发育极快。对虾起捕后，更要增加晒滩次数，尤其在冬天，为了提高池塘水温，天暗无风浪时需排水晒滩，遇到阴天寒潮侵袭时需注水增加水深。

3. 苗种放养

大弹涂鱼互不残食，对苗种放养规格要求不严，自 2 cm 小苗到 6～7cm 幼鱼均可作为苗种放养。虾苗规格要求同对虾单养塘。放养期间大弹涂鱼可以多批放养，首批放养比虾苗可早也可晚，一般虾苗放养后再放养大弹涂鱼苗种。浙江中部地区 5 月中旬开始放苗，6 月中旬结束。目前，大弹涂鱼以海区采捕苗为主，放养时间的早晚很大程度上受海区自然苗情况制约。大弹涂鱼放养密度按滩面与边滩面积即浅水区面积计算，放养 3～10 尾/平方米，可根据鱼苗个体大小做适当调整。虾苗按对虾单养塘标准量放养。

4. 养成管理要点

养成期间要做好水质管理、防病除害等常规技术工作。尤其注意放养初期，鱼苗还没有钻入较深的洞穴以前，为防止水温变动太大，滩面水深以 15～20 cm 为宜，平时水深为 5 cm。

5. 收获

(1)收获时间

一股大弹涂鱼放养一年后可达到商品规格，即 30～40 尾/千克。如放养小规格鱼苗，要一年多或两年才能长成。大弹涂鱼长年均可收获，但有两个时间收捕比较集中。第一，对虾起捕时，鱼会随虾入网，拣出大规格鱼上市，留下小规格的继续养殖。同时，酌情补放一部分鱼种。如果塘内不放养第二茬虾苗，为了不空塘，应补放大弹涂鱼苗种，3～10 尾/平方米。第二，平时分期收获，捕大留小，随捕随卖。越冬之前，即 11 月份为销售旺季，可全部收获。

(2)捕捞方法

大弹涂鱼捕捞的方法较多，常用的有 4 种。第一，踩网法。网具是三角抄网，由 2 根组 25mm 竹竿交叉相拼，再用 40mm×400mm 木条将固定竹竿叉开，竹竿端部用粗 3 mm 塑料绳连接，使竹竿、木条和绳子构成一个梯形，把网衣(网目 0.5 cm)安装在上面，且要宽松。操作时塘内水位保持在 15 cm 左右，把网对着沟坡度，与网相对处用足熙踏沟洞，迫使大弹徐鱼出涠而逃入网内受捕。第二，罾网。网具正方形，边长 2～3 m，用 4 根竹竿招网撑开，还有一根竹竿

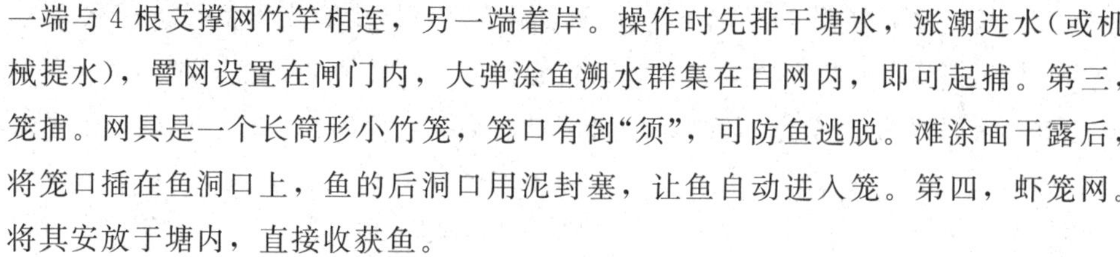

一端与 4 根支撑网竹竿相连，另一端着岸。操作时先排干塘水，涨潮进水（或机械提水），罾网设置在闸门内，大弹涂鱼溯水群集在目网内，即可起捕。第三，笼捕。网具是一个长筒形小竹笼，笼口有倒“须”，可防鱼逃脱。滩涂面干露后，将笼口插在鱼洞口上，鱼的后洞口用泥封塞，让鱼自动进入笼。第四，虾笼网。将其安放于塘内，直接收获鱼。

（三）南美白对虾与鲻鱼混养

1. 池塘条件

沿海咸淡水对虾养殖塘均适于此混养模式。面积以一亩为宜，水深在 1.5 m 以上（低于 1m 的虾塘不宜混养鱼类）。塘水浅，鱼类游动会使塘底浮泥上翻，水变得浑浊，影响鱼、虾呼吸。底质最好是泥沙质，塘底平坦，暗向出水闸门倾斜，在出水口挖一个面积 5m×5m 的鱼池。水质盐度 0.3%～3%，pH 值 7.8～9，溶解氧量 5 mg/L 以上都适宜混养鱼类。虾鱼混养，中期不能进行鱼害清除，所以滤水网网目要比单养虾的滤水网密，以严密阻拦野杂鱼卵进入塘内。一般进水口堤内层用 60 目筛绢做成袋状闸板网，外层用 40 目网布做成框架式闸网；出水口过滤网前期 40 目，后期 20 目，并设置半圆形拦网围住闸门口。苗种放养前需做好清塘消毒和肥水等准备工作，使水位达到 60 cm。

2. 苗种放养

浙江中部地区南美白对虾苗放养自 4 月底开始，规格为体长 0.8 cm，一般每亩放养 2 万～2.5 万尾。细鱼苗放养比南美白对虾晚 20d 左右，待对虾苗长到规格为体长 3～4 cm 后，才放养细鱼苗，规格为体长 6 cm 左右，每亩放养 300～400 尾。若放养时间推迟，自然海区苗增大，放养密度可相应降低。鲍鱼放养数量过多、规格过大、时间过早，会与对虾抢食。如果在对虾塘中，混养黑鲷、河豚鱼和罗非鱼等偏肉食性鱼类，虾苗的放养密度可适当提高些。

3. 养成管理要点

养成期间需做好水质管理、投饵和巡塘等常规技术工作。基本上同南美白对虾单养塘。注意养殖前期一般每隔 3～5 d 加水一次，每次加水量为 5～10 cm，将池塘水逐渐加到虾塘的最高水位。中后期每次换水量不超过 20 cm。南美白对虾以投喂人工配合饵料为主，前期日投喂 3～4 次，中后期日投喂 4～5 次。前、中、后期日投喂量分别为对虾总体重的 7%～8%、5%～6%、3%～4%。对虾与鲻鱼、梭鱼等偏植物食性的鱼类混养，对虾饵料充足时，鱼的饵料不需另外投喂。如果对虾的饵料不足，需要适当增加投喂鱼类的饵料，并且提前 0.5～1h 投喂鱼饵料，然后再投对虾饵料。对虾与河豚、黑鲷等偏肉食性的鱼类混养，还必须适当投喂一些鱼类饵料，投饵量为鱼总体重的 3%～6%。

4. 收获

一般先收获对虾再收获鱼，也可鱼、虾同步收获。对虾一般 8 月底起捕，待对虾起捕后，鲻鱼继续养在塘中，适时收获，防止降温冻死。南美白对虾收获方法同单养塘，鲻鱼收获后可以集中暂养，然后放回原塘，继续养殖。

(四)河豚鱼与日本对虾混养

1. 池塘条件

应选择中低潮区、地势平坦的海水池塘。池塘底质以沙泥质或沙质为好。面积以 2～4 hm^2 为宜，蓄水深度在 1.2～1.8 m。海水盐度在 2%～3%，pH 值 7.8～8.7。苗种放养前需做好清淤整塘、消毒除害和肥水等准备工作，一般在每年的 11—12 月份或翌年 1—2 月份进行。池塘于 3 月中旬进水，水深达 80 cm 后，可自然肥水或人工肥水。

2. 苗种放养

4 月底至 5 月上旬，为日本对虾苗投放时间，这时塘水温度达到 16℃以上。每亩投放规格为体长 0.8～1 cm 虾苗 0.5 万尾。虾苗应选择低温培育出来的健壮、活泼、个体整齐和不粘脏物的优质苗。河豚鱼当年幼鱼放苗在 6 月中旬至 7 月上旬。每亩放养规格为体长 3～5 cm 色苗 500～600 尾；如果投放 1 冬龄鱼，可在塘水温度稳定在 10℃时，从越冬池塘转到混养塘，每亩投放 250～350 尾。

3. 养成管理要点

养成期间需做好驯饲投饵、水质管理和巡塘等常规技术工作。尤其注意未放养河豚鱼前，虾苗入塘后，每厢 5 d 向虾塘中加注一次海水，每次添加 10 cm，直到水深达到 1.5 m 为止。虾苗入塘后 20 d 开始投饵。如有条件每天增投丰年虫无节幼体(每亩每天投丰年虫卵干重 33g)。河豚鱼入塘后，从第二天开始驯饲投饵，前期每天投喂 4 次，饵料以大卤虫、小型甲壳类、新鲜杂鱼虾为主。随着鱼体的不断长大，饵料品种也相应变化。河豚鱼喜欢清新的水，要求每天换水 50 cm，一般在早上采取内循环边排边进的方法。进入高温期后，河豚鱼体重增至 70g 以上，每天投饵 2 次，6—7 月份投饵量为鱼总体重的 10%～12%，8—9 月份为 7%～8%。日本对虾投饵也分 2 次，上下午投饵量的比例为 6∶4。

4. 收获

经过3～4个月的饲养，到8—9月份日本对虾已长到商品规格为体长8～9 cm或以上，即可用收虾网(地笼网)下塘捕虾。捕虾前先将河豚鱼喂饱，防止河豚鱼过多钻入网内。河豚鱼经5个半月饲养可达到商品规格，10月中旬左右水温降至10℃以前，将成鱼捕获上市。达不到上市规格的幼鱼转入越冬池塘，继续饲养或作为鱼种出售。

(五)河豚鱼与中国对虾混养

1. 池塘条件

面积一般以2.7～3.3 hm^2为宜，平均水深2 m，pH值5.9～9.8，进水闸安装60目滤水网，排水闸安装7目铁丝网和8目防逃网。配备增氧机。堤坝牢固，抗风浪强。苗种放养前需做好清塘消毒等准备工作。

2. 苗种放养

池塘水温稳定在15℃以上时放养鱼种。鱼种采用大棚鱼种，平均规格约为150克/层。入塘前用浓度为10～15 mg/L新霉素药浴20～30 min，或用50 mg/L福尔马林浓浸浴几分钟。每亩池塘放养河豚鱼80～100尾。鱼种必须一次放足。

中国对虾苗规格为体长0.8cm，每亩池塘放养0.8万～1万尾；规格为体长2.5～3 cm的暂养苗，每667 m^2放养0.6万～9.8万尾。

3. 养成管理要点

养成期间要做好投饵、水质管理和巡塘等常规技术工作。尤其注意鱼虾混养，鱼为主养，应着重鱼的管理。饵料常用鲜度好的杂鱼虾，低水温时，日投饵量为鱼体重的1.5%～5%，秋季育肥期日投饵量为6%～10%，9月中旬后应酌情减量，每天投饵2次，上午投全日投喂量的55%，下午投45%。在鱼虾混养塘中对虾以配合饵料、浮游生物及河豚鱼吃剩的杂色碎屑为食。前期投喂幼虾配合饵料，每次约3 kg，中后期投配合饵料，每次10～20 kg。水位控制在1.2～2 m，前期7天换水一次，每次30 cm，中后期3～5d换水一次，每次50 cm。

4. 收获

对虾达到商品规格，可陆续起捕出售。河豚鱼应在霜降前全部起捕销售，如果要越冬，注意避免遇低温冻死。

第四节　多品种混养、轮养与多茬养殖技术

一、多品种混养、轮养与多茬养殖的可行性

多品种混养，即在一口池塘内进行多品种混养、轮养、间养，是池塘综合养殖模式之一。通过鱼虾蟹或虾蟹贝综合养殖，有效地提高虾塘的生产力，增加了经济效益，减少了养殖风险。多茬养殖可分为单品种多茬养殖和多品种多茬养殖。有养两茬的，也有养三茬的。两茬或三茬养殖不但经济效益比单茬要高，而且可形成以虾养虾或以虾养蟹，上季促下季的资金良性循环。

二、多品种混养模式

(一)鱼虾蟹混养

这里介绍鲻鱼、梭鱼和对虾与青蟹的混养模式。

1. 池塘条件

应选择苗种资源及小杂鱼虾等饵料资源丰富，潮差较大的中高潮区虾塘。盐度为1%～2.7%，水深在1.2 m以上，底质以淤泥不太厚的沙底、沙泥底为佳。每口塘以0.33～0.67 hm^2 为宜。池底开1 m宽、0.5 m深的环沟和中央纵沟，池塘四周围有2 m宽的缓堤。池底平面设置隐蔽物，选用水泥板、石棉瓦、筛绢网等材料建防逃墙。苗种放养前需做好清塘消毒、肥水等准备工作。

2. 苗种放养

先放养对虾苗，待虾苗长到规格为体长3～5 cm以后，再放青蟹苗和鲻鱼、梭鱼苗，以提高对虾的成活率。每亩放养规格为体长1 cm以上的虾苗5 000～8 000尾，甲壳长5 cm左右的青蟹苗400只，体长3～5 cm的鲻鱼、梭鱼苗300～500尾。如果饲养得好，青蟹50～60 d即可达到商品规格，可随收获随销售，我国南方地区一年内可养两三茬。

3. 养成管理要点

养成期间要做好水质管理、投饵、巡塘等常规技术工作。尤其注意虾、蟹都是以摄食动物性饵料为主的甲壳类，主要以鲜活小杂鱼虾贝为食，在动物性饵料

不足的情况下，可投喂配合饵料。配合饵料含鱼粉(30%)、花生饼(40%)、面粉和麦皮等，蛋白质含量在40%以上，投入池塘水中后能维持2～3h不松散。

虾、蟹的活动规律基本相同，都是白天活动弱，晚上活动强。虾一般是下午5—6时活动最强，早晨4—6时觅食；蟹在不纳潮的白天极少活动，仅在晚上活动。虾有部分时间在池塘边、水的上中层游动；蟹一般都是在池底边上爬行或栖息，且虾比蟹灵活得多，如投喂适宜的饵料，虾在水的上中层就能摄食到饵料，而在池底的蟹就较难吃到。投入较大易沉底的饵料，虾则不易吃到，基本上成为蟹的饵料了。混养的鲻鱼、梭鱼，不需要增加投饵，主要是摄食残饵和虾、蟹排泄物。

投饵时应注意饵料全塘均匀撒于浅滩，不采取定点投喂，以防止蟹为争食相互打斗。定时投喂，白天投全日投喂量的40%，傍晚和夜间投60%。仔虾前期食量大，应投小颗粒的饵料，投饵量为虾总体重的100%～200%，随着虾个体的增大而适当减少投饵量。一般规格为体长1～5 cm的虾苗，每天每万尾投鲜贝肉或剁碎的小杂鱼虾1.5～5.4 kg，或配合饵料(干重)0.4～2.5 kg。每天每50 kg青蟹苗投小杂鱼虾7～8 kg或贝类(主要是螺蛳等)7.5 kg。认真落实养成管理常规技术，注意养殖中后期力加大换水，日换水量30%～40%，只要水源的水质好，尽量做到大排大进。

4. 收获

虾和蟹的收获同虾蟹混养塘。鲻鱼、梭鱼的收获可在虾收获后视鱼的生长情况，干塘收获，如鱼还没有达到商品规格，可继续养殖。

(二)虾蟹贝混养

虾、蟹、贝3个种类混养是海水池塘的一种主要养殖模式，水体养虾，塘底养蟹，底泥养蛙，有效提高了虾塘生产力。这里介绍对虾、三疣梭子蟹和缢蛏混养模式。

1. 池塘条件

面积以1 hm^2左右为宜，泥沙底质，水深1.2 m。在塘四周浅水区，建造蛏埕，蛏埕面积约占整个池塘面积的1/10～1/5。每年2月份，在蛏苗放养前对池塘进行清塘消毒和肥水等准备工作。

2. 苗种放养

在2—3月份放养缢蛏苗，苗种规格为6 000粒/千克，每亩放苗5 kg(按整个池塘面积计算）。对虾有三种养殖方式。其一，一年养殖日本对虾两茬。第一茬在 4 月上旬放苗，第二茬在 7 月中下旬放苗。其二，一年养殖中国对虾一茬。4 月份放苗，一直养至收获。其三，中国对虾与日本对虾轮养。第一次养殖中国对虾，4 月份投放虾苗，6 月底至 7 月中旬收获；第二次养殖日本对虾，中国对虾收获后要立即放养日本对虾。两种虾苗规格均是体长 0.8～1 cm，放养密度均为每亩投放 4 000～6 000 尾。三疣梭子蟹一年养殖一茬，分两次放苗。4 月中下旬第一次放苗，规格为 II 期幼蟹，放苗密度为每亩投放 4 000～5 000 只。5 月下旬至 6 月中下旬第二次放苗，放苗量视第一次苗成活率确定，一般每亩投放 1 500～2 000 只。

3. 养成管理要点

养成期间要做好水质管理、投饵和防病除害等常规技术工作。尤其注意养殖前期只进水不排水，保持水位 0.5～1 m；中后期水深保持在 1～1.5 m。主养日本对虾和三疣梭子蟹时，盐度必须保持在 2%以上。主养中国对虾和缢蛏，降水量对其影响不大。三疣梭子蟹一般要求水体透明度保持在 30～40 cm，而对虾和缢蛏要求水质较肥。投饵是针对三疣梭子蟹，缢蛏不需投饵。如果对虾第一茬在三疣梭子蟹之前放苗或以对虾为主养，应投喂对虾配合饵料。三疣梭子蟹的饵料主要是低值贝类和鲜杂鱼类，前期投饵量为蟹总体重的 100%～200%，后期逐渐降至 5%～10%。鲜活饵料在投喂前要清洗消毒。如果用优质全价饵料，效果会更好。

三疣梭子蟹或对虾如果发生红腿病、白斑病、甲壳溃疡病等，发病时可施用聚维国碘 0.3 g/m^3 水体，治疗效果较好。夏季对虾、三疣梭子蟹发生纤毛虫病，引起蜕壳困难，可施用硫酸锌 0.5 g/m^3 水体。雨季三流梭子蟹易患饱水病，会造成大量死亡，可通过换水提高塘水盐度，以减轻损失。

4. 收获

单茬虾可在 6—7 月份收获，双茬虾 10—11 月份收获。三疣梭子蟹分两次收获：7 月份长至规格为 100 克/只以上开始收获雄蟹，到中秋节前后，雄蟹全部收获，雌蟹留在池中或进温室大棚暂养育肥，至市场价格高时出售。缢蛏在年底或翌年 2—3 月份收获。

（三）加州鲈鱼与河蟹混养

1. 池塘条件

每口塘面积以 0.5～0.67 hm^2 为宜，池水深度达 1.5 m，池底淤泥深度不超过 10 cm。堤埂坡度比为 1∶2。新挖的池塘要种植水草，方法是在冬季从青虾池塘内移植已枯萎的水草，让其在春季自行繁殖生长。苗种放养前需做好清塘消毒等准备工作。

2. 苗种放养

蟹种放养一般在 2—3 月份进行，气温在 10℃左右，放养前必须采用药液浸泡消毒，然后在暂养区暂养，待水草长好后转入混养塘中。每亩投放长江水系幼蟹 400 只，规格为 160～200 只/千克。一般在河蟹蜕壳一次以后才放加州鲈鱼苗，这时正好是 5—6 月份，每亩放养规格为体长 10 cm 左右的鱼苗 1 000 尾。切忌放养大规格的加州鲈大龄鱼种，以免残食蟹苗。

3. 养成管理要点

养成期间要做好水质管理、驯饲投饵和防病除害等常规管理技术。注意在清明前后，加州鲈鱼还没有放养，一次性投放螺蛳 300 kg/hm^2，让其自然繁殖，既可调节水质，又可产出小螺蛳作为幼蟹饵料。在加州鲈鱼放养后，用动物性饵料进行驯饲，上下午各一次，下沉的残饵正好作为河蟹的动物性饵料。每天下午投蟹料时仅投一些植物性饵料，如玉米、小麦等作为补充饵料。

4. 收获

10 月份，如市场行情好，蟹可立即上市，如果价格低，也可暂养在网箱或小塘内，适时上市。起捕方法是用地笼网诱捕。在河蟹起捕时，加州鲈鱼还没有达到商品规格，需继续留在塘中，至春节前后分批收获。

（四）澳洲淡水龙虾与南美白对虾混养

1. 池塘条件

池塘面积一般以 0.2～0.7 hm^2 为宜，水深 1.5 m 左右，底质以沙石或硬质土且淤泥较少为佳。水中溶解氧量在 4 mg/L 以上，pH 值 7～8。进排水口均需设置防逃网。在池塘四周可用塑料板等材料拦 1 道 30 cm 高的防逃墙。淡水龙虾有偏光的习性，在池塘底部多放一些波纹瓦、旧轮胎等作为隐蔽物，此外还可以在池塘上面搭遮阳棚。苗种放养前需做好清塘消毒和肥水等准备工作。

2. 塑料温棚暂养塘

温棚暂养塘不必另建，可在养殖塘的一角用塑料彩条布围出一个小的温棚暂养塘，暂养塘面积大小根据该养殖池塘放苗多少而定。暂养塘放苗量为500～1 000尾/平方米(有增氧设备的可放高限1 000尾)，水深50～60 cm。经半个月左右，大塘水温达到18℃以上时，可将彩条布扔掉，转入正常养殖。

3. 虾苗淡化

南美白对虾育苗盐度要求较高，一般在2%～2.5%。用于淡水养殖的苗种；必须进行淡化处理，淡化时间7 d以上，规格为体长0.8～1 cm，将盐度淡化至0.4%以下，如果盐度还达不到要求，可以在池塘的一角进行虾苗的二次淡化。由于澳洲淡水龙虾对水体透明度要求很高，每亩可投放鲢鱼、鳙鱼30～50尾，以调节水质，避免水质太肥。

4. 苗种放养

春季水温升到16℃以上时，即4月份至6月初可放苗。一般放养规格为体长2 cm/hm^2的澳洲淡水龙虾苗3万尾，放养南美白对虾苗45万尾。早春塑料温棚暂养塘内水温升高到16℃以上时，可将虾苗暂养在内。待养殖塘水温达到18℃时，将温棚内的暂养苗转入大塘。

5. 养成管理要点

养成期间要做好水质管理、投饵、巡塘和除害防病等常规技术工作。要注意养殖中后期每15 d左右换水一次。换水时间为下午1—3时，每次换水量为全塘水量的1/5～1/4。暴风雨天气特别要做好澳洲淡水龙虾的防逃工作。澳洲淡水龙虾对农药较为敏感，在农田施药期间应严防田水流入虾塘，养殖过程中严禁使用敌百虫。南美白对虾病害主要有白斑病、黑鳃病等。

6. 收获

在水温10℃以下时，澳洲淡水龙虾规格达到50克/尾时即可收获上市。捕捞的方法有四种：第一，虾笼诱捕。傍晚放笼，笼内放一些诱饵，夜间或早晨收笼。此方法简便，适宜于陆续收获销售活虾。第二，逆水捕捉。澳洲淡水龙虾具有强烈的逆水性，在捕捞前将池塘水排掉1/3，傍晚进新水，在进水一端围捕，连续几次，起捕率可达70%以上。第三，锥形挂网捕捉。利用南美白对虾在较强水流中顺流而行的习性，将锥形网安装在闸门上，利用排水强迫对虾入网而受捕。此法捕虾虽有虾死伤，但由于对虾不受底质污染又节省劳动力，使用广泛。第四，清塘捕捉。当塘中虾不多时，可排干塘水收获。澳洲淡水龙虾与南美白对虾对环境突变的适应能力很强，可以较长时间离水而不死，便于活体运输与销售。

三、多品种轮养模式

(一)中国对虾与三疣梭子蟹轮养

实际生产中，利用虾塘进行三疣梭子蟹暂养育肥、轮养以及混养(套养)，经济效益良好。

1. 池塘条件

虾塘面积大小不限，水深 1.5 m 以上。塘底以泥沙底质为好。必要时可以适当铺沙 5～10 cm，有利于三疣梭子蟹潜伏。对虾起捕后，虾塘要进行严格的清淤消毒，海水盐度为 1.04%～2.68%，冬季水温低于 7℃时间不长。

2. 轮养时间与方式

3 月底至 4 月中旬，在适宜的海水虾塘中，按常规放养中国对虾苗，放养密度为每亩投放 1.5 万尾。6 月底至 7 月中旬中国对虾收获后，从育苗场购来的蟹苗(幼蟹 I 或 II 期)养成为商品蟹。如果在放蟹苗时对虾还没有收获，要同池混养的话，可以把蟹苗先放到虾塘进水闸两旁、水面用筛绢网围成的暂养区内，待对虾收获后，把蟹苗放散全塘，进行养成。若对虾养殖至 8—9 月份收获后，可放入海区捕捞的已交尾而生殖腺未成熟(未长膏)的雌蟹，也可放入少量的雄蟹。经 60 d 的暂养，可以促进蟹的生殖腺成熟(育肥长膏)，使蟹品质提高，12 月底起捕上市。还可以选择大规格优质的雌蟹，在虾塘中越冬，翌年春季作为种亲蟹。此法实际生产中多不采用。

3. 苗种放养

三疣梭子蟹幼蟹放养密度见表 4-2。对于规格为甲壳长 5 cm 以上的蟹苗，如放养在小池塘内，可在池塘的一边顺风放苗；如放养在大池塘里，则要多选几个点投放。对于规格为甲壳宽小于 5 cm 的蟹苗，可集中投放，以便于投饵。

表 4-2　三疣梭子蟹幼蟹放养密度

池塘条件	幼蟹规格	放养密度(只/亩)
水深 1.7 m	15～20 g/只	1 000～2 000
水深 1.7 m	I 期	3 000～5 000

续表

池塘条件	幼蟹规格	放养密度(只/亩)
静养塘	2 cm/只	5 000～6 000
静养塘	6～8 cm/只	1 500～2 500
半静养塘	II 期	2 000～3 000
半静养塘	5～6 cm/只	1 000
粗养	5～6 cm/只	150～200

直接从海上收购体无伤残、健康的半成蟹，即体重为 150～170 g 的雌性三疣梭子蟹。收来后先暂养在水泥池中观察 1 d，把运输中受伤、活力差的三疣梭子蟹拣出，其余的放入虾塘中。

4. 养成管理要点

养成期间做好投饵、水质管理和巡塘等常规技术工作。尤其注意三疣梭子蟹以小杂鱼、小虾及各种贝肉为食。对于体重 0.3～0.8 g 的幼蟹投喂小型鲜贝肉，生长最快；投喂杂蟹类及小型虾类，生长次之；投喂杂鱼，生长较慢。体重 0.8 g 的幼蟹投饵量为体重的 80%～90%，体重 30 g 的个体日投饵量为体重的 20%～30%。高温季节日投饵量为体重的 5%～10%；当水温下降至 8℃～15℃时，日投饵量为总体重的 3%～5%；天气恶劣时，甚至只投 1%～2%；当水温下降至 8℃时，不必投饵。每天早晨 5—6 时投喂一次，投全日投饵量的 30%～40%；傍晚 7—8 时投 60%～70%。体重 20 g 以下的小蟹在白天加投一次。饵料要投在池塘四周的浅水区，蟹密集群栖区应多投些，禁忌于蟹潜伏区环沟投喂。虾饵一般以配合饵料为主，蟹饵以鲜活的小杂鱼、虾、贝为主。切忌干、鲜饵料混合投喂。虾苗放养 2d 后，应适当投喂对虾开口料，以弥补基础饵料的不足。在蟹放养量比较大的混养塘投饵量仅考虑蟹的摄食量，不必加投对虾的饵料。蟹混养较少的池塘，除按对虾标准投饵外，5—8 月份投饵量应增加至塘内蟹总体重的 12%～18%，9 月份后投饵量逐渐减少到 5%～8%。

养殖前期(放苗后 20～30 d)逐渐添水，待池塘水位提高到 1 m 左右后，一般每 2～3 d 换水一次，每次换水量为全池塘水量的 1/3～1/2，换水时不要大进大排。高温季节要提高池塘水位，每旬换水 1～2 次，每次换水量为全塘水量的 1/3～1/2。在养殖后期，为防止蟹冻伤，滩面水位应保持在 1 m 左右，每 3～4 d 换水一次，每次换 1/4～1/3。当气温下降到 8℃以下时，每周换水一次，并保持高水位。每隔 7～8 d 露出滩面一次。

5. 收获

放养幼蟹的虾塘，肌肉肥满度达到商品规格的雄蟹可起捕上市，要在蟹交配高峰期后 20～45 d 内，尽快捕完雄蟹。雌蟹待卵巢饱满、成熟后，于春节后上市。应提高水位，防止降温冻死蟹。少量起捕可在夜间用手抄网捞出或用铁耙仔细翻耙捕捉。大量起捕时应选择好天气，将水放干，下塘挖捕。远途运输，可将蟹洗净放在 10℃左右的海水中进行麻醉处理，用橡皮团绑住螯足，装入填充有冷冻锯末的厚纸箱中，用冷藏车运输。

(二)中国对虾与长毛对虾轮养

1. 虾苗暂养

我国大部分地区把长毛对虾作为第二茬养殖品种。长毛对虾放苗期正是中国对虾的快速生长期，必须把购买后的虾苗先在暂养塘内暂养，待中国对虾收获后放入塘内。暂养塘可以是大塘内筑小塘，也可以是单独的小塘。暂养塘面积与养成塘面积比为 1∶5。暂养塘同养成塘一样要进行清塘消毒，然后用 30～40 目筛绢网过滤进水，进水 30 cm 后肥水。

虾苗放入暂养塘后，池塘开始慢慢进水，水深保持在 40～50 cm，待虾苗长到规格为体长 2 cm 时，才开始少量换水。暂养塘一放每亩放苗量 20 万尾左右，到虾规格在体长 2～2.5 cm 时，计量后放入养成塘。中国对虾于 6—7 月份起捕，对虾塘进行清塘消毒与肥水准备后，投放经暂养的长毛对虾苗，每亩放养 1 万～1.2 万尾，日常做好养成管理常规技术工作。

2. 收获

长毛对虾与中国对虾起捕方法一样，采用放水收虾法，即排水闸门上安装锥形网袋筒筒，开闸排水收虾，一次收不完，可再进水，反复多次，直至捕完为止。

(三)中国对虾与日本对虾轮养

1. 轮养时间

中国对虾轮养要比单养塘放苗早，一般在 3 月下旬放苗，到 6 月下旬起捕。6 月中旬购买日本对虾虾苗，经近一个月暂养后，于 7 月中旬放入养成塘内养殖，饲养 5 个月左右可以收获。

2. 苗种放养

中国对虾收获后，对虾增进行清塘消毒，然后在滩面铺沙，厚度 12 cm 左右，粒度以 0.25～0.35 mm 为宜，铺沙面积占养成塘总面积的 1/3。进水后投放规格为体长 2.5～3 cm 的日本对虾暂养苗，每亩放养 1.8 万～2 万尾。

3. 养成管理要点

养成期间要做好投饵、防病除害等常规技术工作。对虾要多投高蛋白质饵料。浙江沿海地区，一般日本对虾入塘后，即投入新鲜的“虾虮”(当地渔民对桡足类等海洋浮游动物的俗称)或低值贝类；当虮长至规格为体长 6 cm 时，投蓝蛤或新鲜小杂色；8 月份高温期，投喂高蛋白质配合饵料。因日本对虾白天有浴沙习性，极少活动，所以当水温在 20℃以上时，分两次投喂，投饵时间集中在早晨 6 时前和夜间 22—24 时。也有提前在晚上 18—19 时和凌晨投喂的。当水温在 20℃以下时，投饵减少，以晚上投喂一次为宜。

4. 收获

日本对虾起捕与中国对虾不同。收虾在晚上进行，用罾网诱捕，经多次起捕，塘内的对虾会越来越少。如果在罾网上方挂一盏灯，诱虾集中速度会更快。最后塘中所剩虾不多，可放干塘水，这时对虾都潜入沙中，可由人工挖沙收捕。

(四)南美白对虾与青虾轮养

南美白对虾起捕结束后，放养青虾苗进行轮养，可提高池塘的利用率和经济效益。

1. 虾塘条件

虾塘面积以 0.67 hm^2 为宜，泥沙底质，水深 2.2～2.4 m，可直接利用潮汐进行排灌水。配 3 kW 增氧机 1 台。苗种放养前需做好清塘消毒和肥水等准备工作。

2. 二次淡化

南美白对虾是海水虾。虾苗买回后必须进行二次淡化。除降低盐度，还可将苗培育大一些。虾苗买进前一天，用塑料薄膜围出约占整个池塘 1/10 的面积，作为虾苗暂养池(区)。调节暂养池水体盐度至 0.3%～0.5%。放苗后第一天水体盐度不变，以后逐渐添加淡水淡化，10 d 后过渡到完全淡水。虾苗经 10 d 暂养，达到规格为体长 1.5 cm，能适应淡水生活。

3. 苗种放养

虾苗经过二次淡化后，把塑料薄膜撕开若干裂缝，让虾苗自行游进大塘养成。密度为每亩放养 2.5 万层。一般 8 月底至 9 月初起捕南美白对虾结束后，放养青虾苗，每亩放养规格为体长 2～3 cm 的幼虾 15 kg，投放时在池塘内水平放置 1 块 8 m^2 的 10 目塑料网布或纱窗网片，进水深度 15 cm，将虾苗轻轻倒入网片正中，让其自行游离网片潜入水中，滞留在网片上的苗为次品，应捞出处理。

4. 养成管理要点

养成期间要做好投饵、水质管理、巡塘和防病除害等常规技术工作。南美白对虾淡化暂养时，塘中浮游生物丰富，可少投饵料，日投饵量为 20 克/万尾，分三次投喂，早上投全日投饵量的 30%、中午投 20%、晚上投 50%。养殖全程投喂全价颗粒料。投饵量一般控制在虾总体重的 3%～6%。养殖前期以添水为主，每隔 3d 加水 5～8 cm，逐渐提高水位；养殖中期隔天加水 8～10 cm，适量排水；养殖后期每天加水 5～10 cm，3d 换水一次，每次换水量为 30 cm 左右。青虾养成期间以投喂青虾配合颗粒饵料为主，辅以麦麸及轧碎的蛹蛔，每天投喂 2 次。水温 18℃以上，投限量为虾总体重的 4%～5%。幼虾下塘 7 d 内水深保持在 1 m 以下，7 d 后逐渐提高水位至 1.5 m。后期一般每隔 10 d 左右换水 30%。

青虾对药物比较敏感，低毒菊酯类，浓度 1 mg/L 对青虾尚无多大影响，但在 2 mg/L 时就会使青虾致死；硫酸铜浓度在 0.7 mg/L 以上时，6 小时即能引起青虾死亡。

5. 收获

达到一定规格，用地笼网捕大留小，陆续收获上市，至 8 月中下旬起捕结束。青虾的仔虾放养一个月左右即可收获上市，也就是说 8 月下旬放养的虾苗，10 月上旬起可陆续起捕大规格个体上市。常采用虾笼、地笼网等工具捕大留小，至整个养殖周期结束，再行干塘起捕。

四、多茬养殖模式

（一）日本对虾两茬养殖

1. 池塘条件

选择远离河口，底质是沙质或沙泥质的虾塘。面积一般为 0.7～2 hm^2，水深 1.2～1.5 m。虾塘两端设有进排水闸各一个，每口虾塘配置机械提水设备。

盐度在 2.3%以上，pH 值 7.6～8.6。苗种放养前做好清塘消毒和服水等准备工作。

2. 苗种放养

两茬养虾对苗种要求较高，虾苗要体表光洁呈灰色，个体大小均匀，健康有活力，各附肢及头胸部器官完整、无脏物，受惊时腹部弓起弹跳有力。第一茬日本对虾苗种放养时间在 4 月中下旬，每亩放养规格为体长 0.8～1 cm 的虾苗 1.2 万～1.5 万尾；第二茬虾苗放养时间在第一茬日本对虾收获消塘后，即 7 月下旬至 8 月上中旬，每亩放养规格为体长 0.8～1 cm 的虾苗 1 万尾左右。

3. 养成管理要点

养成期间要做好投饵、水质管理、防病除害和巡塘等常规技术工作。注意北方沿海地区前期主要投喂低值小型贝类，如蓝蛤等，并结合投喂配合饵料或花生饼。中后期以投杂鱼、虾和捣碎的新鲜贻贝为主，日投饵量为存塘虾总体重的 5%～8%，18—19 时投喂全日投饵量的 70%，凌晨投喂 30%。养殖初期，每日往塘内进水 3～5 cm 或每 3～4 d 加水 15～20 cm。在对虾达到规格为体长 5 cm 时，池塘水已加到 1 m 以上。养殖中期，日换水量为 10%～20%。养殖后期，可适当加大换水量。一般在对虾蜕壳前 2～3 d 施放生石灰，浓度为 15～20 mg/L。

4. 收获

第一茬日本对虾一般在 6 月下旬至 7 月中旬收获。这时水产市场上鲜活水产品数量相对较少，活虾上市正是时节。第二茬日本对虾在水温下降至 5℃以前，根据市场行情变化，安排收获时间，将虾全部收获，如销售暂时有困难也要转入温室进行暂养，避免冻死对虾。

(二)日本对虾三茬、三疣梭子蟹两茬养殖

1. 虾塘条件

虾塘底质要求沙质或泥沙质，面积 0.7 hm^2 左右，盐度在 2%～3%。苗种放养前除做好清塘消毒和肥水等准备工作外，还要建造塑料大棚和中间培育塘。

2. 建造塑料大棚和中间培育塘

在 2—3 月份建造塑料大棚，大棚可建在紧靠虾塘北塘坝，东西长 50 m，南北宽 6 m，面积约 300m^2。棚顶呈拱型，池底到棚顶高 2m，用透明塑料膜覆盖成棚。池底铺设充气管。进排水口分别设在东西两端，进口安装 60 目筛绢网。

棚内水深保持 1m，进行肥水、提温，待用。在 4 月份建造中间培育塘，可利用原大棚改建，或另选池塘一角，用密网片分隔围成，面积约占全塘总面积的 10%。

3. 苗种放养

第一茬虾苗在 3 月份放入大棚暂养，每只棚放养规格为体长 1 cm 虾苗 12 万～20 万尾。待 4 月上旬暂养苗长至规格为体长 2～2.5 cm 时转入大塘养殖。每亩放养暂养苗 0.4 万层。第二茬虾苗不暂养，于 6 月上旬直接放养，每亩放养规格为体长 l cm 虾苗 0.6 万尾。第三茬虾苗也不经过暂养，于 8 月上旬直接放养，每亩放养规格为体长 1cm 虾苗 0.6 万尾。第一茬三疣梭子蟹苗在 4 月下旬至，5 月中旬放养，将第 IV 期幼蟹放入中间培育塘集中暂养，每亩放养 600 只，6 月初长至规格为甲壳长 4 cm 时转入大塘养殖。第二茬蟹苗在 6 月中旬至 7 月上旬投放，每亩放蟹苗 700 只，集中暂养后再放入大塘。

4. 养成管理要点

养成期间要做好水质管理、投饵和防病除害等常规技术工作。养殖前期要逐步添水，使水深保持 0.8～1 m，中后期换水切忌大排大进，水质宜偏瘦。日本对虾苗在大棚暂养时，以投喂小颗粒配合饵料为主，少投、勤投。头茬虾苗放入大塘后前期一般不投饵，摄食以塘中基础生物饵料为主。待虾苗长至规格为体长 5 cm 后适当投喂活蓝蛤、小杂鱼等鲜活饵料，饵料不要直接投喂，先经 0.1～0.2 g/L 浓度的漂白粉溶液浸泡 5 min，然后冲洗干净再投喂。小杂鱼以晚上投喂为主，切忌过量，一般以第二天不剩残饵为好。第二、第三茬虾以投喂配合饵料为主，鲜活饵料为辅。蟹在暂养期间饵料以蓝蛤、小杂鱼为主，切勿中断饵料。蟹在规格为体重 50 g 以前不用单独投喂，以塘内生长的蓝蛤为饵。50 g 后增加投饵量，小杂鱼按蟹总体重的 10%～15%量投喂，蓝蛤可以多投，以防止因饵料不足而造成相互残食。

5. 收获

第一茬虾于 5 月底收获，用陷阵网采捕，捕大留小，挑选 60～120 尾/千克的商品规格虾出售，一般产量 300 kg/hm^2 左右。第二茬虾于 7 月底至 8 月初收获，一般产量 375 kg/hm^2 左右。第三茬虾于 10 月底收获，产量约 375 kg/hm^2。第一茬蟹于 7 月下旬至 8 月份收获，用大网目拖网或夜间灯光诱捕等方法，捕大留小，体重 150g 以上的全部出池，一般产量 35 kg/hm^2。拣出的小蟹留下与第二茬蟹一起出池。第二茬蟹于中秋节前后将雄蟹全部出售，雌蟹继续饲养，于

11 月份出售，或者将其集中暂养育肥，元旦或春节期间出售。

（三）对虾三茬养殖

1. 虾塘条件

一年三茬养虾，每口虾塘面积要求在 5 hm^2 以上，中间筑土坝把池塘分成两半，一半养虾，另一半蓄水。虾塘两端建有进排水闸各一个。土坝中间埋 1 根直径 50 cm 的水泥管，把两个塘连通，靠近苦水塘一端没有控制闸板，控制蓄水塘内的水流入虾塘。塘底沙泥底质，水质要求为自然海水，盐度 2.6%～2.9%，pH 值 7.8～8.5。3 月底前对虾塘做好清塘消毒和肥水等准备工作。放养前 10 d 左右，向虾塘内进过滤海水 60 cm 左右，蓄水塘进水至 1.8 m 备用。

2. 虾苗投放

第一茬于 4 月中旬，投放中国对虾苗，规格为体长 0.8～1 cm，放苗密度为每亩放养 1 万尾。第二茬于 7 月上旬，投放日本对虾苗，规格为体长 1～1.2 cm，放苗密度为每亩放养 0.5 万尾。第三茬于 8 月中旬，投放日本对虾苗，规格为体长 1～1.2 cm，放苗密度为每亩放养 0.6 万尾。第三茬虾苗放养时虾病暴发期已过，自然海区水质较好，蓄水塘不必蓄水，可打开土坝与养殖塘连通，分疏养殖塘密度，以提高商品虾规格和质量。

3. 养成管理要点

养成期间做好水质管理、投饵等常规技术工作。第一茬苗入塘后，每隔 5 d，由水塘向虾塘内添注新水，每次进水 8～10 cm，达到 1.2 m 后停止进水，6 月底前基本不换水。第一茬对虾长到规格为体长 9 cm 左右时排水收获。第二茬虾苗放养后，20 d 内将水位提高到 1.3 m 以上。8 月中下旬，日本对虾个体已长至规格为 100 尾/千克时，降低水位至 1 m 左右，用插陷网或扳罾网收虾。虾捕尽后投放第三茬虾苗，水位由放苗时的 1 m 逐渐提高到 1.4 m，然后开始换水，每次换水量占池塘总水量的 15%～25%。每茬虾苗在前期都不投饵，摄食以塘内的天然饵料为主，后期以投喂配合饵料为主。要求日本对虾配合饵料中蛋白质含量不低于 50%，中国对虾不低于 40%。每天投喂两次，中国对虾投饵时间为上午 6 时和晚上 19 时，日本对虾投饵时间为 18—19 时和凌晨。

4. 收获

为了避开 7 月份对虾病害暴发期，头茬虾苗在水温稳定的前提下尽量早放养，早收获；第二茬虾苗相对晚些投放；第三茬对虾应尽量晚收获，以延长对虾的生长期，达到较大的成虾规格。同一口池塘一年内养三茬虾，前茬收获与后茬放养紧接着，必须合理安排，认真做好养成管理工作。两种虾的收获方法与单养塘相同。

第五章

低洼盐碱地池塘综合养殖技术

第一节　低洼盐碱地概述
第二节　低洼盐碱地池塘主要养殖品种与模式
第三节　低洼盐碱地水质特征与调控技术
第四节　低洼盐碱地池塘养殖技术

第一节 低洼盐碱地概述

一、低洼盐碱地与盐碱水

（一）低洼盐碱地

1. 低洼地

低洼地即洼地，指近似封闭的比周围地面低洼的地形。有两种情况：一是指陆地上的局部低洼部分。洼地因排水不良，中心部分常积水成湖泊、沼泽或盐沼，土壤碱性较重，不宜种植旱地农作物。二是指位于海平面以下的内陆盆地，如我国新疆吐鲁番盆地。

2. 盐碱地

盐碱地是指一系列受土地中盐碱成分作用，包括各种盐土和碱土以及其他不同程度的盐化和碱化的土壤类型的总称，是盐类集聚土壤的一个种类。盐碱地盐分含量高，pH 大于 9，盐碱土壤难以生长植物，尤其是农作物。根据所含盐分和碱分的多少，盐碱地可以分为轻度盐碱地、中度盐碱地和重度盐碱地。轻度盐碱地是指土壤的出苗率在 70%～80%，含盐量在 0.3%以下；重度盐碱地是指土壤的含盐量超过 0.6%，出苗率低于 50%；介于两者之间的就是中度盐碱地。

3. 盐碱化

盐碱化是指由于特定的自然因素的综合影响，以及人为不当的农艺措施、灌溉措施水利工程导致土壤盐化与碱化的土壤退化过程，它是一个动态过程。自然因素的影响周期时间较长，并需要特定的地质过程或者水文、气象等因素综合作用。盐碱化的主要特点表现为地区性、集中性和次生性。

（二）盐碱水

1. 盐碱水的范畴

盐碱水属于咸水范畴，我国内陆绝大多数咸水水域属于非海洋咸水，与海水相比，盐碱水质的缓冲性能较差，不具备海洋水质中主要成分恒定的比值关系和稳定的碳酸盐缓冲体系。海水从离子组成上看，阴离子中 Cl^- 占绝对优势，按离子含量的多寡排列顺序为：$Cl^- > SO_4^{2-} > HCO_3^- + CO_3^{2-}$；阳离子中 Na^+ 占多数，$Na^+ > Mg^{2+} > Ca^{2+} > K^+$。而盐碱水在不同的区域，水质中的主要离子比值和含量往往不相同，水化学类型呈现多样性，且盐碱水质成因与地理环境、地质土壤和气候有关，故又呈现出多变性，有的盐碱水型会随着季节而发生变化。

2. 盐碱水质的特点和类型

(1)盐碱水质的特点

水生生物的生存有赖于水中所溶解的各种复杂的成分，包括无机离子和溶解氧，不同的水质对水产养殖动物的生存和生长都有较大影响。盐碱水质具有高pH、高碳酸盐碱度、高离子系数、水质类型繁多以及主要离子比例失调等特点。这种“三高一多”的特点，给水产养殖带来了较大的难度。这是因为pH、碳酸盐碱度、离子系数均被作为养殖水质中重要的化学及生态因子。在高pH、高碳酸盐碱度和高离子系数条件下，会直接影响养殖生物的生存，成为养殖的主要障碍。

利用盐碱水开展水产养殖，尤其要注重水化学成分与水产养殖动物的相互关系，进而确定水产养殖动物对各种水化学因子的具体需求。由此可见，不是什么盐碱水都可以直接用于水产养殖的，有的盐碱水需要经过水质改良后才能用于水产养殖。因此，在利用盐碱水进行养殖前，一定要经过水质测定与分析，弄清盐碱水的性质、类型，以免造成养殖的失败。水产养殖动物对水的含盐量都有一定的要求，水中的含盐量维持着水生生物体内正常渗透压，不论是淡水生物还是海水生物，如水质中的含盐量超过了其渗透压调节能力，便会引起生物的死亡现象。此外，水产养殖动物的耐盐限度与水中各主要离子的组成有关，在离子系数和碳酸盐碱度较高的水质中，生物的耐盐性降低。由于天然盐碱水的含盐量相差悬殊，在利用盐碱水开展养殖时还要注意，只有一定的离子浓度和离子比值，才能保证生物生理机能活动的需求。

盐碱水质的多样性和复杂性，给水产养殖带来了较大的难度，同时也提出了较高的技术要求。盐碱水质使养殖品种受到较大的限制，不能单纯根据养殖水质的盐度高低，随意将海水或淡水养殖品种移植到盐碱水域中进行养殖，而且也不能随意套用海水和淡水的养殖模式。利用盐碱水开展水产养殖，首先要掌握养殖水质的属性，正确运用盐碱水质改良调控技术，选择合适的养殖品种。一般来说，广盐性生物对盐碱水质具有较强的适应调节能力，是目前低洼盐碱地水产养殖的首选品种。另外，要根据盐碱水质的特点选择养殖模式，对于水源来源较丰富的池塘，适宜精养；而对于 30 亩以上较大的水面，适合进行生态养殖。

(2)盐碱水质的类型

水型是以水质中主要离子的含量来划分的。以阴离子摩尔数的多少分为：碳酸盐($HCO_3^- + CO_3^{2-}$ 最多)、硫酸盐(SO_4^{2-} 最多)和氯化物(Cl 最多)三种；按阳离子摩尔数的多寡，在每一种水中分为：钠质水(Na^+ 最多)、镁质水(Mg^{2+} 最多)和钙质水(Ca^{2+} 最多)三组；根据阴、阳离子摩尔数的相互关系，在每一组又细分成以下四种类型。

I 型：特点是 $HCO_3^-(CO_3^{2-}) > Ca^{2+} + Mg^{2+}$

II 型：特点是 $HCO_3^- < Ca^{2+} + Mg^{2+} < HCO_3^- + SO_4^{2-}$

III 型：特点是 $HCO_3^- + SO_4^{2-} < Ca^{2+} + Mg^{2+}$，或 $Cl^- > Na^+$

IV 型：特点是 $HCO_3^-(CO_3^{2-}) = 0$

低洼盐碱地按照地理位置，可以划分为内陆型低洼盐碱地和滨海型低洼盐碱地。内陆型低洼盐碱地水质类型多以碳酸盐型居多，也有硫酸盐型和氯化物型；滨海型低洼盐碱地水质类型以氯化物型居多，也存在碳酸盐型和硫酸盐型。一般来讲，在盐度低的水质中，水化学类型多为碳酸盐型水，随着盐度增大，水化学类型多为硫酸盐型或氯化物型。盐碱水由于其成因与地理环境、地质土壤和气候有关，因此其水化学组成复杂，类型繁多，既有重碳酸盐型，又有硫酸盐型和氯化物型，还包括了 I、II、III 三类水型。根据已有的调查，我国主要的盐碱水水型有 C_I^{Na}、S_{II}^{Na}、S_{II}^{Na}、Cl_I^{Na}、S_I^{Na}、S_{III}^{Mg}、Cl_{II}^{Na}、Cl_{III}^{Na}、Cl_{II}^{Mg} 和 Cl_{III}^{Mg} 等。

二、我国低洼盐碱地的面积与分布

我国盐碱地面积之大，分布之广世界罕见，从东部太平洋之滨到西部新疆塔里木盆地和准噶尔盆地，从最南端的海南省到北方的内蒙古高原，从艾丁湖到西藏的青藏高原，均有盐碱地的分布。

由于盐碱地分布地区生物气候等环境因素的差异，各地盐碱土面积、盐分组成和盐化程度有明显不同，大致可分为下列几片：滨海盐土与滩涂，黄淮海平原盐渍土，东北松嫩平原盐碱土，半沙漠境内盐土和青海新疆极端干旱的漠境盐土。其中，滨海盐碱区主要位于华东沿渤海、黄海等海域的地区，尤其是以山东东营为核心的黄河三角洲地区，该地区海拔较低，地下水埋藏浅且矿化度高，自然蒸发作用强，从而使地下盐分升至地表，导致土壤盐渍化。

第二节　低洼盐碱地池塘主要养殖品种与模式

一、低洼盐碱地池塘主要养殖品种

（一）养殖品种的移植驯化

1. 移植（引种）

由于盐碱水质的多样性和复杂性，除盐度较低的水质可以在本地区获得淡水鱼种，开展淡水鱼的养殖外，还可以从外地引入养殖品种进行适应性试验。通过试验，盐碱水质符合水产养殖动物正常生长所需条件，且不改变其本身的性状，可以用于生产的过程称为移植或引种。

2. 驯化

驯化是指将本不适应盐碱水质的水产养殖动物，通过人为的技术措施，使其能够逐步适应盐碱水质的过程。例如，原本生长在海水中的南美白对虾，通过逐渐降低水的盐度，或逐渐适应水质的做法，使其适应不同的盐碱水质，这便是驯化过程。

移植（引种）和驯化是两个不同的概念。移植是简单的迁移，把外来物种引种移植到本地，而驯化是一个长期而复杂的过程。两者有着密切的关系。移植（引种）和驯化的意义在于，可以将优良品质的养殖品种引进低洼盐碱水域，提高低洼盐碱地水产养殖的产量和质量。

3. 移植（引种）的注意事项

移植（引种）要有明确的目的性，必须充分了解要引进养殖生物的生物学特性，如食性、生长速度以及对盐碱水环境的适应能力等，确定养殖生物对各种水化学因子的具体要求，先小范围试验后再进行推广，保证移植的成功，不能盲目引进。由于盐碱水质的特殊性，因此，对移植品种的选择也有一定的要求。针对盐碱水质离子组成多样性的特点，首先应挑选广盐性的养殖品种，因为这类生物对外界水环境的变化适应调节能力较强，适宜范围较广。

另外，在引种时还必须进行检疫和消毒，避免将病菌、寄生虫等带入低洼盐碱水域，造成养殖的损失；同时，要注意引进的养殖品种与其他品种混养时的相互关系，权衡利弊；还要考虑移植品种的生长阶段和移植的季节，以免造成移植失败。

（二）主要养殖品种

1. 鲤鱼

鲤鱼属鲤科鱼类，体侧扁而肥厚。野生种体金黄色，养殖鱼背部黄绿色，腹部淡黄色。鲤鱼属于底栖杂食性鱼类，饵谱广泛，常拱泥摄食。鲤鱼的消化功能同水温关系极大，摄食的季节性很强。冬季(尤其在冰下)基本处于半休眠停食状态，体内脂肪一冬天消耗殆尽，春季一到，便急于摄食高蛋白质食物予以补充。夏季是其生长的高峰期，此时应投喂高蛋白质的饲料。深秋时节，冬季临近，为了积累脂肪，也会出现一个吃食高峰期，而且也是以高蛋白质饵料为主。

2. 草鱼

草鱼俗称有鲩、草鲩、白鲩、草鱼、黑青鱼等。草鱼栖息于平原地区的江河湖泊，一般喜居于水的中下层和近岸多水草区域。性活泼，游泳迅速，常成群觅食，是典型的植食性鱼类。在干流或湖泊的深水处越冬。生殖季节亲鱼有溯游习性。因其生长迅速，饲料来源广，是中国淡水养殖的四大家鱼之一。

草鱼生长迅速，个体大，最大个体可达 40 kg。肉质肥嫩，味鲜美。草鱼因食性简单，饵料来源广泛，且生长迅速，产量高，常被作为池塘养殖和湖泊、水库、河道的主要放养对象。

草鱼虽然为淡水鱼类，但是对盐度较低的盐碱水质有较强的适应性，在盐度低于 8 的盐碱水质中生长良好，不但成活率高，而且可以改善肌肉品质。草鱼生长温度为 1～38℃，适宜生长温度为 5～30℃，最适为 25～30℃。草鱼正常生长所需溶解氧为 5～8 mg/L。草鱼为植食性鱼类，仔鱼主要摄食轮虫、枝角类等浮游动物；10 cm 以下幼鱼，兼食水生昆虫、水蚯蚓、藻类、浮萍和幼嫩水草等；10 cm 以上的幼鱼以及成鱼，主要摄食水生高等植物，如风眼莲、聚草，以及江、湖岸边被水淹没的黑麦草、紫花苜蓿和苏丹草等陆生植物。

3. 鲫鱼

鲫鱼对盐碱水质有较强的耐受性，致死盐度上限为 1.7%，可在盐度为 10 的水质中正常生长。致死水温最低为 0.5℃，最高为 38.6℃；适宜生长水温为 10～32℃，最适为 15～25℃。鲫鱼对碳酸盐碱度及 pH 也有较强的耐受性，耐低氧能力较强，适于在不同类型的盐碱水质中生活，生长所需溶解氧量为 2mg/L 以上。

杂食性，早期幼鱼摄食浮游生物、有机碎屑等；晚期幼鱼和成鱼主要摄食底栖生物、水生昆虫和腐殖质等。

4. 团头鲂

团头鲂即武昌鱼，俗称鳊鱼，肉质嫩滑，味道鲜美，是我国主要淡水养殖鱼类之一。在天然水域中，团头鲂多见于湖泊，较适于静水性生活，为中、下层鱼类，冬季喜在深水处越冬。其食性为草食性，鱼种及成鱼以苦草、轮叶黑藻、眼子菜等沉水植物为食，食性较广。在水草较丰茂的条件下，团头鲂生长较快，一般1冬龄体重可达200 g，两冬龄能长到500 g以上。最大个体可达3～5 kg。它具有性情温驯、易起捕、适应性强、疾病少等优点。

团头鲂生存盐度为0～0.85%，适宜生长盐度为0.4%。团头鲂生长的适宜温度范围为20～30℃，10℃以下时，团头鲂的食欲下降，生长缓慢。团头鲂适宜生长的pH范围为7.5～8.0，在碳酸盐碱度较高的盐碱水质中，不适宜养殖团头鲂。适宜生长的溶解氧量范围为5.5～8 mg/L。团头鲂为杂食性鱼类，体长3.5 cm以下的幼鱼，摄食轮虫、枝角类和小型甲壳类等浮游动物；体长3.5 cm以上的幼鱼及成鱼，摄食高等水生植物。

5. 淡水白鲳

淡水白鲳，学名短盖巨脂鲤，为热带和亚热带鱼类。淡水白鲳具有食性杂、生长快、个体大、病害少、易捕捞、肉厚刺少、味道鲜美、营养丰富等特点，在扩大池塘养殖对象，增加单位面积产量方面是一种有价值的鱼类。

淡水白鲳可以在盐度为1%的盐碱水质中正常生长，但在放养前必须进行水质过渡。淡水白鲳在较高盐度的盐碱水质中，可以提高鱼的耐寒性。淡水白鲳生长的适宜温度范围为21～32℃，最适温度为28～30℃。当水温降到12℃时，大部分失去平衡；低温临界水温为16℃以上时，开始摄食。淡水白鲳喜微酸水质，但通过驯化，对碳酸盐碱度和pH有较强的适应性，可以在碳酸盐碱度4 mmol/L、pH为8.5的水质中正常生长，但在较高的碳酸盐碱度的盐碱水质中不适宜养殖。对低氧有较强的适应性，适宜生长的溶解氧量范围为4～6mg/L，低于3mg/L时，食欲受到影响。淡水白鲳食性杂，仔鱼阶段以浮游生物为主，幼鱼以浮游动物为食，对人工饲料有广泛适应性。

6. 斑点叉尾鮰

斑点叉尾鮰，亦称沟鲶，鱼体型较大，对生态条件适应能力较强，适合我国大部分水域饲养。生长最适水温18～34℃，酸碱度6.5～8.9，盐度0.1%～

0.8%。属杂食性鱼类，喜欢群食及弱光和昼伏夜出摄食，以吞食为主兼滤食，食量大，多栖息在水体底层，性情温驯，喜欢生活在饵料和有机物丰富的水体中。

斑点叉尾鮰在人工饲养条件下，两年可养成商品鱼。第一年体长可达 18～19.5 cm，第二年可达 26～32 cm。在第一次性成熟后，其生长速度亦无明显下降迹象。池塘商品鱼养殖亩产 1 000 kg 左右，网箱养殖亩产可达 30 t 以上。

7. 青鱼

青鱼为中国淡水养殖的四大家鱼之一，是池塘养殖的重要对象。青鱼生活于水体中、下层，以螺蚌类为食，经驯化可摄食人工配合饲料。肉质肥美，营养丰富，广受市场青睐，为较高档淡水鱼。一般多在底层多螺蛳的较大水体中、下层中生活，食物以螺蛳、蚌、蚬、蛤等为主，亦捕食虾和昆虫幼虫。池塘养殖亩产量在 500 kg 以上。

8. 鲟鱼

鲟鱼有洄游性和江河定居性两种，故不同的鲟鱼对盐度的耐受性也不同。往往洄游性的鲟鱼对盐度的耐受性较强，可以在盐度为 3%的盐碱水质中生长；江河定居性的鲟鱼通过盐度驯化，也可以在较高盐度盐碱水质中生长。大多数鲟鱼介于温水性鱼类和冷水性鱼类之间的亚冷水性，存活水温为 1～30℃。不同种类的适宜生长水温范围略有差异。鲟鱼对水体中的碳酸盐碱度及 pH 均有较广泛的耐受性。鲟鱼属于高耗氧、高窒息点鱼类，对水质要求高。对于鲟鱼的养殖，要求溶解氧不低于 6mg/L。大多数鲟鱼为杂食性鱼类，幼鱼以浮游动物、底栖动物和水生昆虫为食；成鱼除底栖动物、水生昆虫外，还喜食小鱼、小虾。人工饲养的鲟鱼对配合饲料有较强的适应性，只有匙吻鲟始终以浮游生物为食。

9. 泥鳅

泥鳅被称为“水中人参”，属杂食性鱼类。在幼苗阶段，体长 5 cm 以内，主要摄食动物性饲料，体长 5～8 cm 时，转变为杂食性饲料，主要摄食甲壳类、摇蚊幼虫、丝蚯蚓、水、陆生昆虫及其幼体、底栖无脊椎动物，同时摄食丝状藻、硅藻、水陆生植物的碎片及种子。泥鳅的摄食量与水温有关，水温 15～30℃为适温范围；25～27℃为最适范围，此时摄食量最大，生长最快。泥鳅多在晚上摄食，在人工养殖时，经过训练可改为白天摄食；生长较快，泥鳅的生长速度取决于饲料的质量和数量。泥鳅属底栖性鱼类，分布很广，常栖息于河、湖、池塘、稻田的浅水区，只有在水温过高或过低时才潜入泥中。泥鳅有特殊的呼吸功能，它除了用鳃和皮肤呼吸外，还可以用肠呼吸，因而它对恶劣环境的适应力很强。

二、低洼盐碱地池塘主要养殖模式

低洼盐碱地池塘养殖模式有多种，从养殖品种来分，有单养和混养模式；从放苗密度来分，有低密度精养和生态养殖模式；从养殖方式来分，有轮养和套养等。

（一）鱼类主要养殖模式

1. 鲤鱼

(1)池塘条件。要求注、排水方便，环境安静，阳光充足，水质清新。鱼苗培育池适宜面积 667～1 334 m^2，水深可逐渐加至 0.8～1.0m，池内和池边无杂草；鱼种培育池适宜面积 1 334～3 335 m^2，水深可加至 1.0～1.5 m；成鱼养殖池适宜面积 3 335～6 670 m^2，水深 1.2～2.0 m。放鱼前 10d 进行彻底清塘消毒。消毒的方法有干池清塘和带水清塘两种。

(2)苗种培育

1)鱼苗培育

①放养前的准备。一般在鱼苗放养的前 2 周，需彻底清除池底杂物，平整池底，施入腐熟的鸡粪或生粪等基肥，并进行消毒；消毒一周后，向池内加注清水 60～70 cm(严防敌害生物侵入)，待鱼苗放入时使水质有一定的肥度。

②鱼苗质量鉴别。健康的鱼苗用肉眼观察 95%以上的鱼苗卵黄囊消失，鳔充气，能平游，且鱼体透明，色泽光亮，不呈黑色。在容器中轻搅水体，90%以上的鱼苗有逆水游动能力。95%以上的鱼苗全长应达到 6.5 mm。

③试水。鱼苗放入池塘之前要先试水，检查消毒后的池水毒性是否已消失。方法是放鱼苗的前一天，先在一小网箱或其他能圈养鱼苗的容器内放入少量鱼苗，待第二天放苗前检查鱼苗是否正常。

④放养密度。根据出塘规格及出塘时间，一般可放养 20 万～40 万尾/亩。出塘规格要求越大、出塘时间要求越短，则放养密度越小；反之，出塘规格要求越小、出塘时间要求越长，则放养密度越大。

⑤饲养管理。

投饵与施肥。鱼苗孵出后 3 d，鱼苗除依靠自身养分维持生命外，开始逐渐转向外营养型，即摄食天然饵料生物，这时就必须辅助以人工投饵，主要是泼洒豆浆培肥水质。也可根据池塘水质的肥度，适当追肥。豆浆泼洒量按每亩水面计算。头天晚上泡黄豆 3～4 kg，可磨成豆浆 100 kg 左右，每天分 3～4 次泼洒，1 周后逐渐增加投喂量。16 d 后就可适当在池边喂豆饼粉(湿)或其他配合饲料。

分次注水与巡塘管理。随着鱼体长大，鱼苗所需空间及溶解氧随之增加，水的深度就要逐渐增加至 1 m。同时，炎热天气要防止鱼苗气泡病的发生。

水质控制。水质过肥一方面表现为水色转为深绿色，容易使鱼苗得气泡病；另一方面，可能造成大型溞类(俗称红虫)高峰过早出现，溞类高峰的过早形成，使其由鱼苗的饵料变成了鱼苗的敌害，会使鱼苗大量死亡。当水质过肥，鱼苗得了气泡病时，一方面要加注新水，另一方面可用 0.03%的食盐水全池泼洒。

拉网锻炼与分塘。鱼苗经半个月左右的饲养，长至 2 cm 左右，即可分塘或出售。分塘或出售前，必须进行拉网锻炼，增强鱼苗的体质，保证操作和运输的成活率。拉网锻炼前一天要停食。

2)大规格鱼种的培育

①鱼苗放养前的准备。池塘面积以 1 334～3 335 m^2 为宜，水深 1.0～1.5 m，池底有一定肥度，注、排水方便。一般应配备 3 kW 增氧机 1 台。鱼苗放养前应做好池塘的维修、清整、消毒、注水和试水等工作。

②鱼苗放养。放养的鱼苗应体形正常，体表光滑有黏液，色泽正常，游动活泼。畸形率小于 1%，伤病率小于 1%。有条件的地方应检查鱼苗是否患病再放养。一般每亩放养 2 cm 左右夏花 1.5 万～2.0 万尾。根据年底出塘规格可适当增加或减少放养密度。每亩配养白鲢 2 000 尾、花鲢 500 尾。

③饲养管理。鱼苗入塘后，如果天然饵料充足，鱼苗利用天然饵料生物可基本满足其生长需要；如果天然饵料不足，还应在池四周遍洒豆饼粉或配合饲料，以弥补天然饵料的不足。夏花鱼放养 15～16 d 后，随着鱼苗的长大，逐渐改喂与之相适应的颗粒饲料至鱼种出塘。

2. 草鱼

(1)池塘单养或混养

草鱼适于池塘混养或者单养。根据草鱼的生长习性，池塘主养一般采用轮捕套养技术，即“一次放养，多次轮捕，捕大留小，套养鱼种”的模式。一般放养 1 龄草鱼种，可混养部分鲢鱼、鳙鱼和鲤鱼。亩产 1 000 kg 的池塘，放养量按照计划产量的 1/10 计算。全年轮捕 7～8 次，并随着鱼体的生长按季节分批进行捕捞，将生长达到商品鱼规格的成鱼捕捞出。另外，在低洼盐碱地池塘套养草鱼，主要是利用草鱼的食性，清除池塘中的一些杂草。

(2)注意事项

池塘要彻底清淤消毒，冬季池塘不存水，可通过晒池达到进一步消毒和杀灭病菌的目的。鱼种入池前，注意用疫苗进行浸泡或注射，对草鱼出血病和细菌性病(烂鳃、赤皮和肠炎)进行免疫。精养池塘采用配合饲料与草类结合的投喂方式，使饲料蛋白质含量在20%～50%。青草和浮萍等青饲料的投喂要适量，避免暴食引发肠胃疾病。另外，在低洼盐碱地池塘养殖草鱼，推广放养2龄鱼种，这样可以使成鱼养殖周期缩短为100～120 d，又可以避开草鱼发病的高峰期，保证养殖的效益。

3. 鲫鱼

(1)池塘条件

鲫鱼池塘养殖面积，一般为1 334～3 335 m^2，水深要求1.5～2.5 m，池底平坦，保留淤泥10 cm左右。水源充足，排、灌水方便，水质良好。

(2)清塘施肥

鱼苗放养前，要排干池水，彻底清塘，挖去杂物。在鱼苗下塘前7～10 d，每亩用150 kg生石灰对水后全池泼洒消毒，然后施足基肥，施腐熟人畜粪肥500～800千克/亩，再注入新水。

(3)鱼种放养

鲫鱼的放养时间最好在秋末或冬初，此时放养有利于鱼苗早开食，早生长。放养密度：每亩放养体重为50 g左右的1龄鱼种2 000～3 000尾，100 g左右鲫鱼鱼种1 500～2 000尾，100 g左右的鲢鱼种1 000尾左右，150 g左右的鳙鱼250～300尾。鱼种要求体质健壮，无病无伤。鱼种入池时，用10～30 g/L的食盐水浸泡4～5 min，以防将病菌带入池塘内。

(4)饲养管理

①投饵鱼种投放后即开始驯食。每次投喂前先敲击固定器皿发出一种特定声响，再向饲料台投饵，以形成条件反射，日投喂3～5次，每次30 min，经7 d左右驯食，使鱼形成在水面集群抢食习性后转入正常投喂。在冬春季天气晴暖时，要投喂些精饲料，每次投喂量占全池鲫鱼体重的1%～2%。秋末和冬初由于水温下降，每天投饵两次，每次投喂量占鱼体重的3%～5%；5—9月水温高，鱼类吃食旺盛，每天投喂3～4次，投饵量占鱼体重的5%～7%。具体投喂多少，还要视季节、天气和鱼的摄食情况灵活掌握。投喂饲料主要有米糠、麸皮、饼

类、玉米粉和颗粒饲料等。

②水质管理水质的好坏直接影响到鱼类的摄食和生长每天坚持早晚巡塘，观察鱼的活动情况，清除水中杂物，保持池水清新，定期注入新水，一般每10～15 d注水一次，7～9月每5～7 d注水一次，若发现池水过浓，及时换去老水的1/4。同时，每10 d左右用生石灰40千克/亩化乳后全池泼洒，调节水质，防止鱼病。

③病害防治采取以防为主的方针，在饲料管理期间，要定期泼洒药物预防鱼病，每月用90%晶体敌百虫0.5 g/m^3、高效消毒灵0.6 m/m^3或鱼虾安0.5 g/m^3水溶液全池交替泼洒一次，以防寄毛虫病和细菌性鱼病的发生。在鱼发病季节，按100 kg鱼用40 g的磺胺类药物，制成药饵投喂，6 d为一个疗程。

4. 团头鲂

(1)池塘混养

团头鲂可与鲢鱼、鳙鱼和鲫鱼混养。放养时间一般在12月至翌年1月，可先放主养鱼，15～30 d后再放混养鱼。放养密度，以团头鲂养殖为主，适量混养鲢鱼、鳙鱼和鲫鱼。每亩放养体重100～150 g的团头鲂800尾，或体重约40 g的团头鲂1 000尾；混养体重40～50 g的鲢鱼、鳙鱼种250尾，体重约20 g的鲫鱼种500尾。

(2)小体积网箱养殖

放养尾重50g以上的鱼种6～8 kg/m^3，如中后期进行分养，密度可适当增加。饲料质量要求，粗蛋白质含量在26%～30%。在养殖初期投喂幼鱼料，每天投喂量为鱼体重的5%～7%；混养中后期投喂成鱼料，日投喂量为鱼体重的3%～5%，每天投喂3～4次。

投饵要根据天气、水温、鱼的摄食状况灵活调整。一般每次的投喂量，掌握在1 h内吃完为宜。日常管理，随时观察鱼的活动，每天清洗饲料台。当网眼堵塞1/8～1/6时，应及时洗刷网箱，一般7 d清洗一次。检查网箱是否破损、滑结，防止逃鱼。

5. 淡水白鲳

(1)鱼类混养

每亩放养淡水白鲳5～10 cm的大规格苗种500～600尾，适当搭配鲢鱼、草鱼和团头鲂等鱼类混养。由于淡水白鲳食量大，排泄物多，水中浮游生物增长快，水质容易出现富营养化，放养鲢鱼、鳙鱼等滤食性鱼类，既能充分利用水体中的饵料，提高产量，又能改善水质，有利于淡水白鲳的生长。通过 5 个月的饲养，淡水白鲳可长至 500～800 g。

(2)鱼虾混养

鱼虾混养模式是在南美白对虾池中混养部分淡水白鲳，一般每亩虾池中放养淡水白鲳大规格苗种 20～30 尾。利用淡水白鲳喜欢在池底摄食的习惯，可以清除残饵和死虾，防除病害，提高池塘的效益。与南美白对虾混养的淡水白鲳，10 个月可以生长成 500 g 以上的商品鱼。

(3)注意事项

淡水白鲳食性杂，可摄食多种水生及陆生植物、小鱼虾、有机碎屑、麦麸和豆饼等农副产品。淡水白鲳在与其他鱼类混养时，为了提高饲料的利用率及投入产出比，应投喂沉性颗粒饲料，每天投喂 4 次，日投喂量为鱼体重的 5%～7%，上午投喂量占 40%，下午占 60%，水温偏低时，可适当减少投喂量。在与南美白对虾混养时，不需要投饵。在养殖中，要加强水质管理，保持一个良好的水环境。坚持定期消毒和使用沸石粉等水质改良剂，减少水中过多有机悬浮物。淡水白鲳抗病力强，在盐碱水质中养殖很少出现病害，但也要注意鱼病防治，尤其是加强鱼种的消毒，避免将病害和寄生虫带入养殖池。

6. 泥鳅

(1)池塘条件

面积 667～2 001 m^2，池塘深度 1.2 m，东西走向，长宽比(2～2.5)∶1，池底淤泥保持 10～15 cm，池底在进水口略高些，排水口最低。池塘具有独立的进、排水系统，排水口用防逃网罩上，排水孔用阀门关紧，池塘四周加网防逃。

(2)苗种放养

在放养前清整池底，用漂白粉或生石灰清塘消毒，用量分别为每亩投放 3 kg 和 100 kg。第三天施基肥并加水 0.5 m 深，每亩施有机肥 250 kg，采取堆肥方式。10d 后药物消失，即可放苗。放养密度为 6 cm 鳅种每亩投放 8 万～10 万尾。投放时用 2%食盐水消毒 2 min，温差不超过±3℃。

(3)饲养管理

投喂 30%蛋白质的全价颗粒饲料，投饲率 2%～4%，全池泼洒。投饵次数为每天 4 次，时间为 5 点半、9 点半、14 点半、18 点。具体投喂量和次数按照当时的天气、水温等情况适时调整。当秋天水温低于 15℃时，改为每天投喂两次，投喂量逐减，水温降到 10℃以下时停止投喂。每口池塘搭建数个食台用于检查吃食情况。

(4)水质调控

泥鳅苗种下塘后，由于其对环境的不适应，到处游动造成水质浑浊，从第二天开始加水2～4h，以后连续加水3～4d，并且每日捞取病死泥鳅及杂质等，第三天上午用0.35 mg/kg强氯精全池泼洒，第四天上午用0.5 mg/kg聚维酮碘泼洒消毒。换水是日常管理的重要环节，夏季高温时每天加注新水5～10 cm，老水从排水口溢出，水温20～25℃时每周换水两次，水温15℃时每周换水一次。每月两次全池泼洒聚维酮碘和强氯精进行病害预防，用量分别为0.5 mg/kg和0.3 mg/kg。另外，每月用一次驱虫散(中草药)预防泥鳅原生动物疾病。

(二)虾蟹类主要养殖模式

1. 日本沼虾

(1)池塘单养

池塘单养虾苗投放量不超过5万尾/亩，放养规格为1 000～2 000尾/千克。

(2)鱼虾混养

由于日本沼虾需要水草作为栖息与隐蔽的场所，因此不可与草鱼、团头鲂、鲤鱼、鲫鱼等混养，更不可与肉食性的鳜鱼、乌鳢等混养，最好与鲢鱼混养。可以采取以虾为主，也可以以鱼为主。以虾为主，池塘面积以2 001～3 335 m^2为宜，保持水深1.0～1.5 m，每亩放养20～25 kg，规格为2 000～3 000尾/千克的虾苗，再套养规格为25克/尾的鲢鱼、鳙鱼种200尾左右。为了免遭鱼的侵害，提高虾苗的成活率和生长率，可在池塘边拦一小堤，形成小池，先将虾苗放入小池中饲养，待虾苗会弹跳后，再将小堤扒开，让虾自行游入大池。初放苗时，可投喂一些蛋白质含量较高的对虾人工配合饲料，每天投喂2次，投喂量为虾苗体重的4%～5%；待虾苗进入大池后，可投喂麦麸、米糠、豆饼和菜籽饼等植物性饲料，在温度适宜、饵料充足的条件下，2～3个月就可养成成品虾。

以鱼为主，一般是在不影响鱼产量，不增加投饲量的前提下，混养适量日本沼虾苗种，充分利用鱼池中的残饵，达到增加日本沼虾产量，提高鱼池经济效益的目的。养殖面积可稍微大些，以5 336～6 670 m^2为宜，在按照常规方式养殖成鱼的基础上，每亩养鱼池塘内投放虾苗规格为500～750尾/千克的苗种2万尾，在鱼池中进行鱼虾混养时，每亩可产日本沼虾50 kg左右。

2. 南美白对虾

(1)池塘单养

①苗种淡化培育。将运到的仔虾连同氧气袋一起放入育苗池中，适应20分后，即氧气袋内水温与育苗池水温相同，再将仔虾缓缓放入池中。随后通过注换水，降低育苗池的盐度到0～0.2%，时间为6～10 d。淡化过程中投喂虾片和丰年虫无节幼体。

②池塘条件。面积以1 334～10 005 m^2 为宜，形状为正方形或长方形，水深1.2 m以上。壤土或沙土底质，池底平整不漏水。池的两端设进、排水设施。

③苗种投放。南美白对虾池塘单养要根据盐碱水水质情况，一般虾苗的放养密度在2.5万～4万尾/亩，养殖产量200～300千克/亩。

④饲养管理。日常管理坚持早、中、晚巡塘。一是观察水色变化，判断水质优劣，及时调节水质；二是检查对虾摄食、游动情况，判断有无病害，力求做到有病早发现、早防治。

通过冲水、增氧、施肥等调节水质，溶解氧保持在4 mg/L以上，pH值8～8.8，水温范围25～34℃，最适温度28～32℃，水色保持豆绿色、黄绿色或褐色，透明度前期25～35 cm，中后期35～40 cm。

(2)生态混养

南美白对虾生态混养模式主要适用于大面积水域，或无法改建成小面积的大池塘，以天然水域中的浮游生物和摄食性鱼类残饵为主，可以与鱼、河蟹等品种混养。

南美白对虾的混养模式从品种上来讲，可以与鱼、蟹类混养，混养模式有助于减少虾病的传播，通过鱼类摄食不同水层、不同类型的天然饵料生物，有助于养殖池塘的生态维护，同时，可以提高池塘的整体经济效益。从养殖模式上来讲，既可以以对虾养殖为主，混养其他鱼类，也可以应用鱼类为主套养对虾的模式。

以养殖南美白对虾为主的混养模式，对虾的放养密度以不超过4万尾/亩为宜，少量放养淡水白鲳等鱼类，鱼类大规格鱼种的放养量为20～30尾/亩为宜，若是放养鲢鱼和团头鲂，苗种的放养量可适当多一些，每亩以不超过50尾为宜。如混养形式是以养殖鱼类为主的模式，南美白对虾的放养密度以每亩3 000～5 000尾为宜。但在混养时，要注意不同种类鱼的放养规格、数量和放养时间，建议放养鱼的时间在虾苗长到4 cm以上时进行。

3. 河蟹

利用河蟹喜食池底腐殖质、摄食患病个体习性，不但可有效减少病害传播，充分利用水体空间，而且能够增加经济效益，达到增产的目的。在混养过程中，不必专门为河蟹投饵。低洼盐碱地池塘混养河蟹模式有两种。

(1)鱼蟹混养

选择体质健壮，附肢完整，无伤，无病，活力强，体重 50 g 的种蟹，每亩可放养 300 只左右，鱼类大规格苗种投放量与种蟹相等。通过 4～5 个月的生长，河蟹可长至 400 g 以上，成活率 50%左右。

(2)虾蟹混养

虾蟹混养模式一般放养优质蟹苗，每亩投放 500～800 只，虾苗放养量为 3 万～4 万。河蟹与虾混养时，需要等到虾苗长至 3～4 cm 时再放豆蟹，避免豆蟹摄食虾苗。

(3)河蟹混养注意事项

①水质驯化过渡。河蟹混养中，要对放养的河蟹苗种进行水质驯化过渡，充分考虑放养池塘盐碱水水质的情况，以使河蟹苗种逐渐适应盐碱水质，避免水化因子突变对河蟹苗种的伤害。河蟹对不同类型盐碱水质的适应较强，如放养水质的盐度与培育种蟹不同，水质驯化过渡时间要稍长些，待盐度相同时再放养，一般豆蟹对水质的适应性较种蟹强。

②准备基础饵料。虾苗放养前 10 d 左右开始进水 1 m 左右，进水口用 80 目筛绢进行严格过滤，施肥培育浮游生物，使池水透明度约 30 cm，水色呈黄褐色。

③饲养管理。坚持每天早晚巡塘，观察河蟹的摄食和蜕壳情况，以便调整日投喂量；观察水质变化、河蟹活动情况和有无缺氧浮头现象，以便及时调节水质，开启增氧机；观察蟹有无逃逸等情况，在水质良好、饵料充足的情况下，河蟹一般不会出现逃逸情况。

④起捕上市。可根据市场行情、河蟹规格和养殖安排做到及时起捕。虾养成规格平均为 60 只/千克左右，一般 9—10 月起捕；河蟹收获的时间，要看个体规格，还要根据水温情况，河蟹对水温适应性较广，但水温低于 12～14℃时易打洞穴居，不易捕捞，所以河蟹的捕捞要在水温 14℃以上时进行。

(三)低洼盐碱地池塘混养模式

混养是根据水产养殖动物的生态习性和食性等特点的不同，进行科学合理搭配。

从食性方面，可以利用并发挥品种之间的互利关系，充分利用池塘中的各种饵料资源，有机混养摄食浮游生物的鱼类、草食性鱼类以及摄食底栖动物和一些有机碎屑的鱼类，还可以混养少量肉食性养殖品种，摄食体弱、患病个体，作为防病措施之一。

从生态习性方面，可以合理搭配上层鱼、中层鱼、底层鱼以及其他品种，充分利用养殖水体的空间，增加池塘单位面积的放养量，从而提高池塘的养殖产量。

不同品种混养能充分挖掘池塘的生产潜力，通过采取一些技术措施，促使混养的不同品种都能得以正常生长，最大限度地提高养殖效益。鉴于河南省低洼盐碱地水产养殖的特点，采取低密度精养和生态型混养是比较适宜的养殖模式。混养可以充分利用不同养殖品种的生活习性，提高单位水体的养殖效益；轮养可以降低水产养殖动物的疾病发生率。因此，低洼盐碱地池塘养殖提倡因地制宜，根据区域、水质类型和养殖品种等情况，选择适应的养殖模式。

第三节　低洼盐碱地水质特征与调控技术

开发水产养殖，先决条件是水，首先是水源，其次是水质。近年来，在低洼盐碱地池塘养鱼规模和产量不断提高的同时，因水质问题而引发的鱼病、鱼产品质量下降等现象较为普遍，低洼盐碱地水质复杂、特殊，水质调节成为盐碱地池塘养鱼健康发展的主要技术关键。我们在从事低洼盐碱地池塘养鱼的实践过程中对盐碱地养鱼池塘水质的主要特征、产生的不良影响及危害进行了总结和分析，并积累了一些具有实用性的水质调控措施。

一、低洼盐碱地池塘水型的主要特征

低洼盐碱地池塘水型主要表现在“三高”(高盐度、高碱度、高硬度)和离子组成复杂。

(一)高盐度

天然水是一个多组分、多相、运动变化的混合体系，含盐量是天然水的一项

重要指标。反映天然水含盐量的参数，通常有离子总量、盐度和氯度，后两者主要用在海洋学中，离子总量、盐度多用来反映内陆水的含盐量。离子总量是指天然水中各种离子的含量之和，包括水质中主要离子、营养元素、有机物质和微量元素等，由于含量微小的成分对离子总量的贡献很小，通常忽略不计，因此在计算离子总量时往往只考虑水中的主要离子，构成离子总量的主要离子包括 Na^{+}、Mg^{2+}、Ca^{2+}、K^{+}、Cl^{-}、SO_4^{2-}、HCO_3^{-} 和 CO_3^{2-}。在特殊情况下，水中可能含有比较多的 NO_3^{-}、NH_4^{+} 或 Fe^{2+} 等离子，则应考虑。

盐度是指 1000g 水中所含溶解盐类的克数，测定方法通常采用重量法、电导法、阴阳离子相加法、离子交换法等。盐度高是低洼盐碱地池塘水型的首要特征，低洼盐碱地池塘盐度的高低主要取决于以下几方面。

1. 水源水

水源水中含有一定量的金属离子，进入池塘后会逐步积累。一般水源为井水的池水盐度，比水源为河水等地表水的池水盐度要高。

2. 土壤盐渍化程度

它的高低是池水盐度的决定因素，土壤盐渍化程度越高则水质盐度越高，反之则低。

3. 蒸发量

盐度与蒸发量关系密切，春秋季节气候干燥，池水蒸发量大，池水盐度升高。实践证明，低洼盐碱地养殖池塘不宜太小，一般要大于 5 亩，池塘太小，池水与四壁接触面积大，易于蒸发，盐度上升速度快。

4. 药物和肥料

使用含有金属离子的肥料和药物以及含有氯离子的药物会增加池水的盐度。

受以上 4 种因素的影响，盐碱地池塘水质的盐度一般在 1.0～15.0g/L 之间变化，且春季、晚秋、冬季的池水盐度高于夏季到晚秋之前的池水盐度，夏季经常施肥和使用氯制剂较多的池塘池水盐度较高。

（二）高碱度

水的碱度是指水中所含氢氧根、碳酸氢根、碳酸根等弱酸离子的量，根据离子不同有总碱度、碳酸盐碱度等之称。水的酸碱度用 pH 表示，pH 越高水的碱性越强，pH 越低水的酸性越强，pH 的范围是 1～14，养殖用水 pH 应在 6.5～8.5，低洼盐碱地池塘水质 pH 一般在 8.0 以上，有的超过 9，pH 的高低主要受三大系统的影响：

池水的缓冲作用：$CO_2 + H_2O = H_2CO_3 = H^+ + HCO_3^-$；$HCO_3^- \rightarrow H^+ + CO_3^{2-}$。

生物活动：动物的呼吸和植物的光合作用。

有机酸腐殖质系统：有机质腐败产生腐殖酸的作用。

其中起决定性作用的因素有两个：一是池水的缓冲作用，池水缓冲量越大，则 pH 变化幅度越小，稳定性越高；二是生物活动体系，主要是浮游植物的光合作用与呼吸作用、微生物的分解作用，生物活动过程越强烈，则 pH 波动的幅度越大。

（三）高硬度

水的硬度是指水沉淀消耗肥皂的能力，从理论上讲它包括除碱金属以外的所有金属离子，淡水中含量最多的是 Ca^{2+}，海水中是 Mg^{2+}，因此 Ca^{2+}、Mg^{2+} 是构成天然水硬度的主要成分。我国渔业用水标准中没有规定硬度指标，但在生产实践中得出的结论是：硬度的适宜范围为 1.0～3.0mg 当量/L。影响水体硬度的因素除自然环境外，人为因素(施肥、用药等)也会产生重要影响，例如使用漂白粉、生石灰等含钙(Ca^{2+})消毒剂会增加水体硬度；使用氨水等碱性肥料会降低水体硬度。

（四）离子组成复杂

养殖用水由 K^+、Na^+、Ca^{2+}、Mg^{2+} 和 Cl^-、CO_3^{2-}、HCO_3^-、SO_4^{2-} 等 8 种主要离子组成，简称八大离子，一般在沿海的低洼盐碱地池塘水中，$Na^+ > Mg^{2+} > Ca^{2+}$，$Cl > SO_4^{2-} > CO_3^{2-} + HCO_3^-$；天然海水中 Mg^{2+}/Ca^{2+} 约为 3，K^+/Na^+ 为 1/4；内陆低洼盐碱地盐碱水中 Mg^{2+}/Ca^{2+} 约为 2，K^+/Na^+ 为 1/6；天然淡水中 Mg^{2+}/Ca^{2+} 约为 3，K^+/Na^+ 约为 1/7。低洼盐碱地水质比较复杂，各种离子的成分和含量不稳定。

二、低洼盐碱地池塘水质综合调控技术

养水的关键是人为调控水环境，放苗前的肥水即是养水的开始，目的是促进浮游生物和底栖生物的生长，特别是浮游生物，既能为池塘提供充足的氧气，减少水环境的波动，保持水环境相对稳定，又能在养殖初期，为养殖生物苗种提供一定的动物性饵料，加快其生长。而养成期间，更应加强水质调节，注重增氧

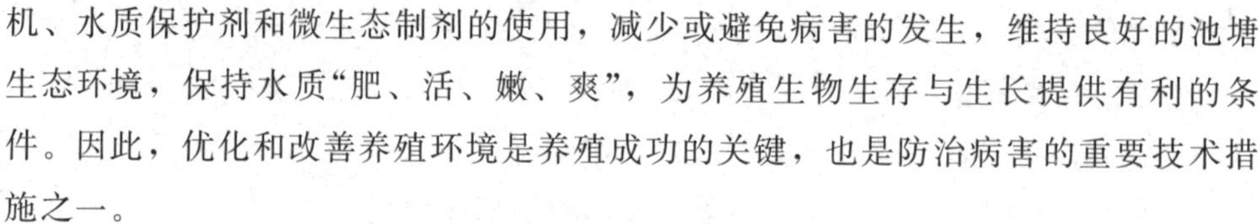

机、水质保护剂和微生态制剂的使用，减少或避免病害的发生，维持良好的池塘生态环境，保持水质“肥、活、嫩、爽”，为养殖生物生存与生长提供有利的条件。因此，优化和改善养殖环境是养殖成功的关键，也是防治病害的重要技术措施之一。

（一）盐碱水质调控管理要素

低洼盐碱地开展水产养殖要了解水质类型、特点，掌握不同盐碱水质对养殖生物的影响及主要的制约因子，以危害分析与关键控制点（HACCP）作为水质改良的重点，针对不同水质类型，选用不同类型的盐碱水质改良剂进行改良，使盐碱水质符合水产养殖用水的要求。

好的水质是降低发病率，保证养殖成功的关键。要保持良好的水环境关键是将盐度、碳酸盐碱度、pH、主要离子比值、营养盐因子和有益微生物维持在合理的水平，避免出现应激反应造成养殖生物的伤害，从而导致各种疾病的发生。水质的调控管理包括以下几个要素。

1. 水质关键控制点

在养殖过程中要注意低洼盐碱地水产养殖的关键控制点，包括盐度、碳酸盐碱度、主要离子比值和 pH 的变化，使其维持在合理的水平，这是低洼盐碱地水产养殖成功的关键。因此，养殖期间必须经常监测水质的变化，为养殖水质的调控提供参数，尤其是碳酸盐碱度和 pH。一般 pH 须控制在 7.8～8.8，碳酸盐碱度须低于 5 mmol/L。盐度则根据养殖品种而定，淡水养殖品种盐度须低于 0.8%。

2. 水色

水色是指池水在阳光下所呈现的颜色，其主要受浮游生物种类和数量的影响，而各种浮游生物对水温和环境的要求也有所不同，因此，浮游生物种类和数量常随着季节的变化而变化。一般规律是，春季水色多呈褐色，喜低温的硅藻居多，随着水温的升高，绿藻逐渐取代硅藻成为优势种群，水色转化为黄绿色。硅藻和绿藻中含有多种单细胞藻，单细胞藻类是养殖动物的优质饵料，这样的水质具有“鲜、肥、活、嫩、爽”的特点。

“鲜”是指养殖水的来源要新鲜，没有污染、不陈腐。“肥”是指水的肥度。值得注意的是，低洼盐碱地池塘水体由于缺乏氮等营养物质，对于新开挖的池子，水质较难肥起来，因此要施用有机肥，并增加磷肥，可达到池塘水体快速肥起来的目的。“活”是指池塘水随着日光照射强度，而发生的周期性变化。清晨因光合作用池塘中浮游植物易上浮到池塘表层，中午前后随着日照强度的增强而下移到水的中下部。池塘水质出现月变化、日变化、上午变化和下午变化等，表明池塘中的藻类种类较多，优势种群交替出现，水质良好。“嫩”是指池塘水肥而不老，浮游植物处于指数生长期。养殖中良好的水色为黄褐色、黄绿色、鲜绿色和褐色，具有新鲜感，无异臭味。“爽”是指池塘水清新爽亮，浮游植物生长量在100mg/L以内，水中溶解氧条件较好。

水体是鱼类赖以生存的外部环境，养殖水环境的优劣，决定着养殖的成败、养殖产量的高低以及养殖过程的健康及安全与否。在生产中常根据养殖水体的颜色推断水质情况，因此，对水体的要求：一是要确保盐碱水质符合水产养殖的要求；二是要注意观察水体的颜色，不同的水体颜色体现了养殖池塘的水质条件和生态情况，通常绿色、黄绿色是水质良好的表现；三是水体的色泽，通常水体的色泽鲜活，不发黑是水质良好的表现；四是透明度，养殖池塘的透明度是养殖水体质量好坏与否的指标，养殖水体的营养化程度，随着透明度的下降而上升，通常透明度在25～30 cm时水质较好，常见的水体颜色主要有以下几种。

(1)黄绿色

水体呈黄绿色是比较适宜的养殖水色，表明养殖水体中的藻类数量较多，以处于快速生长期的绿藻为主，属于较好的水质，但仍需要密切注意水色的变化发展，适时调整。

(2)褐色

水色呈褐色，表明池水中有机物质含量较多，池塘水色较浓，不利于鱼类生长，应考虑换水和加注新水，防止水质老化和鱼类浮头。

(3)灰白色

灰白色水色的主要原因是池水施放有机肥不久，或者是池塘老化，这说明水体中有大量原生动物繁殖或浮游动物含量较多。出现这种水色，可以泼洒二氧化氯等消毒剂或沸石粉等水质改良剂。

(4)黄白色

二氧化碳不足引起的水色变化，表层池水呈黄白色。这种水色一般出现在夏季无风的中午，由于藻类光合作用旺盛，池水中的二氧化碳被消耗殆尽，藻类因代谢紊乱而死亡。此时，应及时开启增氧机，泼洒沸石粉等水质改良剂，以提高水中的氧气，改善水质。

稳定水色，保持合理的藻、菌相系统，形成相对稳定的养殖水环境，是低洼盐碱地水产养殖中的一个不可缺少的环节。在低洼盐碱地池塘养殖中，水色呈绿色，则表明鞭毛藻占优势；水色呈红色，表示原生动物繁殖旺盛；水色呈乳白色，表明细菌大量增生；水色呈蓝绿色，表明蓝藻大量出现；如水体突然变清，则表明水中浮游植物突然死亡，水质出现异常。在养殖过程中，要根据养殖池塘水色的变化追加肥料。另外，每10～15d使用一次光合细菌、芽孢杆菌和枯草杆菌等微生态制剂，维持养殖池塘微生态的稳定和平衡。

3. 水质的浊度和黏度

在整个养殖期间，尤其是中期最容易发生水质败坏。此时，池塘中各种有机物沉积量增多，水中有害物质的浓度升高，毒性增强，致病生物也容易大量繁殖。因此，控制好养殖池水的透明度，定期、适时使用沸石粉等水质改良剂，以降低水质的浊度和黏度，也可酌情使用50～80 mg/L的漂白粉，减少有机耗氧量，减少和防止病害发生。

（二）盐碱水质综合调控技术

盐碱水由于水化学组成的多样性和复杂性，养殖性能较低，而且低洼盐碱区域干旱少雨，池水蒸发量大，加剧了盐碱水质对养殖生物的影响。池塘水环境的质量直接影响鱼类的生存、摄食和生长。池塘养殖要想达到高产、高效的目的，理想的池塘条件、优质的饲料、健康的鱼种和合理的放养密度固然重要，但还必须具有良好的水质。因此，调节盐碱水质，使其达到健康养殖的水质标准是非常重要的。通常盐碱水质改良可根据养殖的具体情况，如养殖水源是否丰富、是否有淡水水源、底质和池塘水的化学特点等，选择物理方法、化学方法或生物方法。

1. 物理方法

(1)注水调节

保持池塘高水位，春季池塘定期注入新水，以弥补池水渗漏和蒸发。在高温季节，定期排出部分池塘底水，排水量为原池水量的15%～20%，然后注入新水。池水深度保持在1.8～2.0 m为宜。

(2)机械增氧

通过增氧机的运转，加速池水的对流，增加氧气和散发水中的有毒气体，达到防止池水老化的目的。由于增加了溶解氧，从而改变了池水的化学性状，又不降低池水的肥度。使用增氧机要做到“三开两不开”，即晴天中午开机，阴天次日清晨开机，连阴天有浮头征兆时开机，傍晚不开机，阴雨天白天不开机。

低洼盐碱地水产养殖多采取封闭的养殖模式，不可能通过换水来改善水质，因此养殖水质的保护尤为重要。在养殖过程中，池塘的池底沉积大量的饵料残渣、动物的排泄物和动植物尸体，这些产物在降解过程中，需消耗大量的氧气，严重时会形成缺氧层，造成大量厌氧细菌繁殖，同时，还会产生硫化氢、氨氮等有害气体。因此，在低洼盐碱地水产养殖中增氧机的作用非常重要，其功用主要有两方面：一是增加气、水的接触面积，让更多的氧溶入水中，增加养殖水体的溶解氧；二是搅动水体，形成水流，能将池水表层丰富的溶解氧与池底的缺氧层进行交换，提高底层水的溶解氧水平，促进池内有机物的氧化分解，减少底层水中硫化氢、氨等有害物质的含量。同时，还能将有害的气体带到池水表层挥发到空气中，有助于改善底质水产养殖动物的生存条件，使养殖动物得以很好生长。因此，增氧措施是改善水质、底质，增强养殖生物体质，预防病害发生和提高养殖产量的最有效手段。

增氧机的使用应在了解增氧机的功能、作用原理的基础上，根据养殖池塘的条件、放养密度等进行选配。对于比较浅的池塘(水深 1.5 m 以下)，可选用水车式或功率小的增氧机；水深 1.5 m 以上或养殖密度较高、面积较大的养殖池塘，最好同时选用水车式增氧机和叶轮式增氧机，按 1∶1 的比例搭配使用，或考虑多配置几台增氧机。

(3)清除池底淤泥

池塘淤泥主要是由养殖池塘中死亡的生物体、养殖动物的粪便、残剩饲料等不断积累，加上在夏秋雨水季节冲刷塘基的泥沙掉落池塘，逐渐在池底形成的。池塘淤泥对养殖池塘水质和水产养殖有利有弊，池塘淤泥有供肥、保肥和调节水质的作用。由于淤泥中含有大量的无机营养物质，通过细菌分解或离子交换，在适当条件下可以释放出氮、磷、钾等养分，供应浮游植物等生长需求。另外，淤泥中的胶体物质能吸附大量的无机盐和有机物质，当池塘营养成分过剩时，淤泥就通过吸附作用暂时把肥效保存起来，然后再逐步释放到水中供浮游生物利用。因此，淤泥能起到供肥、保肥及调节和缓冲池塘水质突变的作用，低洼盐碱地池塘有一定的淤泥，可以缓冲底质土壤对水质的影响，稳定水质。

但淤泥过多会对养殖产生不利的影响。淤泥中含有大量的有机物，大量的有机物经细菌作用，氧化分解，消耗大量的氧气，往往使池塘下层水中本来不多的氧气消耗殆尽，造成缺氧状态。在缺氧条件下，厌气性细菌大量繁殖，对有机物进行发酵，产生较多的还原性中间产物，如氨氮、硫化氢、甲烷、一氧化碳、二氧化碳、氢、有机酸、低级胺类和硫酸等。这些物质大都是有害的，它们在水中不断累积，会影响养殖生物的生长。池塘淤泥过多，易使水质恶化，酸性增加，病菌容易大量繁殖，同时在不良环境中，有害物质容易造成养殖生物慢性中毒，如麻痹、窒息、抵抗力减弱，增加了病害发生的概率。因此，池塘的淤泥多，可以采用水枪或挖泥机进行清淤，清除的淤泥加高池埂，增加池塘深度，使鱼池保持设计标准，控制返盐碱。另外，可以采取泼洒生石灰对池塘淤泥进行翻耕清理、暴晒，消除淤泥过多带来的不良影响。

2. 化学方法

(1)池塘测水配方施肥技术

该技术是根据营养元素不同配比，使用挂瓶测生氧量的方法，确定不同池塘藻类生长的限制元素，然后对池水施加相宜的化学肥料，从而避免了施肥的盲目性。缺点是操作较复杂。

除了极少数废旧池塘中常年累积的盐碱水有一定量的浮游生物量外，盐碱水中缺少藻类和浮游生物，尤其是新挖池塘中的渗透水，常常清澈见底，因此只有通过肥水，才可以充分发挥池塘的初级生产力，形成稳定有益的藻相，建立起适宜水产养殖的池塘生态体系。养殖池塘内繁殖基础饵料生物，主要是浮游动植物，是解决鱼虾苗种早期饵料，促进苗种生长的一项有效措施。利用天然饵料既能降低生产成本，改善养殖生物的环境条件，促进池水中的物质循环，又能为苗种提供优质的饵料，有效地预防病害的发生。因此，养殖前池塘肥水不但可以强壮鱼虾的体质，降低病害的发生，而且可以降低养殖成本，增加养殖效益。

肥水的整个过程实际上应包括清池、进水、施肥和引种等方面。在放苗前一个月应做好清池工作，然后用 60 目筛绢网过滤进水，一般视水温、池塘的深浅进水 60～80 cm，进水后即可进行施肥。肥料可选用无机肥或有机肥，一般使用化肥，而有机肥在使用前应经过充分发酵。常用的化肥种类包括尿素、碳酸氢铵、硫酸铵、过磷酸钙等，通常在夏季高温季节使用。化肥在充分溶解后全池泼洒，每次用量为 1.5～2.0 千克/亩。易发生三毛金藻中毒症的池塘，选用碳酸氢铵肥料效果好，NH_4^+ 可抑制三毛金藻的繁殖。以后可根据水色情况，不定期地追加肥料，使池水保持浅绿色或褐绿色，透明度保持在 25～30 cm。低洼盐碱地新开挖的养殖池，适宜施用有机肥，但在施肥前必须经过充分发酵，以免污染池底，使用多年的养殖池，最好不用或少用有机肥，有机肥具有肥效释放慢但持久的特点，对培养底栖生物的效果较好，在首次施肥时，也可与无机肥同时使用，以促进浮游生物的生长。有机肥中以发酵鸡粪为好，可以直接撒入池中，用量为25～50千克/亩，也可以采用挂袋法，将鸡粪装入编织袋，堆放在池子里，等水质肥起来后再取出。

(2)使用水质改良剂调节

水质改良必须根据每个水样的测定结果，选择适用的改良剂型号及所需使用的数量，使盐碱水质中的主要因子满足养殖生物的生长需求。目前，养殖中使用的水质改良剂，一般分为三大类。第一种类型主要是降pH、降碳酸盐碱度，如水质改良剂II、水质改良剂III(中国水产科学研究院盐碱地渔业工程技术研究中心研制)；第二种类型主要是促进水产动物的生长，如水质改良剂I；第三种类型是降低水质中有机物含量，如水质改良剂和水质改良精(中国水产科学研究院盐碱地渔业工程技术研究中心研制)。还有在水产养殖上使用较普遍的沸石粉，或以沸石粉、过氧化钙为主要成分的水质保护剂，均能起到改善水质的作用。水质改良剂种类繁多，因此，在使用水质改良剂时，一定要弄清水质改良剂的性质，在科技人员的指导下，正确选用水质改良剂。

①生石灰。当池塘代谢产物积累造成水质老化时，应及时泼洒10～15 g/m^{3}的生石灰水。生石灰除了起到杀菌消毒防治鱼病的作用外，还是一种良好的絮凝剂，泼洒生石灰水可破坏池塘表膜，还可把池塘表面衰老的、比重较轻的藻类沉于池底或形成有机腐屑，清除了营养的竞争者，使藻类细胞保持幼嫩状态，提高营养价值。此外，低洼盐碱地池塘经常泼洒生石灰水可增加水体中的Ca^{2+}，改变池水中的Mg^{2+}/Ca^{2+}值和离子系数。Ca^{2+}还可与池水中的CO_3^{2-}形成$CaCO_3$沉淀，降低CO_3^{2-}离子浓度，限制pH上升的上限值，降低碱度和pH，增加水体的缓冲作用，对培育优质藻类，提高浮游植物生物量和鱼产量十分有利。因此，低洼盐碱地新池塘泼洒生石灰水是改善池塘理化因子和生态条件的不可取代的重要技术措施。因低洼盐碱地池塘水质碱度较高，生长季节一般不使用生石灰。

②吸附剂。在养殖季节，使用沸石粉、活性炭等吸附剂，每30 d洒一次，使用量为每亩洒15～25 kg，可以吸附池水中部分盐碱、氨氮、亚硝态氮、硫化氢等，达到净化水质的目的。沸石粉的主要成分为二氧化硅，它的结构空旷、疏松，具有许多排列整齐的晶穴和孔道，除可以改善水质外，也可以用于改善底质，吸附池底的有害物质，增加池底的通透性。

③生氧剂。常用的生氧剂有过二硫酸铵、过氧化钙等，生氧剂施入池水后放出初生态氧，从而加快有机质氧化，消除氨、硫化氢、甲烷等有毒物质，增加水中的溶解氧量。

3. 生物方法

(1)使用微生态制剂调节水质

微生态制剂是一种活菌制剂，是人们根据微生态学的原理，运用优势菌群，对水产动物体内或生活环境中的有益微生物菌种或菌株经过鉴别选种、人工培养、干燥等系列加工手段制成的。它具有成本低、无毒副作用和无环境污染等特点，在低洼盐碱地池塘养殖中大力提倡使用微生态制剂，其主要作用是：①净化池塘的水质和改善底质，微生态制剂可以在低氧或缺氧的状态下，分解水中的有机物，如氨氮、有机酸及硫化氢等有害物质，使之转化成为自身生长必需的无机盐，能够有效减少水质中的有机耗氧。因此，定期在养殖池塘中添加光合细菌，可以达到净化养殖水质和改善底质的作用。②促进有益浮游生物的繁殖，维持池塘水质稳定。有益菌分解有机物产生的无机盐，可以促进养殖水体中单细胞藻类的繁殖，使水质维持藻相和菌相平衡，减轻环境变化对养殖生物的刺激。③抑制病原性细菌的生长，防止养殖生物病害的暴发。有益菌在养殖池塘中，通过与病原菌竞争生长所需营养以及生存空间等，形成优势种群，使病原菌失去繁衍和暴发的条件，从而减少养殖生物染病的概率，达到防病治病的目的。④可以作为生物饵料，促进生长。有益菌含有丰富的蛋白质、胡萝卜素、B族维生素以及抗病因子(生物活性物质、非特异性免疫调节因子)等，可使水产养殖生物体内(如肠道)、生活环境中的微生物得到菌群平衡，并能在水体中形成生物团，增加养殖水体中的饵料生物量，促进养殖生物健康生长。

微生态制剂主要包括微藻及细菌、真菌等，这些生物可以分解养殖过程中产生的有机质等有害物质，保持良好的养殖水质。浮游微藻主要通过光合作用，吸收水体中的二氧化碳，提供水生动物呼吸所需要的氧气，提高水体的溶解氧量，避免水体因缺氧而导致有害物质的滋生。在光合作用的过程中，浮游微藻还可利用水体中的无机氮和磷，防止养殖水体的富营养化。细菌和真菌在水体中主要是分解水体中积淀的有机物，产生无机盐类等供浮游藻类吸收利用，从而保持良好的养殖水质。但在缺氧条件下，细菌和真菌则进行无氧分解，产生有害物质，败坏养殖水质。因此，必须保持养殖水体有充足的氧气。

微生态制剂大多由不同种类的微生物组成，微生物可分为两大类，一类是有害微生物，另一类是有益微生物。微生态制剂则是由有益微生物组成的，不仅不会导致养殖动物生病，而且会降低养殖动物的发病率。使用微生态制剂可以有效提高鱼、虾幼体成活率，而且病原体显现的种类、数量和危害程度均显著减少。这种作用的原因主要是：①微生态制剂可以利用水体中的氨氮等有害物质，减少水体中及水生动物体内溶解有机物的含量，预防有害物质如氨和胺的产生，改善水体和体内环境。②微生态制剂在水体中能形成生物团，扩充基础饵料的数量，促进水生动物的生长。同时，微生物在动物消化道中起到提供营养、促进吸收、提高饲料转化率的作用。③微生态制剂在养殖水体中可以形成优势种群，与病原菌竞争生态环境，抑制有害菌的繁衍，维持机体微生态平衡。

目前，市场上常见的应用于水产养殖的微生态制剂产品分为两类：一类是用于改良水质的，即水质微生态调控剂；另一类是内服以提高水产动物抗病力的，即饲料微生态添加剂，根据微生态制剂的作用，在水产养殖中主要是作为养殖水质的调控稳定剂和饲料添加剂。微生态制剂调控水质时，一是要选择适宜的微生态制剂，现在市场上用得最广泛的是光合细菌，其他还包括枯草杆菌、芽孢杆菌、硝化细菌和酵母菌等，光合细菌、芽孢杆菌等微生态制剂适宜在养殖前中期使用，因为这些微生态制剂不仅能够在养殖水体中形成优势种群，抑制致病菌，保持良好的养殖水质，还可以增加基础饵料量；二是要注意不能和消毒剂、抗菌药同时使用，因为消毒剂在杀死水体中有害微生物的同时，也会将有益微生物杀死，若使用了消毒剂、抗菌药，则必须在 3 d 后再使用微生态制剂；三是微生态制剂要定期使用，保持水质中有一定的菌群数，另外，微生态制剂可与沸石粉充分混合，使用效果更佳。

EM 益生菌为一类有效微生物菌群，是一种新型复合微生物活菌剂，其主要成分有光合细菌、芽孢杆菌、乳酸菌、酵母菌、放线菌、发酵丝状菌、维生素和氨基酸等，含菌量$\geqslant 1\times 10^{9}$ 个/毫升。作为一种水质改良剂在水产养殖中有广泛的应用，光合细菌可与其他细菌产生协同作用，能有效抑制致病菌的生长繁殖，迅速形成有益微生物优势种群，创造良好的生长环境，提高鱼苗的成活率和养殖水体的生态能量转换效率。在鱼种期 7—8 月使用效果最佳，浮游生物数量和生物量都达到峰值。可每周施用一次，对水稀释后全池泼洒，用量为每亩洒 0.3 L。施用 EM 益生菌前 3 d 不要用消毒剂。

(2)种植耐盐碱植物

在水面种植水葫芦、水花生等漂浮植物，水中适当保留一些挺水植物以吸附水中的氨氮、盐分等。台面种植苜蓿、苏丹草、黑麦草、棉花等耐盐碱植物，以吸附土壤中的盐碱，从而达到间接调节水质的作用。

盐碱地池塘水质调控的方法并不是绝对的，渔业生产中应根据不同池塘的具体生态条件，采取相应的技术措施，也可以几种方法结合使用，力保在养殖季节使池水水质达到较为理想的标准。

第四节　低洼盐碱地池塘养殖技术

一、低洼盐碱地池塘微孔增氧技术

微孔管道增氧技术2005年开始在全国部分省市的养蟹池塘进行试验，经过几年的示范和推广，已经在鱼、虾、蟹等多个品种上广泛应用，并取得了十分显著的效果。经过微孔管道生产企业和水产养殖场、水产技术推广机构等的共同努力，已经在各种微孔管道的种类生产、配套材料、安装方式方法、功率配置、使用技术等方面都有了长足的进步，安装和使用成本明显下降，养殖经济效益有较大提升，使用范围和面积快速增加，已经成为多种类型水产养殖增产增效的重要技术措施，其重要性和应用价值已得到政府主管部门和广大养殖人最充分的肯定和认可。

(一)技术要点

1. 材料与安装

微孔管道增氧系统包括主机、主管道和充气管道等部分。

(1)主机

罗茨鼓风机因为具有寿命长、送风压力高、送风稳定性和运行可靠性强的特点，在生产中应用较多。罗茨鼓风机国产规格有7.5 kW、5.5 kW、3.0 kW、2.2 kW四种；日本生产的规格一般有7.5 kW、5.5 kW、3.7 kW、2.2 kW等。

(2)主管道

主管道一般有镀锌管和PVC管两种选择。由于罗茨鼓风机输出的是高压气流，因此温度很高，可采用镀锌管和PVC管交替使用，这样既能保证安全，又降低了成本。

(3)充气管道

充气管道材料主要有3种，分别是PVC管、铝塑管和微孔管(又称纳米管)，其中以PVC管和微孔管为主。从实际应用情况看，PVC管和微孔管各有优缺点，主要有以下几点：①PVC管材料容易获得，各种管道材料店都有经销，质量从饮用水级到电工用管都可以使用。②PVC管径打孔后曝气均匀度较差，而微气孔管曝气效果好。③PVC管成本低。

(4)安装

①空压机需要2台，一用一备。

②截止阀用于连通或截断通道。

④主气管可根据需要选用PVC管或钢质材料管。

⑤控制阀用于调节单管的出气量。

⑥轴管可选用橡胶管或增强塑料管。

⑦回路安装时需在池底安装固定拉索。

⑧出气孔PVC管的出气孔孔径太大，影响增氧效果，一般孔径以0.6 mm大小为宜。

2. 饲养管理技术要点

(1)水质、水位调节

在放养密度较大的低洼盐碱地池塘，营造一个良好的水域生态环境，确保鱼、虾、蟹等正常生长至关重要。因此，必须调节好池塘水质、水位。每隔10～15 d每亩施EM菌原露1 000mL，维持藻相平衡，促进物质良性转化，增强养殖动物的免疫力。

在水位调节方面，以注水为主，尽量减少换水频率，换水不能超过池水的1/3。4月前，水位控制在50 cm左右，以提高池水温度，促进养殖品种生长；5—6月保持70～80 cm；夏秋高温季节应保持在1.5 m以上，以降低池水温度，高温期结束后，保持适中水位。

(2)饲料投喂

饲料质量是影响养殖品种规格与品质的关键因素之一。低洼盐碱地池塘养殖中，在保证饲料质量的前提下，选择科学的投喂技术尤为重要。科学投喂应选择粗蛋白质含量较高的颗粒饲料。虾、蟹饲料，前期蛋白质含量36%以上，中期30%～33%，后期33%～35%。投喂量按虾、蟹的体重计算，前期6%～8%，中期5%～6%，后期3%～5%。养殖河蟹的池塘，有条件的单位和养殖户，可适当多投喂小杂鱼，前期可以投喂新鲜小杂鱼，中期冰冻鱼，后期冰冻鱼搭配玉米、小麦。养殖鱼类的池塘，前期饲料蛋白质含量32%以上，中期30%～32%，后期28%～30%。饲料投喂要根据天气、养殖品种活动情况灵活掌握，发现有吃剩下的饲料时，第二天要减少投喂量。

(3)适时增氧

使用微孔增氧的池塘，由于池塘的载鱼量较大，应及时开启微孔管道增氧。闷热天气傍晚开机至第二天早晨8点，正常天气半夜开机至翌日上午7点，连续阴雨天气全天开机，以保证池水溶氧充足。南美白对虾养殖池塘，养殖中后期开机时间一般为8—11点，14—16点，22—24点，凌晨3—4点，投喂饵料2 h内停止开机；鱼类养殖正常天气中午保持开机2 h左右。

(4)水草管理

养殖河蟹的池塘，前期应尽量控制水位，抑制伊乐藻快速生长。如果伊乐藻生长过旺，5月采取刈割措施割去伊乐藻上部20～30 cm，以促进伊乐藻新的根系、茎叶生长。

(5)病害防治

每半月交替使用漂白粉和生石灰对养殖水体消毒一次，每月施用一次水质调节剂和底质改良剂等生物制剂，注意施用微生态制剂调节水质后3～5 d内不要用消毒剂消毒，高温期禁用消毒剂。另外，每月可投喂一次药饵，以提高养殖品种的抗病力，药饵以中草药、免疫多糖、复合维生素为主。

(二)注意事项

1. 主机发热问题

此问题主要存在于PVC管增氧的系统上。由于水压机PVC管内注满了水，两者压力叠加，主机负荷加重，引起主机及输出头部发热，后果是主机烧坏或者主机引出的塑料管发热软化。解决办法：一是提高功率配置；二是主机引出部分采用镀锌管连接，长5～6m，以减少热量的传导；三是在增氧管末端加装一个出水开关，在每次开机前先打开开关，等到增氧管中的水全部出尽后再将开关关上。

2. 管道铺设不规范

主要是充气管排列随意，间隔大小不一，有8 m以上的，也有4 m左右的；增氧管底部固定随意，生产中管子脱离固定桩，浮在水面，降低了使用效率；主管道安装在池塘中间，一旦管子出现问题，更换困难；主管道裸露在阳光下，老化严重等。通过对检测数据分析，管线处溶解氧与两管的中间部位溶解氧没有显著差异，故不论微孔管还是PVC管，合理的间隔为5～6 m。

3. 管道功率配置不科学

一般微孔管的功率配置为0.25～0.3千瓦/亩，PVC管的功率配置为0.15～0.2千瓦/亩。许多养殖户没有将微孔管与PVC管的功率配置进行区分，笼统地将配置设定在0.25千瓦/亩，结果不得不中途将气体放掉一部分，浪费严重。

4. 出气孔孔径太大

PVC管的出气孔孔径太大，影响增氧效果。一般气孔以0.6 mm大小为宜。

5. 增氧设备配合使用问题

使用微孔管道增氧的池塘应适当增加苗种的放养量和饲料的投喂量，充分发挥池塘生产潜力。采取高密度养殖鱼、虾的池塘，使用微孔管道增氧的同时，应配合使用水车式增氧机，使池塘水体的溶解氧分布均匀。

二、低洼盐碱地池塘浮性饲料应用技术

浮性饲料是将饲料膨化处理后形成一种膨松多孔的饲料。膨化是对物料进行高温高压处理后减压，利用水分瞬时蒸发或物料本身的膨胀特性使物料的某些理化性能改变的一种加工技术，分为气流膨化和挤压膨化。饲料经膨化处理后，使淀粉糊化，蛋白质、脂肪等有机物的长链结构变为短链结构的程度增加，破坏软化纤维结构和细胞壁，破坏菜籽粕中芥子酶、棉籽粕中棉酶以及豆粕中抗胰蛋白酶等有害和抑制生长因子，更易消化，同时克服了传统粉状配合饲料和颗粒饲料存在的水中稳定性差、沉降速度快，易造成饲料散失浪费等弊端。膨化效果受原料配比、淀粉含量、水分含量以及膨化温度等因素影响，结合膨化特点，应保证原料配方中淀粉类原料在20%以上。膨化浮性水产饲料能长时间漂浮于水面，便于饲养管理，有利于节约劳力；膨化饲料一般产生粉料在1%以内，优质浮性鱼饲料漂浮时间一般可达2 h。在通常情况下，与用粉状料或其他颗粒饲料相比，可节约饲料5%～10%，并且投饵上容易观察控制，可降低粉料、残饵等对水体的污染。

(一)浮性饲料的优点

第一，提高饲料利用率。原材料经过微粉碎或超微粉碎、高温膨化，饲料更

容易消化吸收，提高了饲料的消化率(特别是淀粉类)和利用率。

第二，降低鱼类病害的发生。浮性水产饲料经过高温灭菌，并破坏了棉、菜粕中毒素，减少毒素对鱼体肝脏的损伤，降低了鱼类病害的发生。

第三，提高了饲料的适口性，有利于驯化摄食。饲料来源方便，可进行规模化生产，原料经膨化、喷涂鱼油，提高了饲料的适口性，有利于鱼类的驯化摄食。膨化制粒后喷涂鱼油，满足了鱼类，特别是幼鱼对高度不饱和脂肪的需求，更利于鱼类的健康生长。浮性饲料能让鱼均匀摄食，商品鱼出塘规格更整齐。

第四，投饵管理更容易。浮性水产饲料能在水面漂浮 12 h 以上，可根据鱼吃食情况有效地控制饲料投饵量，减少了饲料浪费，使投饵管理更容易。

第五，减少饲料污染。减少饲料对水质污染，有利于保持池塘良好水质浮性水产饲料不易溶散，更易消化吸收，减少了饲料对水质的污染，有利于保持池塘良好水质，提高池塘载鱼能力。

第六，提高了饲料营养素浓度，更利于保存。浮性水产饲料中水分含量比沉性颗粒料少 3%～4%，提高了饲料营养素浓度，更利于保存。

(二)浮性饲料的使用范围

在养殖方式上，池塘养殖、稻田养殖、流水养殖、网箱养殖、工厂化养殖、大水面精养等可使用浮性鱼饲料，具有广泛的适用性。在养殖品种上，除了极难驯化到水面摄食的少数底栖性鱼类，都能很好地摄食浮性鱼饲料。养殖经验不足、管理粗放的养殖户宜选择浮性饲料。有些喜暗怕光的肉食性鱼类，在使用浮性膨化饲料时，还需要夜晚驯食或投喂。

(三)浮性饲料投喂技术

1. 投喂量的确定

每天最适投喂量是鱼饱食量的 90%，参考鱼类摄食情况，一般每天投喂 1～4 次，每次投喂控制在投喂后 10～30min 内吃完为宜。投饵量低可能会得到较好的饲料系数，但鱼的生长速度慢；投饵量过多时，鱼虽达到最大增重，但饵料转换较差，饲料系数高。每天最适投饵量为鱼饱食的 90%时，其生产效率最高。

2. 投喂方法

选择在上风处定点投喂，可用毛竹或 PVC 管圈成正方形或三角形，将浮性饲料投入其中，以免造成饲料的浪费。对于面积较大的池塘可用网片围一饵料台，网片高 50 cm，水面 25 cm，水下 25 cm，用竹子或 PVC 管固定，防止浮性水产饲料吹向池边或吹上岸。在网箱中投喂比网目规格小的浮性饲料，可在网箱露出水面部分加上密网布，防止饲料随水漂走。对于面积较小的池塘可以采用投饵机或鼓风机投喂。

在鱼种养殖过程中，由于鱼种口裂小，抢食不凶猛。若饲料颗粒规格大小不合适或投喂频率过快，易造成饲料浪费，可以选择浮性饲料喂养。特别是在鱼种养殖前期水温低，未驯化成功，鱼抢食不凶猛，难以掌握最适投喂量时，投喂浮性饲料或在颗粒饲料中掺入浮性饲料能缩短驯化时间，减少饲料浪费。

对于抢食较凶猛、摄食量较大、生长速度较快的鱼，如淡水白鲳、草鱼等，养殖前期水温较低且不稳定，可以投喂浮性饲料驯食，浮性水产饲料能保证 12 h 不下沉，可以随时根据鱼的摄食情况调节投饵量，一方面可以起到驯食的作用，另一方面可减少甚至杜绝饲料浪费。在使用药物预防鱼病时，可将药物溶解于水中，再与膨化饲料混合后使用。

三、低洼盐碱地池塘多品种混养高产技术

实行多品种立体混养，利用鲤鱼、草鱼高产的特性投喂颗粒饲料提高产量，其排泄物可肥水并带动鲢鱼、鳙鱼生长，既利用了废弃资源，又净化了水质，辅以人为措施干预，保障水质稳定，鲫鱼、乌鳢则更加充分利用了饵料资源。实行轮捕，保持池塘载鱼量稳定在一定范围，解决了单一品种高产养殖水质败坏等诸多不可调和的矛盾。

该技术把握秋季鱼种放量足、质优、价廉的时节，放养大规格鱼种，抗病力强、生长快、出塘早，增值空间大。在 7—8 月淡水鱼缺货、价高和中秋节销售顺畅的有利时期，生产适销对路产品，掌握销售主动权，取得最高收益。在产品质量上执行国家养殖标准，严禁使用违禁药物，严格执行休药期规定，保障水产品质量安全。

(一)池塘的清整

低洼盐碱地池塘应选择水源充足，进、排水通畅，水质符合渔业用水标准，电力供应有保障的池塘，面积一般在 3 335～6 670 m^2 为宜，最大蓄水深度不低于 2 m。每年秋末冬初，成鱼全部出塘后进行彻底清塘，清除过多淤泥，修筑堤埂。选择晴好天气，每亩施用 250 kg 生石灰或 15 kg 漂白粉消毒清塘，晒池一月

左右。准备放苗前 10～15 d 加注池水，深度保持在 1.5 m 以上，可施用少量腐熟鸡粪，施用生物菌肥时要按照说明书的使用方法。

（二）苗种放养

一般选择秋季投放苗种，在冰封前放足苗种。鲤鱼一定要选用当年培育的大规格鱼种，鲢鱼、鳙鱼、草鱼一般是收购其他养殖户当年末养成规格的 2 龄鱼。鱼种下塘前用 3%～5%的食盐水浸洗 10～15 min，杀灭体表病原体。鱼种全部下塘后，可泼洒二氧化氯或二溴海因等消毒剂全池消毒。鱼种放养后可不投喂，封冰前加注水至 2m 以上水深。封冰后注意观察鱼类情况，出现异常，及时采取加水、增氧等措施，结冰后要及时在冰面下打洞。苗种放养情况见表 5-1。

表 5-1　低洼盐碱地池塘多品种混放养情况（以每亩计）

品种	数量（尾）	平均规格（克/尾）	放养重量（kg）
鲤鱼	1 000	100～150	100
草鱼	500	60	300
鲢鱼	400	50	200
鳙鱼	100	50	50
合计	2000		

（三）水质调控

1. 施肥培水

劳动节前可少量多次使用腐熟鸡粪化浆泼洒，培肥水质。也可以全部使用生物菌肥，一般 7～10 d 使用一次，注意出塘前 15 d 停止施肥，始终保持良好的藻相，水体透明度保持在 20 cm 左右。使用生物菌肥时要注意与使用杀菌消毒剂间隔 3～5 d。

2. 适时加注新水

养殖前中期只加水不排水，后期适量加、排水，每次加、排水量不超过池水的 1/3，保持水质稳定和一定的肥度。

3. 定期使用微生态制剂

定期使用微生态制剂，注重改善底质状况。劳动节至出塘前 20d，可根据水质状况使用底质改良剂 3～5 次。

4. 常开增氧机

可配置 3 kW 叶轮式两台，注意要自备发电机，以应不时之需。按照“三开两不开”的原则，延长开机时间，特别是中后期，晚上 9 点开机，直至次日太阳升高。阴雨天有时要保持 24 h 开机，保持水中溶解氧始终充足。

（四）投喂管理

投喂饲料要做到：一是早投喂。水温升高开始摄食后要早投饵，改善鱼体体质，提高免疫力，提早进入生长期。二是坚持“四定”投饵，足量投喂。以鲤鱼、草鱼的存塘量为基准，按不同时期的投饵率核算投饵量，按吃食情况调整投喂量，保持鱼吃八成饱为宜。三是保证草鱼青饲料供给。可根据实际情况在池埂、护坡等空地种植苏丹草、黑麦草等，或者一些蔬菜叶，每天下午投喂，作为辅助性饲料，不宜投喂过量。四是每天坚持早、中、晚巡塘。巡塘时密切注意池塘水质变化和鱼类吃食、活动状况。经常测量水温、透明度、pH、氨氮、硫化氢、亚硝酸盐等水质指标，每天坚持做好天气、投饵、用药、换水、水质变化和生长情况等养殖记录，做到水产品质量安全可追溯。

（五）病害防治

开春化冰后应及时做好病害防治工作。首先使用杀虫剂全池泼洒，2～3 d 后使用二氧化氯等消毒剂全池泼洒。在生产过程中尽量减少刺激性较大的氯制剂等消毒剂的使用，每半月使用一次碘、溴制剂等消毒剂、阿维菌素等安全性较高的杀虫药物。

第六章

无公害饲料培育技术

第一节　天然饵料培育技术

无公害水产品的天然饵料，主要指天然水体中自然生长发育的可供鱼虾类摄食的动植物及微生物。而浮游生物及底栖动物是最重要的天然饵料。

一、浮游生物的分布

浮游生物分为浮游植物与浮游动物两大类。由于水体类型不同，浮游生物由许多种类组成，同时不同的种类呈现出不同的分布特征。

浮游生物种类及数量对水体中有机物含量有重要的影响。小水体的池塘，因易施肥、投饵，对水体有机质影响大，有机物相对丰富，多分布一些水产品喜欢的有机质种类。浮游生物的组成会随水流变化而受到影响。一般水流湍急的水体，其浮游生物难于栖居，而水体水面平静的，则有利于浮游生物的生长，且浮游生物分布较多。因此，池塘、湖泊、水库中浮游生物比河川更多，且河川上游、中游、下游至三角洲，浮游生物也逐渐增多，其组成也越来越丰富。

不同的水体其浮游生物的组成也不相同，对池塘、河川、湖泊、水库四大水体而言，湖泊中最为丰富，河川上游则最少，池塘、水库等介于其中；从单位面积中浮游生物的生产力而言，肥沃的池塘效果最好，其次是湖泊、水库、河川。在不同的水体类型中，浮游植物与浮游动物的分布情况如下：池塘中丰富的有机物有利于浮游生物的生长，其中有裸藻、蓝藻等浮游植物；有砂壳虫、表壳虫等，壶状臂尾轮虫等，长刺蚤、美女蚤等，剑蚤、鳔蚤等浮游动物。

湖泊中的浮游植物种类繁多，有硅藻、绿藻、蓝藻、甲藻、金藻、黄藻、裸藻类等，其中以硅藻、绿藻、蓝藻为主；原生动物：表壳虫、砂壳虫、栉毛虫属；轮虫类：臂尾、龟甲、晶囊、聚花轮虫等属；枝角类：各种蚤属；桡足类：镖蚤目、剑蚤臼、猛蚤目等种类。

水库中的浮游植物有硅藻、蓝藻等；浮游动物有原生动物、轮虫类、枝角类、桡足类等，但种类、数量比湖泊少。

河川上游以硅藻、蓝藻等为主，且多为偶然性浮游生物；浮游动物较少，几乎难以看见；中下游浮游植物硅藻类、蓝藻类、甲藻类、绿藻类等种类增多，数量加大；浮游动物原生动物如壳虫、轮虫类、枝角类、桡足类等都有分布，且种类较多。

二、浮游生物繁殖

在天然水域内浮游生物分布十分广泛，但会受到水中有机质含量的影响，因此，通过向水体中施肥，培肥水体，可促进浮游生物的自然繁育，促进无公害水产经济动物养殖。

（一）肥料的种类

常用来追肥水体，繁育浮游生物的肥料种类很多，有粪肥、绿肥和化肥，粪肥和绿肥属有机肥，化肥则多属无机肥。

粪肥包括人粪尿及各种家畜、禽及蚕粪等。其特点是氮、磷、钾含量较高，肥料要素平衡，肥效持续时间较长，能缓慢、持久作用。其组成养分详见表 6-1。

表 6-1　粪肥的养分含量表(%)

粪肥种类	氮素	五氧化二磷	氧化钾
猪粪	0.60	0.50	90.40
猪尿	0.40	0.05	1.00
牛粪	0.31	0.21	0.12
牛尿	1.30	0.10	1.50
鸡粪	1.63	1.54	0.85
人粪	1.00	0.50	0.37
人尿	0.50	0.13	0.1
马粪	0.55	0.31	0.33
马尿	1.20	0.05	1.50
羊粪	0.60	0.30	0.20

绿肥所指范围较广，一般各种无毒的野生或人工栽培植物，只要腐烂分解较快都能作为绿肥。常用绿肥有豆科植物、瓜藤、蔬菜及各种杂草等，如紫云英、苕子、柽麻、蚕豆茎叶都是上好绿肥。绿肥除了含有大量的氮、钾外，还含有一定的磷元素等，可作为浮游生物的营养，而且绿肥还可直接作为水体中鱼类的营养物质。部分绿肥养分含量见表 6-2。

表 6-2 部分新鲜绿肥养分含量(%)

绿肥种类	氮素	五氧化二磷	氧化钾
大豆	0.58	0.08	0.73
蚕豆	90.55	0.12	0.45
花生	0.43	0.0	0.36
油菜	0.40	0.10	0.30
田菁	0.52	90.07	0.15
白三叶草	0.48	0.13	0.44
紫云英	0.48	0.0	0.37
苕子	0.06	90.13	0.43
苜蓿	0.7	0.11	0.40
水草	0.10～0.40	0.05～0.10	0.05～.33

化肥多属无机肥，常常是含有氮、磷、钾三元素中的某一种，也有同时含两三种的，称为复合肥。化肥成分一般较单一，但肥效较快，可以针对水中缺乏的元素对症下药，也经常用于快速培肥水体，促进浮游生物快速生长，不过化肥有一个缺点是肥效持续时间较短。化肥的营养成分的组成见表 6-3。

表 6-3 部分化肥组成及养分(%)

肥料类型		肥料名称	化学分子式	养分含量
氮肥	铵态氮	碳酸氢铵	NH_4HCO_3	N17
		氨水	$NH_3 \cdot H_2O$	N15～17
		硫酸铵	$(NH_4)_2SO_4$	N20～21
		氯化铵	NH_4Cl	N24～25
		硝酸铵	NH_4NO_3	N34～35
	硝态氮	硝酸铵钙	$NH_4NO_3 \cdot CaCO_3$	N20 左右
	酰胺态氮	尿素	$CO(NH_2)_2$	N42～46
磷肥	水溶性	过磷酸钙、重过磷酸钙	$Ca(H_2PO_4)_2 \cdot CaSO_4$	P_2O_5 16～18
			$Ca(H_2PO_4)_2$	P_2O_5 40～45
	弱酸溶性	钙镁磷肥	$CaMg\ H_2(PO_4)_2$	P_2O_5 14～18

续表

肥料类型	肥料名称	化学分子式	养分含量
钾肥	氯化钾	KCl	K_2O 50 左右
	硫酸钾	K_2SO_4	K_2O 50 左右

(二)对水体施肥的方法

把握适度的施肥量是养好水体的重要环节，一般根据水体肥瘦而定，如果属瘦水，则应施肥，且肥量较大；如果水体为肥水可停止施肥，或施入少量有机肥；如果属“水花”水则应暂停施肥；属老水则应将换水和施肥同时进行。总之，水体清澈见底即应多施，具体施肥量随水体肥瘦程度而定。基肥每亩施有机肥 300～500 kg、追施每亩施有机肥 100 kg 左右为宜。

施用有机粪肥，必须经过发酵腐熟，也可加入 10%～20%的生石灰。这样，既可避免肥料入池后分解消耗大量溶氧，也可加速分解释放肥力，还可以杀灭粪中病原或寄生虫。在养鱼池中以粪肥作基肥时，可排干池水后撒入池底，并与塘泥混匀后灌水；追肥时，则视水色，将腐熟粪肥加入稀释后泼洒。绿肥在施用前，应先摊晒一下，然后堆于池塘角上的水中，并经常翻动，直至充分腐烂后捞除残枝。绿肥既可作基肥，也可作追肥。

化肥一般只作追肥，视水色、透明度而定，若池水较瘦，即可适量追肥。一般水体中的 N、P、K 含量之比为 2∶2∶1，这种比例有利于浮游生物生长，而沙性较重的池底其 K 含量较丰富，施肥时施入 1∶1 的 N、P 肥即可。施肥方法简单，即将 N 肥和 P 肥按 $N:P_2O_5=1:1$ 的比例搭配好，然后每亩按 1.9～2 ppm 浓度，对水泼洒全池。

(三)控制浮游生物的种类

无公害水产品对浮游生物的吸收利用能力，据浮游生物数量、种类、质量等差异而有所不同。一般情况下，水体中饲养的滤食性鱼类对蓝绿藻等不易利用，而当硅藻、鞭毛藻类、鱼腥藻、轮虫等浮游动植物种类占优时，十分有利于鱼类生长。因此，除了促进水体中浮游生物数量增长，还必须控制其种类组成，才能达到最佳效果。

另外，我们可以利用施肥手段来调控浮游生物种类。调控时要掌握好施肥时间、施肥数量和所选肥料的种类，不同因素下，其浮游生物的种类也有所不同，主要表现在以下几方面。

1. 肥料的性质不同

因所施肥料的性质不同，其浮游生物的繁殖情况也不一样，如施有机肥，则喜有机质的浮游植物如棕鞭藻、隐藻大量出现，浮游动物中的尾毛虫、周毛虫等大量出现。如施无机肥，放射硅藻、弹跳虫等大量出现，成为主要类型。

2. 施肥量不同

在繁殖时因施肥量不同，其繁殖情况也不一样，一般施肥量较大，则难消化的绿藻、蓝藻等种类大量繁殖；肥量较小，易消化的硅藻类相对较为丰富。如在鱼虾生长前期，控制施肥，以免大型水蚤生长旺盛，影响苗种生长发育；如果此时大型枝角类过多，必须进行抑制，通常用敌百虫灭杀，泼洒 0.005 ppm 敌百虫即可。

3. 施肥时间不同

施放肥料的时间不同也会引起其种类的繁殖情况有差异，因此需要掌握好施肥时间，培育出适合需要的浮游生物。

在实际操作中，要在天然水体或鱼池中对浮游生物进行控制培育是比较困难的，一般只能对其进行适当的种类调节，达不到理想效果。目前，常采取定向即人工建池培育某种浮游生物的方式，来获取鱼虾类及名特优水产养殖的优良浮游生物活饵，如轮虫、红虫等的人工培育已取得了成功，并已开始广泛应用。

第二节　青绿植物饲料培育技术

青绿植物饲料种类很多，是无公害养殖草食性及杂食性鱼类的重要饵料。本节主要介绍几种饲料植物的栽培方法。

一、稗草

稗草属禾本科沼生植物(图 6-1)，生长期在 3～10 个月。因此，在池塘培育稗草的时间一般在 4 月上旬，选择一亩左右的小池塘，将水排干，平整池底，并在池底四周开挖排水沟，以利排水，防止水淹稗苗。

图 6-1　稗草

播种时，按每亩 5～7 kg 的用量将草籽均匀撒入池底，并用木耙将草籽轻轻刮入泥中。播种后一周即可见苗，6 月上中旬，稗草即可长高至 1 m 左右，并开始抽穗。此时即可收割或淹青利用。生长期间应注意防涝，防止积水淹没稗草。如有条件，应进行施肥，以粪肥为佳。

稗草利用一般以淹青方式进行，也可采取收割淹青方式。如放养的鱼类以浮游生物食性为主，则可采用一次性灌满水淹没，并在淹后两周放鱼。如放养的鱼类为草食性鱼种，则可采取将稗草分次割倒淹青，或不割而逐步加水逐层淹青为好，以延长稗草的利用时间。

二、芜草

芜草又称无根萍、瓢砂(图 6-2)。它是一种漂浮在水面的植物。芜萍体形很小，为椭圆形或卵圆形绿色粒状体，无根、茎，以芽孢繁殖。芜萍体虽小但味美，是草食鱼类的优良饲料，也是鲤科鱼类的重要辅助饲料，主要生长在长江以南地区，我国其他各地也广泛种植。

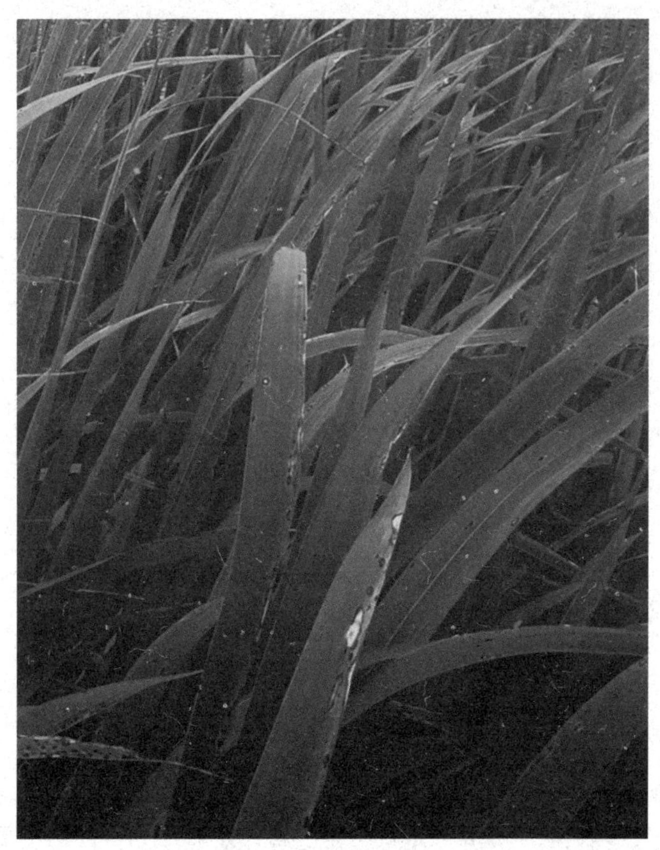

图 6-2　芜草

芜萍无根无茎，喜静水，种植池应选在避风处。一般要求池塘大小适中，以 334～667 m^2 为宜。塘底坚实，不漏水。塘泥丰厚，可以保持水体营养及环境，以满足芜萍生长繁殖及越冬需要。水深应保持在 1～2 m 为宜。

一般在播种前需要清塘，通常在早春进行。先把塘水排干，每亩用 100～150 kg 生石灰遍撒塘底并翻耙，一星期后投放基肥 100～300 kg，以腐熟厩肥为佳，再放水至要求水深，并捞除水中粪渣等杂物，清洁水面。若为专用芜萍塘不需每年清塘。

芜萍的播种视情况不同而不同。专用芜萍塘，第一年每亩放种 20 kg，以后每年只需追肥即可自行繁殖。第一年养过芜萍后又养过鱼的塘，则第二年每亩需补放 10 kg。新开塘则每亩投放 20 kg。

芜萍生长最适温度为 27℃左右，低于 20℃或高于 35℃，则生长放缓。因此，其最佳生长期在 4—6 月和 9—10 月。培育芜萍的注意事项有以下几点。

(1)每次捞取芜萍后，需追肥，每亩用人粪 10～30 kg 冲稀后全池泼洒。

(2)阳光强烈及气温很高时，每天向芜萍层上泼水 3～5 次进行降温。

(3)注意经常性清除池中杂草及蛙卵等。

(4)芜萍移植转运过程中，与塘泥或水一同混装运输，并选择气温适宜时起运，并尽快放塘。

芜萍的收取一般根据其生长情况而定，当芜萍布满水面后可连续收取。时间一般应选在早晨或午后，以减少对全塘的影响。收取时用草绳将芜萍围拢，然后用捞网捞取，投喂鱼池。为了保证塘内芜萍的继续正常生长繁殖，要求每次捞取总量不能超过塘内总量的 60%。一般情况下，水质肥沃的塘萍粒大，深绿色，每两天即可亩产 100～200 kg。

三、水葫芦

水葫芦又名风眼莲、凤眼兰，属雨久花科，是一种喜温性的浮生性水生植物(图 6-3)。其根须系发达，支撑上部茎叶浮生于水面。水葫芦美味可口，是草食性及部分滤食性鱼类的优良饲料。其因叶柄呈葫芦状膨大而得名水葫芦。

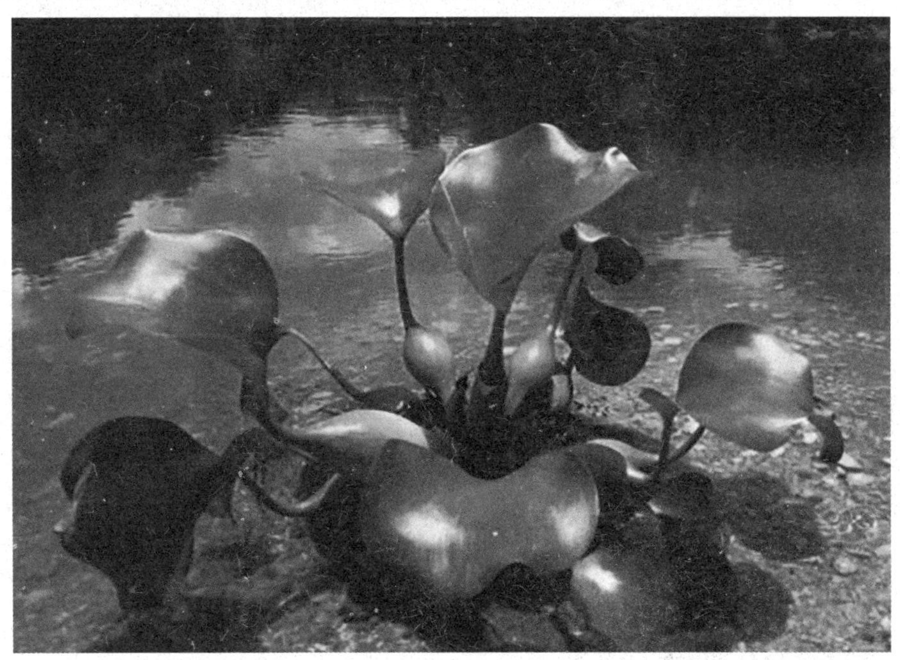

图 6-3 水葫芦

（一）选择培育池

根据各地具体情况，选择适宜的沟渠塘池培育水葫芦。但一般要求避风，水面流动性较小；要求有较肥厚的淤泥层，以 10～20 cm 为宜；水深维持在 1 m 左右；同时进行及时的追肥；水面面积最好在 667～2 670 m^2；杂草较少，且容易清除。

（二）种植

种苗的采集通过从自然水体中取得或从别的种植塘中移取，选用刚从根际潜伏芽中萌发出新叶的种苗。潜伏芽越多，萌动越明显，则种苗质量越好。

种植时间一般选在气候温和的 3—4 月间，因其潜伏芽正处在萌动、出叶期，其活动力最强，效果最好。

每亩种苗投放数量以 5 kg 为宜，水体稍瘦的，可适当增投，但一般也不超过 10kg。

播种前应清除杂草，并施足基肥，以人粪尿、厩肥为好。注水至水深 1m 左右，然后放种，放种时用竹筐围成一簇簇，以防随水漂走。

（三）管理

水葫芦生长过程中，管理工作主要注意以下几点。

(1)保持水深在 0.5～1.5 m。若水过深则肥料被稀释，水体相对变瘦，影响植株生长；过浅则植株着泥，影响分蘖繁殖，产量降低。

(2)清除塘中杂草，有利于水葫芦的营养供给。

(3)播种前施基肥后，每隔半月追肥一次，以人粪尿为好。追肥量根据塘中情况而定。若塘中缺肥则水葫芦生长缓慢，植株矮小，开花早，且叶柄的葫芦较大，这种情况下应多施肥。如塘中肥料充足，植株很快就会布满池塘，植株较高且肥壮，开花迟，叶柄葫芦不明显，此时可不追肥，只在叶片上撒上些草木灰，并时常搅动塘泥，促进泥中养分溶解于水。一般在每次收获以后，都需追施一定量肥料，以促使其迅速恢复生长。

（四）采收利用

水葫芦生长很快，将其放养入池后一个月左右，即可长满池塘。此时即可开始连续采收。水葫芦种植管理容易，采收也很方便。只需用绳网圈住一簇，用捞网捞取即可。每次捞取尽量轻快，以减少对留池植株的影响，一般每次采收总量以不超过全池植株总量的一半为宜。

采收后的水葫芦，可以直接以茎叶或整株投喂，也可以打浆后投喂滤食性鱼类，当然还可以加工成其他如草粉、青贮等，供鱼利用。

四、生筋草

生筋草又名蟋蟀草、官司草(图 6-4)，属一年生禾本科植物，在我国分布于南北各省区，从热带、亚热带、暖温带一直到温带，均有分布，而以亚热带即华南及西南地区分布较多。

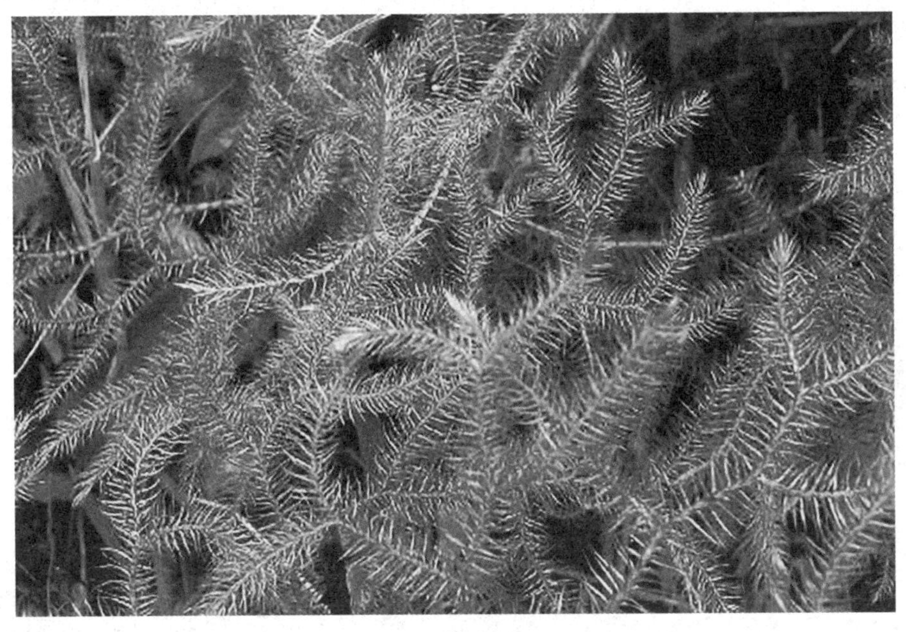

图 6-4　生筋草

(一)营养成分

生筋草的营养成分含量在饲料植物中属中等或中等偏上水平。其生长前期的营养价值较高，粗蛋白均占干物质 10%以上，有的高达 14%以上。

(二)种植及利用

生筋草营养价值较高，又具有较强的适应环境的能力。栽培宜采取种子繁殖，应选取叶片量特别多且叶片发达的品种进行人工栽培。

生筋草虽后期茎秆坚韧，但叶片仍很柔软，而且由于茎节较密，叶片较多，加上生长前期适口性好，因而青草是直接投喂的良好鱼饲料。此外，还可以干制加工成草粉。

第三节 动物性活饵料饲料培育技术

动物性活饵是无公害水产养殖的重要饲料来源，各种食性的无公害水产动物都离不开鲜活动物饵料。杂食和肉食性无公害水产动物都要以动物性活饵为食物，此外草食性水产动物，在其苗种期的开口饵料及早期饲料也是浮游动物，在繁殖期为了增加营养也需补充动物饵料。

动物性饵料包括大量浮游动物如轮虫、枝角类、软体动物类、环节动物及一些变态昆虫的幼虫等。

一般天然水体中大量存在的动物性活饵，能充分满足水中自然分布的鱼虾类正常繁殖。但对于人工养殖来说，因在塘中放养密度较大，而且品种组成相对单一，水体中自然分布的活饵不能满足放养的水产动物的需要，同时塘中现存的浮游动物也不一定十分适合放养的水产动物。因此，需要针对不同的饲养对象进行人工投饲。人工所投饲的动物饵料多数还是靠人工养殖。

一、蚕蛹

蚕蛹是家蚕的发育阶段之一。干蚕蛹的蛋白质含量在55%左右，脂肪含量2.5%。经脱脂处理以后，蛋白质含量可在70%以上，是一种很有开发价值的高蛋白动物饲料源，在甲鱼、鳗鱼、河蟹等特种水产饲料开发、生产中，具有广阔前景。

用桑叶饲养蚕，除其优点外，也有很多局限性，如占用大量桑田、营养价值不全、大量占用人工等。日本蚕桑专家经过多年研究，已研制出桑蚕养殖的人工配合饲料，可代替桑叶喂养桑蚕。

这种人工配合饲料，以大豆作为主要蛋白源，并添加一定量桑叶粉以加强桑蚕对饲料的适应性。同时，10种原料配比，相互配合，形成营养全面的配合饲料。其配方为：大豆蛋白粉40%，桑叶粉20%，酵母粉10%，纤维素8%，淀粉 8%，柠檬酸 3%，蔗糖 5%，无机盐 5%，抗菌素 0.5%，甾醇 0.5%。

其制作方法为：将上述原料分别称量完毕，先将量少的各种原料混合拌匀，再与量大的原料混合，充分拌和。再加入适量水进行搅拌—做成块状—上蒸笼蒸热、熟制—冷却后再切成薄片，即可用作饲料投喂。

二、蚯蚓

蚯蚓是一种经济价值很高的软体动物，其营养丰富、繁殖迅速、食性杂、易繁殖、产量高，现已成为水产养殖业中的一种常见的优质鲜活饵料。

蚯蚓的人工培养已成为利用蚯蚓的一条主要途径。随蚯蚓品种的不同，其营养价值、培养方法、增殖速度及培养产量等方面都有差异，因此，选择合适的种蚓，是养殖蚯蚓的第一步。目前，可供培养的良种主要有大平二号、北星二号、赤子爱胜蚓等，其中大平二号和北星二号属赤子爱胜蚓的杂交种，它们均生长快，成熟早，寿命在 3 年以上，比一般蚯蚓长 3～4 倍，繁殖率高，具有适应性及抗病性强等特点，养殖技术简单，且饲料来源广泛。

此外，也可直接采用野生蚯蚓作种培养繁殖。野生蚯蚓的收集主要有以下几种方法。

第一，用锄头和钉耙挖掘、在洞穴口灌水和清晨天亮前蚯蚓出洞未归时捕捉。

第二，用喷药捕捉法。喷药捕捉时，在蚯蚓较多的地方 1 m^2 喷浓度为 1.5% 的高锰酸钾溶液 7 L，或浓度为 0.55%的福尔马林溶液 13.7 L，可使蚯蚓立即爬到地面，捕捉后用清水洗净药液。

第三，堆料诱取法，即将发酵腐熟的饲料加等量的肥土拌匀，堆放在蚯蚓较多的地方，附近的蚯蚓晚上会爬来采食，可赶在天亮前捕捉，或在堆放 5～7 d 后翻开堆料，将下层料过筛收集。

蚯蚓属广食性动物，如水生、陆生植物，屠宰及农副产品废弃物，牧草，作物秸秆，树叶，锯末，纸屑，鱼类，人、畜、禽粪和生活垃圾等天然有机物，经发酵腐熟后，均是它的良好饵料。在人工培养时，蚯蚓饵料应以粪草混合料为最好。其比例粪料占 60%，草料占 40%。粪料以生粪最佳，猪粪次之，其他如马粪、羊粪、兔粪、鸡粪、人粪、污泥、腐殖质等均可作饵；草料以稻草最佳，还有其他作物秸秆如麦秸、茎叶、杂草、垃圾等。

三、蝇蛆

蝇蛆是家蝇的幼虫。以前是为解决禽畜粪便处理及饲料动物蛋白缺乏问题，而利用粪便进行少量的人工养蛆。现在人工养蛆已形成了一整套完整的工艺流程，从养蝇、育蛆到分离、干燥等，都有专门的技术设备及手段。

蝇蛆作为优质饲料必须营养价值高、饲料效果好，还必须容易获取。而蝇蛆人工繁殖方法简单，其饵料来源广泛，投资少，繁殖产量很高，因此属于优质饲料的一种。

成蝇的饵料主要有鱼粉、蛆粉、奶粉、红糖等，其中以奶粉最佳，饮用水必须保持清洁，每天更换，室温 24～30℃、相对湿度 50%～70%为宜。成蝇养殖空间为 15～18 立方厘米/只。

蛆饵料主要以新鲜禽畜粪便为培养基，其中猪粪 33.3%，鸡粪 66.7%；或猪粪 66.7%，鸡粪 33.3%。经发酵腐熟后，培养基湿度最好保持在 65%～70%。

第四节　微生物饵料饲料培育技术

在无公害水产养殖中微生物饵料起到了十分重要的作用，各类微生物藻类的大量生产不仅为鱼虾、贝类等各种水产动物的苗种生产提供饵料，而且有些微生物还是鱼虾配合饲料的重要添加剂，同时还是轮虫、卤虫等动物活饵的饵料生物。无公害水产的微生物饵料需要将一些带病菌的微生物控制在一定的范围内，见表 6-4。

表 6-4　微生物饵料带病菌控制范围

项目	指标
细菌总数(个/克)	$\leqslant 10^6$
大肠菌群(个/100 克)	≤30
致病菌(沙门氏菌、李斯特菌、副溶血性弧菌)	不得检出

一、小球藻

淡水小球藻是一种单细胞藻类，主要用于培养轮虫、卤虫等水产饵料动物，也是一些鱼虾、贝类幼体的开口饵料。

（一）培养槽

大型小球藻培养槽直径为 40 m，培养时水深 10 cm 左右，并配备搅拌机，使水体充分搅拌。其特点是，受光面积因水深适宜可达最大限度，可以保持小球藻具较高的增殖率。

（二）培养方法

培养液用清洁淡水，在槽内注入 10 cm 深的水；溶氧量在 2～4 mg/L 以上为宜；pH：5～10；水温 20～30℃。

接种时用浓度为 2 000 万个/毫升小球藻种液，将其以 1∶8～1∶10 的比例接种于预备好的培养槽中，使培养槽中的小球藻密度达到 100 万/毫升左右。

小球藻培养主要施入氮、磷速溶肥料，每吨水体施入硫铵 100 g、过磷酸钙 30 g；或者每吨水体施入硫铵 100 g、尿素 5 g、过磷酸钙 15 g。供给小球藻养分，并开动搅拌机搅匀水体。

经培养一段时间，槽中小球藻密度在 2 000 万/毫升以上时，即可开始连续收获。收获后施入肥料，并重新加注新水至适宜深度，以待恢复繁殖。

二、培养单细胞藻类

在实际生产过程中，往往会出现目标藻类的培养受到杂藻的干扰，影响目标藻类的生产量及产品质量，进而影响到水产经济动物的饵料供应。因此，在单胞藻的培养中应保持单一种(或属)藻的纯种培养。

为了保持纯种培养，通常采取吸管分离法、水滴分离法、平行板分离法等进行分离去杂，进行纯化培养。单胞藻类的纯化培养分为：光照度控制纯化培养和营养控制纯化培养两种。

（一）光照度控制纯化培养法

由于各种单细胞藻类对环境条件要求及适应性不尽相同，尤其对光照强度有各自不同的适宜范围。适宜所照光照强度的藻种就生长旺盛，没得到适宜光照的就衰弱并逐渐死亡沉淀，通过这种方法分层，即可达到纯化的目的。下面以扁藻为例说明纯化的方法。

扁藻是一种重要的饵料微生物，它在培养过程中，往往容易被三角褐指藻污染，从而影响以扁藻等为食而不嗜好三角褐指藻的水产动物的饵料供应。此时可采用光照控制纯化培养法进行分离。

将混杂的污染藻液倒入一只经消过毒的试管中，用消过毒的棉花塞塞紧，置于30℃的温室中，采用8 000～10 000 m烛光的强光照射，静置培养。

经120 h培养以后，扁藻因光照适宜而进行充分的生长，浮于试管培养液表层；而三角褐指藻被该强度的光照后生长受到抑制而沉入试管底部。经统计，两种藻细胞数目悬殊。分层以后用消过毒的微吸管吸取试管上层扁藻少许，放入另一洁净试管的培养液中培养。经几次提纯后，即可得到纯净扁藻，再采用正常的单胞藻类施肥培养，即可得到大量纯化的扁藻作为饵料。

（二）营养控制纯化培养法

这种方法利用了各种单胞藻类对营养需求，即对养分的种类、浓度等的差异。在同一种营养液中利用各种藻类的生长繁殖习性不同，进行分离。尤其适用于对光照控制没有明显分离效果的藻类。根据这种特点，在培养中，选配一种适于目标藻类生长、抑制杂藻生长的营养液，从而达到分离提纯目的。

螺旋藻是一种优质单胞藻类饵料，是轮虫、卤虫及一些鱼虾贝类幼体的饵料生物。它在培养过程中，常被角毛藻污染，影响培养质量，我们可采用营养控制的方法分离提纯，具体方法如下：

配制营养液时取1 000 mL经200目筛绢过滤的海水，加入如下营养盐，制成螺旋藻培养液：$NaNO_3$，1.5g；KH2PO4，0.5 g；K_2SO_3，10 g；$MgSO_4$，0.02 g；$CaCl_2$，0.04 g；$FeSO_4$，0.01 g。

本营养液适合于螺旋藻，但其营养盐浓度却已达到了角毛藻所需浓度的75～300倍，完全可以达到营养控制的分离目的。

按上述浓度配制好营养液以后，向其中接种已被污染的藻液进行培养。培养的环境条件与一般藻类培养相似，即自然光照，温度：25～30℃；pH为5～10，溶氧量为2～4 mg以上。

培养第3 d，施肥一次，以补充已消耗的营养，保证其浓度在较高水平。经一周培养出现与光照度控制法相同的分层现象，螺旋藻浮于表层，生长旺盛，杂藻沉入底部。收取上层藻液，即达到分离提纯的目的。

收取浮于培养池(槽)上层的目标藻类，作为水产经济动物的优质饵料。

三、草末

草末是另一种优质水产经济动物的微生物活饵，它不是纯净的微生物个体，而是微生物与革末的混合体，具有很强的生物活性。

草末是一种将植物(主要是牧草)原料进行微生物处理而得到的优质水产动物饲料。将处理过的草末撒入浅水池，7～10 d后即可产生蛋白质含量为26%、碳水化合物为43%的浮性微生物团。这种由草末产生的微生物团最终生物量可提高到300%，蛋白质含量增加100%，用这种饲料投喂尼罗罗非鱼、鲇鱼等，生长速度远高于投喂商品饲料。

这种饲料的培养方法简单，而且取材方便，材料是来源极广的青草，通过微生物活动的自然运转即可。

(一)室内试验池培养

草末的培养和利用表现在以下三方面：在水体中用一般的植物原料生产出一种高营养的微生物；刺激池底碎屑中的微生物系统生产和储存营养物质；确定一种能利用池中所有营养层的合理喂养方案。

1. 青饲料预处理

采集可饲用的青草，将其切碎成小段，装入密封池15～20 d作厌气处理，以使厌氧微生物能充分繁殖。

2. 试验水箱的生态系

试验水箱规格可根据实际情况而定，一般可选20cm×14cm×12cm稍薄的长方体。箱底覆盖6～7 cm厚的沙质壤土，然后注入经处理的自来水，使水深维持在4～4.5 cm，水温20～30℃。在试验过程中保持较浅的水，以利底层壤土与水面之间的微生物交换，并使光线能较好地向池底照射。

水箱准备好后，即可进行投料。投料时按每平方米水面投入32 g于草粉末，本试验水箱投入量应为1 g左右。投入时应将料用水拌湿后再行投放。培养过程中将形成0.1～0.5 cm的胶质碎屑沉淀物及0.1～0.2 cm的草末微生物团。

水层中初期出现的是蓝藻，以后不断繁殖，随着各类藻类、细菌如固氮细菌的产生与繁殖，形成了微生物群落、生态系，最终形成绿色的胶质草末微生物团。

在培养微生物团的不同阶段，应对水体温度、pH、氧及二氧化碳浓度进行监测，并用显微探头测定成熟微生物团的含氧量和氧化还原电势，为试验调控及室外大量培养创造条件。

3. 微生物分析

通过观测，7 d后显微镜检查确定最终微生物团中以颤藻属占优势，特别是以蓝藻等最多。在头 3 d 水中，固氮细菌对青饲料有趋化反应，产生胞外黏液。这种反应可产生池表的初级微生物群落，并以此成为以后生物群落繁衍的固定位置。

显微镜观察表明，从草末早期细菌移植到微生物团成熟，各阶段都以颤藻为主。细菌种群中固氮菌为 40%，产自壤土和水体菌绒，并向上移生于草末，并以胞外黏液形成草末菌团。成熟的微生物团群落是细菌和蓝藻的混合群落，该体系有效地组成了一个微观环境的共生体，既有固氮细菌的固氮作用，又有蓝藻的光合作用，使生物量及蛋白质含量增加。

（二）室外培养

室外建池，水池以不漏水的浅池为宜。规格为长 15～20 m，宽 8～10 m，深 1 m。池底覆盖 0.5～1 cm 厚的壤土，注入经处理后的自来水，水深 20 cm。采集可作饲用的青草，切碎，在密封罐中厌气处理 8～15 d。然后按每平方米干草末 35～40 g 的比率，将草末拌湿后撒入池中肥水。

培养过程中，所有颤藻类及固氮细菌等微生物菌落自然产生，并大量繁殖，继而形成具有固氮、光合作用能力的菌团，并最终形成成熟的具有较高粗蛋白含量的微生物团。

微生物团形成 7～10 d 以后用耙子捞取，并用微量 K 氏定氮法评估蛋白质含量，通过草末作对照与微生物团比较确定其营养价值的变化。

从测定结果来看，野生青草经切碎或适当处理，可促进池中微生物繁殖，在较浅的肥水池中，可产生蛋白质 26%、碳水化合物 43%的草末混合基质。成熟的草末微生物菌团，由于生长速度快，日生产率在正常情况下可达到 15 g/m^2，培养 8 d 后与未经培养的青草相比其蛋白质提高 1 倍、碳水化合物提高 3 倍、灰分提高 2.5 倍，而且微生物团的生物量与蛋白质含量的增长速度，远远高于青草。草末微生物菌团的营养价值及生物量特性见表 6-5。

表 6-5　草末微生物菌团特性

项目	数量
生物生产率(g/m²/d)	15.0±5.3
培养 7～10 天微生物团蛋白质含量(%)	26.1±1.8
碳水化合物含量(%)	约 43.0
灰分的含量(%)	约 27.0
对照青饲料	
蛋白质含量(%)	约 13.0
碳水化合物含量(%)	约 14.0
灰分的含量(%)	约 11.5
培养 9 天后微生物团与青饲料的增长比(%)	
生物量重量	321±148
蛋白质含量	113±24
为罗非鱼所食的蛋白质消化率(%)	88.1±1.2

为了更准确地掌握微生物团对鱼类的营养效果，下面用四种鱼池对罗非鱼进行喂养试验。对四种鱼池中投入等量试验鱼，并保持理想的鱼类生长条件。

土壤池：微生物团专池培养，采用胶质沉淀物作为鱼饲料。

壤土池：微生物团已生长数周，属培养已达成熟期的微生物团培养池，具有完整生态系。

壤土池：鱼与微生物团分池培养，每日捞取微生物团投喂鱼。

清底池：无壤土，微生物团专池培养后捞取撒于鱼池。

结果表明，微生物团生长数周且具有完整的生态系的池，鱼可以将池中的微生物团及聚集在壤土池底的微生物全部吃尽，其生长速度最快；而向壤土池中投喂微生物团及胶质沉淀物，也可取得较好的效果，但投喂微生物团的效果更好一些；而向没有碎屑的“清底池”投撒微生物团，罗非鱼生长十分缓慢。这表明，由草末形成的微生物团是一种营养丰富的天然鱼饲料，池底沉淀物中的碎屑营养层是这种天然水产饲料的重要组成部分。

在微生物团的培养与利用过程中，应注意以下两点。

第一，适合于作为培养原料的植物尚需进行更深入的调查研究。也许投喂不同的水产养殖种类，其微生物团饲料所用的青草种类也有所不同。对青饲料的评估除考虑到水产动物需求以外，还要包括收获植物对环境可能带来的影响，以及能刺激微生物繁殖的能力，当然也必须考虑到它的可得到的难易程度。除了禾本科青草、豆科牧草等以外，在池塘周围栽培能反复剪枝、生长快的豆科树也是一类比较理想的原料。

第二，由鱼塘改为微生物团的培养池应将原有池塘结构作一些修改，由于微生物团只能在浅池中培养，而鱼往往需在更深一些的池中生长发育。一般在生产时，应先分池培养，并将浅池与养鱼深池联通。饲料生产与成鱼池表面积之比为 1∶1，即可保证鱼类饵料充足，养鱼和培养微生物团必须综合形成一个完整的池塘系统，但应防止微生物团未成熟前即被鱼类作青饲料直接吃掉，降低饲料效果。

第五节　饲料添加剂

一、饲料添加剂概念

饲料添加剂指在水产养殖业中，人们为促进水产经济动物的健康生长，获得较高的经济效益，向已配制好的饲料中添加的少量、有效成分。饲料添加剂种类繁多，其功效也千差万别，但总的有以下几方面作用。

1. 促进消化吸收

有些添加剂可以通过进入动物体内，调节其消化机能，增强其消化吸收系统对投喂的饲料的消化吸收能力，从而达到增加营养、促进生长的目的。这类添加剂主要是一系列消化剂、蛋白酶制剂等。

2. 促进新陈代谢

有些添加剂能够调节养殖动物的生理机能，促进体内生理代谢功能，加快动物的营养吸收与转化速度，促进机体的生长发育。这类添加剂主要是一些生长刺激剂及一些未明的生长因子。

3. 补充营养

可补充饲料营养的氨基酸、维生素、矿物质类添加剂。这类添加剂主要是营养性饲料添加剂，如蛋氨酸、维生素 A、饲料酵母、食盐、磷酸氢钙等，能达到全价配合标准，有利于养殖业的发展。

4. 促进采食

有些添加剂可以通过改善饲料的物理性质等，而不改变其固有营养，从而增加目标动物的采食量，并刺激其对饲料的嗜食程度，如调味剂、黏合剂、着色剂等。

5. 防止疾病、调整机能

许多添加剂并不直接促进动物体对饲料的消化吸收、代谢等过程，而是通过调节其机体功能至正常状态，防止疾病，从而保证饲料的正常利用。这类添加剂较多，如抗生素、驱虫保健类、中草药等。

6. 保护饲料质量

一些饲料添加剂的存在，是为了保护饲料在贮存过程中不致变质，或者纯粹是为了提高饲料的商业品质等，在饲料不变质的前提下不进行添加，一般也不会对摄食造成什么大的影响，如一些保鲜剂、防腐剂、着色剂等都属于此类。

二、饲料添加剂的配制

预混合料就是按照配方，将维生素、氨基酸、微量元素或抗氧化剂、载体等混合起来，可以直接添加进某种饲料中，是市售的饲料添加剂的配制形式。载体通常是玉米面、麸粉等。预混合料通常占配合饲料的0.25％～5％。使用预混合料的优点是：精度高，混合均匀，见效快，能克服某些添加剂的不稳定性、静电感应和湿结块等缺点，更有利于配合饲料生产的标准化。

饲料添加剂的配方，应根据不同饲养对象及其饲养标准而定。同时，其配方必须遵循一定的原则。

第一，了解与掌握饲养对象的营养需求特点，如养殖草鱼等草食性鱼类及虹鳟、鳗鲡等肉食性鱼类，它们之间的营养需求相差较大，其添加剂配方自然也就不相同。

第二，计算饲养对象的基础日粮中各成分的含量。针对不同养殖对象，在不同的养殖条件下，其常规的基础日粮也不相同，营养成分含量也不一致，因此在配方添加剂时应先进行测定。

第三，根据测定结果，参照养殖对象的营养需求标准，确定饲料中各营养成分的多少优劣，计算出各种营养成分的添加量，并折合成市售原料的数量。

第四，根据添加剂配伍原则，对添加剂的种类搭配进行调整，并重新确定各种添加剂的使用量。

第五，选择常用的载体，按照载体75%～85%，添加剂15%～25%的比例，计算出载体用量。

添加剂是具有物理及化学性质的物质，它们在相互搭配使用的过程中，会产生各种物理或化学反应，其反应有的很强烈，可能影响到原有的几种饲料添加剂在混用后的功效，或许能引起增效，或许能引起失效，甚至产生不良的功效。因此，在对饲料添加剂进行配伍时要防止配伍后产生负效应。

(一)维生素的配伍

维生素类不能与强碱混用；因胆碱易溶于水，碱性强，不适宜与易被碱性破坏的维生素配合使用，如维生素C、维生素B_1、维生素B_2、维生素B_6、维生素PP、维生素K、泛酸等。维生素C不宜与维生素B7、叶酸混合使用。维生素A、维生素B、叶酸等不适宜与微量元素直接配合，否则会使效用降低。脂溶性维生素易被含Fe的添加剂氧化而破坏。

(二)矿质元素的配伍

Ca含量过多，可降低Mg、Fe、I、Cu、Mn、Zn等的吸收利用。K含量过多，易干扰对Mg的吸收代谢。P含量过多，可影响微量元素中Fe的吸收、利用；P与Mg有拮抗作用。Mo过多，会引起Cu不足症，另外Mo与Zn有拮抗作用。Mn、Fe、P之间有拮抗作用，不宜同时使用或应考虑这种作用。

(三)抗生素及其他添加剂的配伍

抗生素易受强碱破坏，土霉素、青霉素等均不宜与$CaCO_3$、$NaHCO_3$等溶液配伍；土霉素水溶液具有较强酸性，易破坏青霉素等；磺胺类药物不宜与含硫添加剂配伍，会因硫的加重导致血液中毒；青霉素等可遭强酸性维生素破坏，如维生素B1、维生素B6，因此，使用前者时，后两者应停用。

配方设计完成后，即可组织原料进行预混合料的配制。其配制过程中应注意以下几个主要环节。

预混合饲料的配制设备有粉碎机、配料机、混合机等。粉碎机用于粉碎载体，筛孔要小于0.15 mm。配料设备要求结构简单、调节容易、操作方便、计量准确、使用可靠，能够适应品种数量及配方比例的改变。混合机也应以均匀混合为原则，根据需要选用。

各地资源不同，载体使用也不同，一般没有一致要求，但以王米粉、米糠为宜。粒度要通过 40 目筛孔，水分不超过 10%。

保证干燥，预混料制成后水分应不高于 5%；用量大的添加成分可不进入预混料，而直接向配合饲料中添加；添加剂细度不能低于 80 目，原料添加顺序应从用量小的依次向用量大的进行，并必须充分混匀。

（四）饲料添加剂的保存和应用

按照应用时限，饲料添加剂可分为以下三种应用方式。

1. 突击性应用

一些抗生素类及其他一些药物添加剂，常在饲养场（池）遭受病虫威胁时采取短期、临时性突击使用。

2. 阶段性应用

在动物生长发育的某一个时期，向口粮中添加某些添加剂。水产养殖一般属于此类情况，因为添加剂往往只在苗种期以后的成体养殖期才使用，而有的则只在繁殖期或旺盛生长期使用。

3. 长期应用

一般对于长期及阶段性应用的添加剂，常需要大量准备，且长期存在，因此保存问题就很重要。保管、贮存时应注意如下内容。①颗粒要较大，因小颗粒饲料添加剂的表面积相对较大，容易与外界接触而变质。②保存期要短，一般要求随生产随用或随买随用，不宜长期保存，保存最长也不要超过半年。③低温干燥，温度低于 10～15℃，可保证添加剂比较稳定，保存较长时间；空气干燥，可以避免受潮发霉腐败等。④添加稳定剂帮助保存，向添加剂中加入少量抗氧化剂、防霉剂、还原剂、稳定剂，对于其贮存与保管是有益的。

三、常见的水产饲料添加剂

鱼饲料添加剂种类很多，各种添加剂的作用及生产也各不相同，下面介绍几种重要饲料添加剂。

（一）氨基酸

氨基酸作为鱼饲料添加剂，不仅可以作为重要的营养补充源，而且还是重要的水产饲料诱食剂，实践证明 L－氨基酸是鱼、虾、蟹等最有效的诱食剂。

某些氨基酸能使一些食物具有明显的香味，尤其是多种氨基酸混合时更是如此。单一的纯氨基酸按其味道可分为：

甜味：L—丙氨酸、甘氨酸、L—脯氨酸、L—苏氨酸、D—色氨酸、D—苯丙氨酸、D—组氨酸等。

酸味：L—天门冬氨酸、L—天门冬酰胺。

苦味：L—组氨酸、L—精氨酸、L—苯丙氨酸。

淡味：L—谷氨酸。

添加氨基酸诱食剂能够抑制鱼虾在发病或应激条件下的采食量下降，采食高营养的物质能够减轻鱼疾病的严重性。添加氨基酸诱食剂以后，可以提高采食量。

根据对虹鳟鱼的研究表明，只有α—氨基酸是最有效的，L—氨基酸通常比D—氨基酸效果更好，氨基酸的侧链增长及硫元素对虹鳟采食反应起着重要作用。

（二）藻类添加剂

藻类是一些水产动物的天然饵料，因为含有多种蛋白质、维生素、色素、微量元素及生长素等，也可以作为添加剂加入水产饲料中，可以起到多种单一类型的添加剂所不能起到的作用。

1. 促进生长，提高饲料使用价值

藻类的蛋白质含量较高，氨基酸较全面，碳水化合物含量丰富且易为水产动物所吸收。而且，藻类中矿物质种类多且含量高，并含有丰富的维生素和必需氨基酸，又因藻类中含有多种酶和未知生长因子，因此将适量的藻类添加到饲料中可以提高鱼类的生长率和饲料效率。

2. 改善鱼虾体色

藻类富含色素，特别是所含的类胡萝卜素具有着色作用。养殖过程中，由于长期向鱼虾投喂以生长为主要目标的饲料，导致鱼虾等失去应有的天然外观及味道，使其市场价值大打折扣。若在池中添加一些藻类，则可改善体色，提高其商品价值。加斑节对虾取食富含胡萝卜素的褐藻类以后，体色的色泽更深更鲜艳。

3. 节约蛋白质

藻类添加剂可以起到调节内部代谢机能的作用，促进水产经济动物脂质代谢，把从饲料中所获得的糖类、脂肪尽量用于能量代谢，而节约蛋白质用于机体构造，促进生长。

4. 提高抗逆能力

多数藻类含有免疫物质、抗菌、抗病毒物质，以及某些非蛋白性氨基酸，可以起到抗病、驱虫等作用。又因藻类含有抗应激因子，摄食后鱼虾能提高抗热应激和耐低氧能力。实验表明，高温季节添加藻粉对提高对虾抗热应激能力具有很好的作用。

（三）鱼粉

鱼粉是十分重要的水产饲料添加剂，也是整个饲料工业中不可缺少的部分。全世界鱼粉生产发展很快，用来加工鱼粉的原料鱼的比重也很大。20 世纪 50 年代有 14%的鱼用于加工鱼粉、鱼油，80 年代鱼粉产量也已达到年产 500 万～600 万吨。

现在世界鱼粉生产已形成了一个行业，有些国家把鱼粉加工出口作为渔业的支柱产业或国家的重要出口行业。秘鲁和智利是世界上最大的鱼粉生产国，鱼粉年产量分别达到 150 万～250 万吨，其国内消费仅占 3%～4%，95%以上用于出口创汇。而日本、美国虽然也大量生产鱼粉，但由于需求量大于生产量，仍需进口相当数量的鱼粉，是世界上最大的鱼粉进口国之一。

我国鱼粉生产起步较晚，在 20 世纪 60 年代后期，才在台湾开始有所发展，在 20 世纪 70 年代末期鱼粉生产才慢慢形成规模。由于生产规模小且需求量大，因此鱼粉也靠进口。近年来，由于先进加工技术设备的引进、研制，使鱼粉生产能力大大加强。

各国生产鱼粉的主要原料一般是利用个体小、食用价值低的海洋捕捞鱼虾，如鳀鱼、沙丁鱼等，以及鱼类加工业中的副产品。我国近年来主要用那些不能食用或食用加工开发有困难的鱼品下脚料和某些低值杂鱼生产鱼粉，马面纯、鳀鱼等作为主要原料。

鱼粉的生产加工包括蒸煮、压榨、干燥和粉碎四个过程。蒸煮可使蛋白质凝结成块，使水和脂肪从组织中游离出来，并有灭菌消毒的作用。经过蒸煮后的鱼，再经压榨就可分离出部分残留的水和脂肪，使鱼体成为压榨粉。经干燥后，压榨粉约含 90%以上干物质，其中蛋白质含量十分丰富。将上述干物质按规定的标准细度进行粉碎，再进行包装即可。压榨过程中流出的液体经离心作用后可分离出脂肪。制粉过程中的残液经蒸发干燥成 30%～50%的固形物，含有丰富的蛋白质，最后可添加压榨粉制成全鱼粉。由于技术、资源等原因，目前我国鱼粉生产成本较高，严重制约着我国鱼粉业的发展，同时也是造成我国鱼粉进口量居高不下的重要原因。

鱼粉中氨基酸含量较多，往往以营养性饲料添加剂的面目出现。其主要营养成分为：赖氨酸、蛋氨酸、维生素 A、维生素 D、维生素 B_{12} 等。鱼粉有丰富的营养成分，适当加入，可使水产饲料营养组成更加平衡，能够促进水产动物的生长发育，调节内部机能而增强其抗病力。鱼粉常呈棕红色或浅黄色以及青白色。具有海水咸腥味，呈肉松状。

（四）酵母

酵母也是一种品质优异的营养性添加剂，由于目前国产鱼粉质量不够稳定而且产量有限，其成本价格也不低，而进口南美鱼粉价格又太昂贵，因此常用酵母取代鱼粉作为鱼用配合饲料的蛋白源。酵母的营养成分完全可以替代鱼粉。

酵母是微生物的一种，其中营养物质有单细胞蛋白、氨基酸、脂肪、维生素、矿物质及生物活性物质等，其营养含量极其丰富，与鱼粉的营养含量相当。

测定表明，优质的饲料酵母，其体中活性酶的种类、数量、活性大都超过了鱼粉，酵母中氨基酸含量较高，尤其是限制性氨基酸比例适当；另外，酵母中维生素含量远高于鱼粉，且喂养鱼虾品种时消化率及其消化能、代谢能等均较高，与鱼粉相当，详见表 6-6。

表 6-6　饲料酵母与鱼粉营养价值比较

项目 营养成分	鱼粉	酵母
蛋白质(%)	60.5	52.5～61.6
蛋氨酸(%)	1.16	14.9～17.5
赖氨酸(%)	3.90	3.02～3.7
苯丙氨酸(%)	2.01	2.88～3.10
必须氨基酸总量(%)	23.8	28.1～31.3
可利用蛋白(%)	44.6～69.8	25.6～44
维生素 B_1(mg/kg)	—	914.75
维生素 B_2(mg/kg)	—	45.21

续表

营养成分＼项目	鱼粉	酵母
维生素 B_6(mg/kg)	—	41.50
胆碱(mg/kg)	39～78	38～24
维生素 A(mg/kg)	—	26.30
烟酸(mg/kg)	68.8	428
泛酸(mg/kg)	9.5	100
叶酸(mg/kg)	0.2	9.5
表观消化率(%)	68～89	76～79
生物价	72～95	74～80
总能(MJ/kg)	19	20
消化能	15	16
代谢能	14	15
α—淀粉酶(μg/g)	—	1080
β—淀粉酶(μg/g)	—	2200
蛋白酶(μg/g)	—	3220

（五）大豆卵磷脂

卵磷脂是一种存在于动、植物体内的磷脂，动物饲料中的卵磷脂主要是大豆中的，是加工大豆油的副产品。

1. 营养成分

大豆卵磷脂的主要成分有大豆油、磷脂胆碱、磷脂酰乙醇胺、糖等，其含量见表 6-7。

表 6-7　大豆卵磷脂营养组成

营养成分	卵磷脂含量(%)
大豆油	36
磷脂胆碱	16
磷脂酰乙醇胺	14

续表

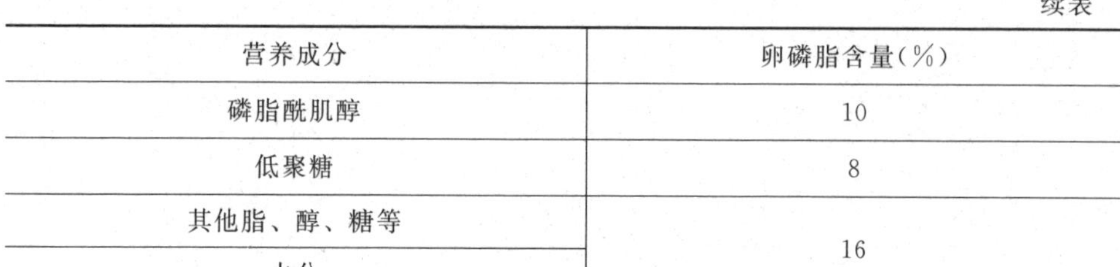

<table>
<tr><th>营养成分</th><th>卵磷脂含量(%)</th></tr>
<tr><td>磷脂酰肌醇</td><td>10</td></tr>
<tr><td>低聚糖</td><td>8</td></tr>
<tr><td>其他脂、醇、糖等</td><td rowspan="2">16</td></tr>
<tr><td>水分</td></tr>
</table>

2. 生理功效

由于大豆卵磷脂的丰富营养，因此各种水产养殖中均有应用。实践证明，它是一种很好的水产饲料添加剂，对于水产动物的生长、蜕皮、提高成活率等具有特殊作用。主要表现在以下几方面：①供应大量的高度不饱和脂肪酸；②改善颗粒饲料的物理结构，使之更容易为养殖对象所摄食，具黏性及可塑性；③对饵料中脂质的消化、吸收有促进作用；④对某些水产有吸引作用；⑤提供一些不明生长因子，促进生长发育；⑥可以吸附和暂时固定可溶性营养成分，防止流失。

使用大豆卵磷脂种类很多，但大多数商业性大豆卵磷脂往往因黏性及可塑性过强，而难以在常温下与配合饲料充分混合均匀。使用时常加热至75℃左右，然后用硅藻土或皂黏土等土壤作载体吸附，再进行混合。

在配合饲料中，大豆卵磷脂的添加剂量一般应保持在1%左右，但应视养殖品种及饲料配方而定。

第七章

鱼常见病害防控关键技术

第一节　病毒性疾病安全防控
第二节　细菌性疾病安全防控
第三节　真菌性疾病安全防控
第四节　原生动物疾病安全防控
第五节　蠕虫疾病安全防控
第六节　甲壳动物疾病安全防控
第七节　非寄生性疾病安全防控

第一节　病毒性疾病安全防控

病毒性疾病多发于季节更替(如草鱼病毒性出血病)、水质突变(如鳜鱼虹彩病毒病)、气温骤变(如对虾病毒病)等环境突变的情况下，也有与寄生虫病、细菌性疾病并发的情况。突发性强、死亡率高、难以治愈是病毒性疾病的重要特点。病毒病对鱼类造成危害很大，因病毒在机体细胞内增殖，所以使用常规药物难以做到有效治疗，通常的办法是使用免疫疫苗进行预防，也可通过投喂提高免疫力的药物(如穿梅三黄散、芪参免疫散等)进行预防，重要的是如何减少养殖过程中的环境胁迫，改善鱼类的生存环境。

一、草鱼出血病

草鱼出血病是鱼种培育阶段一种流行地区广泛、流行季节长、发病率高、死亡率高、危害性大的病毒性鱼病，对草鱼的养殖危害很大。

该病主要危害当年鱼种，从 2.5～15 cm 大小的草鱼都可发病，一足龄的青鱼也可发病，有时二足龄以上的大草鱼也患病。此病流行范围广，全国各地均有发生，主要流行于长江流域和珠江流域；流行季节长，集中流行于 6—9 月，水温在 27～30℃最为流行；发病率高，流行严重时，发病率在 30%～40%；死亡率高，通常可达 50%，最严重时在 90%以上。

(一)病程

草鱼出血病的潜伏期为 3～10 d，在此期间内，鱼的外表不显示任何症状，活动与摄食正常。潜伏期的长短与水温、病毒的毒力和侵入鱼体的病毒数量多少、鱼体的抵抗力、水环境等有密切关系。草鱼出血病的前趋期一般仅 1～2 d。此期病鱼体色发暗、发黑，离群独游，摄食减少或停止摄食。当病程到发展期，病鱼已经有了明显的机能、代谢或形状的改变，也称为高潮期，一般为 1～2 d，此期病鱼表现充血、出血症状，并死亡。

(二)症状

患病初期，病鱼食欲减退，体色发黑，尤其头部，有时可见尾鳍边缘褪色，好像镶了白边，有时背部两侧会出现一条浅白色带，随后病鱼即表现出不同部位的出血症状。口腔、上下颌、头顶部、眼眶周围、鳃盖、鳃及鳍条基部充血，有时眼球突出；剥除鱼的皮肤，可见肌肉呈点状或斑块状充血、出血，严重时全身肌肉呈鲜红色，这时鳃常贫血、发白而呈白鳃；肠壁充血和出血而呈鲜红色，肠内无食物；肠系膜及其周围脂肪、鳔、胆囊、肝、脾、肾也有出血点或血丝；个别情况，鳔及胆囊呈紫红色；当肌肉出血严重时，肝、脾、肾的颜色常变淡。

(三)诊断要点

根据临诊症状及流行情况进行初步诊断。外部症状一般微带红色，小鱼种在阳光或灯光透视下，可见皮下充血。将病鱼皮肤剥开，肌肉有的显示点状或块状充血，有的全身肌肉呈充血现象，鳃部贫血，出现白鳃，也可能出现鳃瓣呈斑状充血，但有的病鱼鳃部无此症状。内部器官的症状常见的是肠道充血，全肠或局部因充血而呈鲜红色，肠系膜和周围脂肪，也常伴有明显的点状充血，但肠道平滑肌一般仍完好，无腐烂或水肿等情况出现。

(四)疾病防控

从人工感染健康草鱼种的情况来看，病鱼的前趋期和发展期一般很短，若此时再予治疗，恐怕为时已晚。因此，该病一旦发生，通常意味着严重的经济损失，故要强调预防。

1. 预防

清除池底过多的淤泥，并用下列任何一种药物进行消毒：每亩用生石灰 200 kg、漂白粉(含有效氯 30%)13 kg、漂粉精(含有效氯 60%)7 kg、优氯净 7 kg、强氯精 7 kg。

鱼种下塘前，要严格消毒，可用每立方米水体加 500 mL 1%聚维酮碘溶液药浴 20 min。如果水的 pH 高，则需要加 600～1 000 mL，或用 10 mg/L 浓度的次氯酸钠处理 10 min。

加强饲养管理，进行生态防病，定期加注清水，泼洒生石灰或强氯精进行水体消毒，每亩水深 1 m 用生石灰 10～15 kg 或强氯精 150～200 g。

高温季节注满池水，以保持水质优良，水温稳定。投喂优质、适口饲料。

人工免疫预防：目前，比较有效的预防方法是用草鱼出血病灭活疫苗进行人工免疫预防，目前主要有两种方式进行免疫。①浸洗法。用尼龙袋充氧，以

0.5%浓度的草鱼出血病灭活疫苗，加浓度10 mg/L 莨菪碱，在20～25℃水温下浸泡3 h，免疫成活率可达78%～92%；也可用低温活毒浸泡免疫法，以草鱼出血病或弱毒作抗原，在13～19℃条件下浸泡草鱼种，保持25 d以上，可使草鱼种获得免疫力，成活率达82%。②注射法。当年鱼种注射时间为6月中下旬，6 cm以上草鱼即可注射。采用腹腔注射或背鳍基部注射，8 cm以上鱼种为0.3～0.5 mL；20 cm以上的，每尾注射疫苗1 mL左右。

免疫产生的时间随水温的升高而缩短，10℃时需30 d，15℃时20d，当水温20℃以上时只需4 d；免疫力可保持14个月以上。

药物预防：在流行季节，每月投喂下列药饵1～2个疗程，有一定的防制效果。①每100 kg鱼每天用0.5 kg大黄、黄芩、板蓝根(单用或全用均可)，再加0.5 kg食盐拌入饲料或制成颗粒料投喂，连喂7 d。②每万尾鱼种用大黄或枫香树叶0.25～0.5 kg，研成粉末，煎煮或用热开水浸泡过滤，与饵料混合投喂，连服5天。③金银花0.5 kg、菊花0.5 kg、大黄0.5 kg、黄柏1.5kg，共研成细末备用。每亩水面平均水深1 m，用上述细末0.75 kg，混合后，加水适量，全池泼洒。或者取金银花75 g、菊花75 g、大黄375 g、黄柏225 g，加水适量，煎煮15～20 min，加食盐1.5 kg，混合后，再加水适量，连液带渣全池泼洒。④植物凝血素(PHA)是一种非特异性的促淋巴细胞分裂素，可促使机体的细胞免疫功能，并调整体液免疫功能，因而对草鱼出血病有治疗效果。口服PHA后治疗草鱼出血病成活率可达90%，浸泡成活率可达60%。

采用养双季草鱼种的生态学预防方法，具体方法是：从5月下旬到7月底养成第一茬草鱼种，以草鱼为主搭配鲢鳙鱼。从8月初到10月为第二茬养殖，草鱼作为搭配鱼放养。放养密度要合理，规格大的可适当稀放，规格小的可适当放密些。因为在7月底前就已经养成第一季草鱼种，因而可以大大降低草鱼出血病的发病率。

2. 治疗

在疾病早期，外泼消毒药2～4次，同时内服药饵7～10 d，有一定的疗效。

第一，外用药下列方法任选一种：①每亩用2%二氧化氯700 mL，用柠檬酸盐活化后全池泼洒。②每亩用10%聚维酮碘0.2～0.5 mL，全池泼洒。

第二，内服药任选以下方法中的一种：①每100 kg鱼用大青叶、贯众各300 g，板蓝根、野菊花苗各200 g，对患红肌肉型和红鳍红鳃盖型出血病者另加金银花、连翘各200 g，对患肠炎型出血病者另加黄连、地榆各300 g，研粉或煎水拌料连喂 3 d，有一定的治疗效果。②每 100 kg 鱼用仙鹤草、紫珠草、大青叶各 500 g，海金砂 200 g，大黄与板蓝根各 800～1 000 g，磺胺嘧啶 10 g，将中草药捣碎煎煮成汁，与磺胺嘧啶拌匀，然后拌入饲料投喂，连喂 4～5 d。③每万尾鱼种用大黄粉 500 g，直接拌入饲料或水煎后拌入饲料投喂，连喂 4 d。

二、病毒性出血败血症

病毒性出血败血症，又名鳟鱼腹水病、埃格特维德病、肝肾肠道综合征、流行性突眼病、出血性病毒败血症、传染性贫血、传染性肾肿大和肝变性、传染性肾水肿和肝变性、新鳟鱼病、恶性贫血等。病毒性出血败血症是引起虹鳟等鱼类大批死亡的一种危害严重的鱼病。广泛流行于欧洲，是口岸检疫的第一类检疫对象。本病主要危害在低温季节淡水中养殖的虹鳟，身长 5 cm、体重 200～300 g 的商品鱼受害最严重，人工感染可使美洲红点鲑、河鳟、湖红点鲑、白鲑等发病。

（一）症状

该病的主要特征是出血，自然条件下本病潜伏期为 7～25 d。因症状缓急及表现差异，分急性型、慢性型和神经型 3 种类型。

1. 急性型

见于流行初期，表现体色发黑，眼球突出，眼和眼眶四周以及口腔上腭充血；鳃苍白或呈花斑状充血，肌肉和内脏有明显出血点；肝、肾水肿、变性和坏死，肾脏的颜色比正常的更红；肝呈暗红色，点状出血、瘀血；脾脏肿大；脾脏及肾脏中有很多游离黑色素。发病快，死亡率高。

2. 慢性型

病程长，死亡率较低，多在初期之后。鱼体变黑，眼球突出，鳃肿胀、苍白贫血，但很少出血。鱼体各处很少出血或不出血，并常伴有腹水，肝脏、肾脏、脾脏的颜色淡。

3. 神经型

多见于流行末期。表现运动异常，病鱼表现狂奔，或静止不动，或沉入水底，或旋转运动，或狂游甚至跳出水面。剖检一般无肉眼病变。发病率低，但死亡率高。

（二）诊断要点

1. 流行情况检查

虹鳟的鱼种和1月龄以上的鱼最易感染，死亡率高。水温14℃以下的冬末春初易暴发流行。急性型：发病快，死亡率高；体色褐黑，眼球突出；胸鳍基部、眼、眼眶、口腔上腭出血；鳃苍白、出血。慢性型：较急性死亡少，病程长，鳃贫血。神经型：旋转，猛游、跳水，腹壁收缩。

2. 病鱼活动状态的变化

病鱼昏昏沉沉，游动无力，回避水流，沿边游动，一些鱼不游动而沉于池底，靠近池边的鱼将头伸出水面，或以特殊性的角度悬于水中，进入晚期病鱼表现狂游，似有固定的环形游动路线，表现出极端过度的活动，病鱼一般不吃食。

3. 病鱼体态症状

病鱼体色发暗，失去正常光泽，有污秽感，胸鳍基部出血明显；眼球突出眼眶，被出血的组织所包围，眼球内出血；鳃表现苍白，呈现病灶性出血。慢性发病时症状加重，出现水肿。病鱼体后部显示不同程度的皱褶。

（三）疾病防控

1. 预防

(1)消除传染源，切断传播途径。①严格执行检疫制度，对引进的鱼卵必须进行检疫和消毒。最根本的措施是培育无病原种鱼，对发眼鱼卵用浓度为50 mg/kg的碘附浸泡15 min。②对于感染或发病的鱼坚决不外运。同时要彻底清除污染的新鱼。对鱼体要定期进行病毒检查，早期发现，早期采取防制措施。③发现疫情，应果断将鱼池中的病鱼销毁，并进行严格消毒。被污染鱼池每亩用强氯精300～500 g或生石灰100 kg干塘消毒，被污染的工具用2%福尔马林或pH为12.2的氢氧化钠水溶液消毒10 min。

(2)增强养殖鱼体质，提高养殖鱼抗病能力。①供给优质的饵料，定时定量投喂，科学合理地饲养管理。可通过投喂添加5 g/kg免疫多糖的饲料，连喂7 d，激活鱼类的免疫系统，提高鱼体的免疫力。另外，生物碱、酮类、有机酸等口服后也能有效激活鱼类的免疫系统。②加强水质管理，创建一个优良的养殖环境。养殖环境不良，不仅影响鱼的生长发育，也会降低鱼的抵抗力，容易感染多种疾病。

另外，在该病流行地区改养对此病毒抗病力强的大鳞大麻哈、银大麻哈鱼或虹鳟与银大麻哈鱼杂交的三倍体杂交种。

2. 治疗

刚开始发病时，可用聚维酮碘拌饵投喂，每千克饲料每天用有效碘 1.64～1.91 g，连喂半月，可控制病情发展。因本病在冬末春初水温在 8～15℃发生和流行，所以将养鱼池水温提高到 15℃以上，可有效地预防本病发生。大黄研成粉末，经煎煮或热开水浸泡过夜，以每万尾鱼 0.25～0.5 kg 的剂量拌饵投喂，对此病有一定的治疗效果。每千克饲料中加大黄、板蓝根各 200 g，煎水后拌饵投喂，连喂 7～10 d。

三、鲤鳔炎病

鲤鳔炎病，又名鲤鱼传染性腹水病，是鲤鱼的一种急性传染病，能够造成重大经济损失。由鲤鱼鳔炎病病毒引起，其特征为鱼鳔发炎。

（一）症状

病鱼消瘦，体色发黑，反应迟钝，失去平衡，头朝下，尾尖翘出水面。腹部膨胀，腹腔内有腹水；皮肤、肌肉、鳔、脑及心包上有瘀斑。解剖发现病鱼鳔壁组织发炎增厚，鳔内变得窄而小，充满黏液，严重时甚至鳔内充血，鳔壁坏死，并与周围脏器粘连。

（二）诊断要点

主要危害鲤鱼，尤其是鲤鱼种受害最为普遍。多发生于 6—7 月的夏季，发病水温为 15～20℃。病鱼体瘦，离群独游，反应迟钝，易失平衡，肚腹膨胀，肛门红肿。部分病鱼眼球突出，体色发黑。出现病状后很快死亡。解剖观察肉眼可见病鱼鳔壁明显充血，布满瘀斑，并发有腹膜炎。

（三）疾病防控

引进锦鲤苗种时应严格检疫，防止将带有病毒的鱼引入，流行地区改养对该病不感染的鱼类。感染初期，每千克饲料用 1～3 g 氟苯尼考拌饲投喂，每天一次，连喂 3～5 d，减少继发性细菌感染，可以减少死亡。

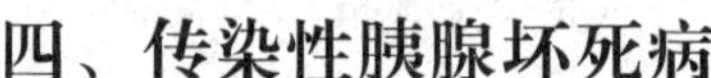

四、传染性胰腺坏死病

传染性胰腺坏死病(IPN)是鲑科鱼类鱼苗、幼鱼的一种高度传染性和急性病毒性疾病。此病危害对象主要为鲑科鱼类的稚鱼，大西洋鲑、虹鳟、北极红点鲑、棕鳟和几种太平洋大麻哈鱼类，还危害一些养殖的海水鱼类。

(一)症状

该病有急、慢性之分，急性型病鱼在几天内全部死亡，慢性型则每天持续少量死亡。患急性型的病鱼体色无大的变化，肛门拖一条灰白色黏液便，常忽然狂游、翻滚、旋转，一会儿沉入水底，一会儿又重复回转游动，直至死亡。发病迅急，一般从开始回转游动至死亡仅 1～2h。胸腹部呈紫红色，鳍基部及体表充血。

慢性型的病鱼体色变黑，眼球突出，腹部膨大，有腹水，鳍基部及体表充血、出血。病鱼常停于水底或分水口的网栅两侧，游动缓慢，不吃食。

(二)诊断要点

根据症状及流行情况进行初步诊断。首先，传染性胰腺坏死病主要危害溪鳟、虹鳟、银大麻哈鱼的鱼苗，较大的鱼可抵抗感染。病鱼激烈地水平旋转后下沉死亡，眼球突出，体表发黑，腹部膨胀。解剖病鱼内脏器官通常苍白，尤其是肠道没有食物，而有许多在5%～10%福尔马林中不凝固的黏液样物质，胰脏点状出血、坏死或透明状退化，这些可增加此病诊断的正确性。同时，还必须调查鱼卵、鱼种的来源，水源状况，发病史，这种方法可在现场紧急情况下且没有其他诊断方法时应用。

(三)疾病防控

此病治疗十分困难，应以预防为主。

1. 预防

(1)消除传染源，切断传播途径

①严格执行检疫制度，对引进的鱼卵必须进行检疫和消毒。对发眼鱼卵用浓度为 50 mL/kg 的碘附浸泡 15 min。②严格隔离病鱼，不可留作亲本，也不得将带病的鱼卵、鱼苗、鱼种和亲鱼引入或输出。③发现疫情，应果断将鱼池中的病

鱼销毁，并进行严格消毒。被污染鱼池每亩用强氯精 300～500 g 或生石灰 100 kg 干塘消毒，被污染的工具用 2%福尔马林或 pH 为 12.2 的氢氧化钠水溶液消毒 10 min。④在养殖池上用拉网等方法阻止鸟类和昆虫接近养殖池塘。

(2)增强养殖鱼体质，提高养殖鱼抗病能力

①供给优质的饵料，定时定量投喂，科学合理地饲养管理。可通过投喂添加 5 g/kg 葡聚糖或 5 g/kg 壳聚糖的饲料，连喂 7 d，激活鱼类的免疫系统，提高鱼体的免疫力。另外，生物碱、酮类、有机酸等口服后也能有效激活鱼类的免疫系统。②加强水质管理，创建一个优良的养殖环境。养殖环境不良，不仅影响鱼的生长发育，也会降低鱼的抵抗力，容易感染多种疾病。

另外，建立基地，培育无传染性胰脏坏死病毒的鱼种，严禁混养未经检疫的其他种类的鱼。用传染性胰脏坏死病灭活疫苗浸浴、口服或注射方法免疫易感鱼类的苗种。每 100 kg 鱼投喂 6 mg 植物血细胞凝集素，拌饲分 2 次投喂，间隔 15 d，对预防传染性胰脏坏死病有一定效果。

2. 治疗

本病尚无有效的治疗措施，疾病早期，外泼消毒药 2～4 次，同时内服颗粒饲料药饵 7～10 d，有一定的疗效。如已发病可试用以下方法。

(1)外用药

全池泼洒二氧化氯，每亩水体用药 700 g(先加柠檬酸活化)。

(2)内服药

①刚开始发病时，可用聚维酮碘拌饵投喂，每千克饲料每天用有效碘 1.64～1.91 g，连喂半月，可控制病情发展。②大黄研成粉末，经煎煮或热开水浸泡过夜，以每万尾鱼 0.25～0.5 kg 的剂量拌饵投喂，对此病有一定的治疗效果。③每千克饲料中加大黄、板蓝根各 200 g，煎水后拌饵投喂，连喂 7—10 d。

另外，有条件的地方，可通过降低水温(10℃以下)或提高水温(15℃以上)来控制病情发展。

五、鲤春病毒病

鲤春病毒病是春、夏季危害鲤鱼最常见、死亡率最高的一种疾病。由于该病潜伏期短，外部症状不明显、不典型，所以容易误诊并造成较大损失。鲤春病毒病只在春天气温上升时致病，故称鲤春病毒病，是一种急性、出血性、传染性病毒病，经常在鲤科鱼类特别是鲤、锦鲤中流行，引起幼鱼和成鱼死亡，危害

严重。

（一）症状

体色发黑，呼吸缓慢，侧游，腹部膨胀，腹腔内有渗出液，突眼，贫血，皮肤、鳃及各器官组织均有点状出血，尤以鳔的内壁为常见，肌肉当出血时呈暗红色，肝、脾、肾水肿，肛门发炎突出，造血组织坏死，肝脏及心肌局部坏死，肠被细菌感染，引起细菌性败血病。血红蛋白量减少，嗜中粒细胞及单核细胞增加，血浆中糖原及钙离子浓度降低。

（二）诊断要点

根据流行情况及症状进行初步诊断。①主要危害鲤鱼，发生于春季，水温13～22℃的情况下发病后大量死亡，死亡率高。②目检病鱼，濒死鱼身体发黑，呼吸缓慢，侧卧张口。眼球突出，肚腹肿胀，肛门红肿发炎，鳃苍白。

（三）疾病防控

该病可行的防制方法还只是实行严格的卫生管理和控制措施。该病的免疫疫苗大多处于实验阶段。因此，目前尚无有效的治疗方法，主要采取以下防控措施：①严格检疫，杜绝该病毒源的传入，特别是对来自欧洲的鱼种应进行检疫，以防带入本病病毒。②用消毒剂彻底消毒可预防此病发生，用含碘量 100 mg/L 的碘附消毒池水，也可用季铵盐类和含氯消毒剂消毒水体。③在鱼种越冬前和投放新池后，应施用对症有效的杀虫药物彻底杀灭寄生虫。越冬前应当加强饵料营养，饵料中可添加免疫多糖或某些抗病毒性的中草药，提高越冬鱼的免疫力，使养殖鱼强壮越冬。越冬后，尽早投喂，使越冬后的鱼尽快恢复体力。④控制水温，将水温提高到22℃以上可控制此病发生。目前鲤鱼苗种的放养大都在 3 月中旬至 4 月中旬之间，这虽有利于运输和分池，提高成活率，但也存在着新放池水偏瘦，水温偏低，鱼体受伤后易感染鲤春病毒病的缺点。因此，有条件的养殖户不如等到 4 月中旬以后，水温达到 20℃左右再分池或放养，这既不影响鱼种生长，在现有运输条件下又可保证运输安全，还避免了购买携带病毒鱼种的风险。⑤鱼体受机械损伤或被寄生虫侵袭而导致组织损伤时，感染鲤春病毒的机会将大大增加。在临床实践当中，患病鱼体往往被车轮虫、鱼鲺或指环虫等寄生。在分池和运输过程中，一定要谨慎操作，避免鱼体受伤。⑥治疗时，可内服抗菌药饵，在每千克饲料中添加土霉素 1 g、维生素 C 取 1 g 制成药饵，连喂 5～7 d，病情重时可加一个疗程。保留病愈的鲤鱼作为亲鲤，其子代有一定的免疫力。⑦可参照草鱼出血病内外结合防制的方法，有一定的效果。

第二节　细菌性疾病安全防控

由于鱼体皮肤能分泌黏液，鱼体内又有一定的免疫力，细菌通常难以侵入。但当水体中鱼类密度增加、水质条件恶化、饲养管理不当、鱼体有损伤、鱼类抵抗力降低时，细菌性鱼病也常发生和流行，造成鱼类大量死亡。

常见的细菌性疾病有烂鳃病、细菌性败血症等，致病菌多为条件致病菌，细菌性疾病的发生常与寄生虫寄生、水质或底质不良、机械损伤等有关。细菌性疾病常表现出较为明显的临床表现症状，死亡量大或不间断的持续死亡是其重要的特点，不论是在季节交替时还是在连续阴雨天气和高温养殖期经常发生。

一、细菌性败血症

流行季节一般是 4—10 月，流行高峰期是 6—8 月，高峰期水温是 25～35℃，可危害鲢鱼、鳙鱼、鲫鱼、鲤鱼、团头鲂等多种淡水鱼类。从鱼种到成鱼都可发病，但主要危害成鱼，一般大规格个体先于小规格个体死亡。淡水养鱼地区广泛流行，池塘、水库、网箱等水域均可发生此病。该病是我国流行地区最广、流行季节最长、危害养鱼水域类别最多、危害淡水鱼的种类最多、危害鱼的年龄范围最大、造成的损失最大的一种急性传染病。此病已经成为当前发展淡水养鱼生产的最大障碍。

据病情发展缓急、病程长短大致可分为急性型、慢性型、亚急性型 3 种类型。

1. 急性型

急性发病来势凶猛，死亡率高，在发病 1～2 d 后大批鱼类死亡，1 周左右死亡率下降，两天后停止死亡。该种类型主要发生在鲫鱼放养密度高、投饵较多、水质过肥、水质老化和池水透明度较小的池塘中。

2. 慢性型

慢性发病池，病程发展缓慢，死亡条数少，无明显高峰期，但发病时间长，累计死亡量高。

3. 亚急性型

亚急性发病池介于以上两者之间，发病时间也较长，无明显死亡高峰，时多时少，不够稳定。

发病原因主要有以下几方面：放养密度高，鱼病预防工作被忽视；池塘水质差，导致鱼体抵抗力下降；近亲繁殖，导致鱼种体质下降，防制效果差；过多投喂商品饲料，天然饵料少导致鱼体内脂肪过多，抵抗力下降，死亡率增高；养殖户缺乏防病意识，病鱼乱扔，导致天然水域病原体日益增多；在拉网过程中，消毒工作不到位，导致病原体入侵鱼体受伤部位，容易反复发作。

（一）症状

该病症状是疾病初发时，病鱼的颌部、口腔、鳃盖、体侧和鳍条基部出现局部轻度充血现象，此时，病鱼食欲减退。随后，病情迅速发展，上述症状加剧，体表各部位充血严重，部分鱼因眼眶充血而出现眼球突出，肛门红肿，厌食或不吃食，静止不动或发生阵发性乱游、乱窜，有的在池边摩擦，最后衰竭而死。剥去鱼皮，全身肌肉因充血而成红色；解剖后，腹腔内积有黄色或血红色腹水，肝、脾、肾脏肿胀，肠内没有食物，肠壁充血且半透明，肠道内充气且含稀黏液，肠被胀得很粗，因此鱼体显得粗宽，部分鱼鳃色浅，鳃丝末端腐烂，呈贫血症状。3—4 月，病鱼多表现为头、口腔、鳃盖、眼眶等部位以及体表两侧充血发炎。5 月以后多表现为鳃盖下缘、鳍基和内脏充血发炎。

因病程的长短、疾病的发展阶段、病鱼的种类及年龄不同，病原菌的数量及毒力不同，病鱼的症状表现多种多样。少数鱼甚至无明显症状即死亡。

（二）诊断要点

根据症状和流行情况进行初步诊断。如果除草鱼、青鱼外，鲫鱼、鲢鱼、鳙鱼等其他养殖鱼类都出现典型出血症状时，可初步判断为鱼类细菌性败血症。如果只有草鱼、青鱼有典型出血症状，同池的鲫鱼、鲢鱼、鳙鱼等其他养殖鱼类未发病，可初步排除鱼类细菌性败血症。

高温季节发病，且鱼种和成鱼均有发病，并不局限于鱼种，则可初步判定为此病。在病鱼腹水或内脏检出嗜水气单孢菌等致病菌即可确诊。

（三）疾病防控

目前尽管有多种治疗方法，但疾病一旦发生，经济损失比较大，故必须强调以防为主。

1. 预防

强调彻底清塘消毒，鱼池每年或隔年干塘、暴晒，注水前用生石灰清塘消毒，若难以干塘，则必须带水清塘。生石灰的用量为水深 1 m 时，每亩用 100～150 kg。

做好鱼种消毒工作。在成鱼塘放养鱼种时，鱼种在卖出单位或原鱼种塘内，每亩用漂白粉 800 g(含有效氯 30%)或强氯精 200 g 全池泼洒消毒一次。进入 6 月，每半月施放石灰水或含氯消毒剂。同时，内服诺氟沙星等抗菌药(用量为治疗量的 1/2)，混饲，每天一次，连服 3 d。

发病鱼塘要隔离，鱼桶和渔网要专用，网具和工具用后要进行消毒处理。死鱼捞起来不要乱丢，应集中坑埋。

2. 治疗

第一，外用药如体表和鳃部有寄生虫，应先用杀虫药将寄生虫杀死，隔天再用消毒剂。选择下列任何一种消毒剂均可：①强氯精或溴氯海因粉全池泼洒，每亩水深 1 m 用药 200～300 g，隔天再泼洒一次进行加强；②每亩水深 1 m 全池泼洒二氧化氯 700～1 400 mL 或用优氯净 300～350 g；③聚维酮碘全池泼洒，每亩用药 300～500 mL，隔天重复一次。

另外，治愈后第二天，全池泼洒生石灰，将池水 pH 调至弱碱性。

第二，内服药下列药物任选一种，治愈后仍需投喂 1～2 d。①每千克饲料中拌入恩诺沙星 2～2.5 g(或氟苯尼考 2～2.5 g)，连喂 5～7 d。②采用聚维酮碘制剂，每千克饲料中拌入 3 g 药剂，制成药料，全天投喂，连喂 5—7 d。③每千克饲料中加复方新诺明 2～3 g，连喂 3～5d，每天 2 次。④每千克饲料中加磺胺—6—甲氧嘧啶 2～3 g，连喂 4—6d ，第一天用药量加倍，每天投喂一次。

二、烂鳃病

本病为淡水鱼类养殖过程中广泛流行的一种鱼病。主要危害草鱼、青鱼、鲤鱼、鲫鱼、鲢鱼、鳙鱼、团头鲂等。该病流行时间为 4—11 月，6—9 月为发病高峰期，一般在水温 15℃以上时开始发生，在 15～30℃内，水温越高越易暴发

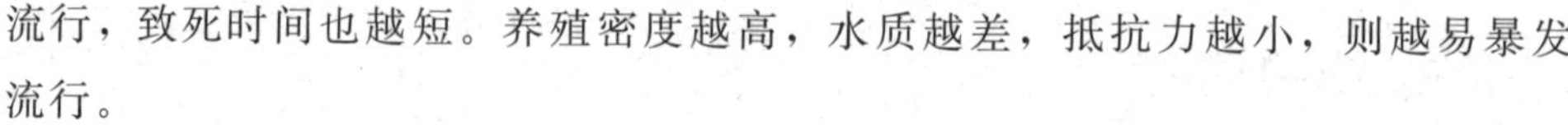

流行，致死时间也越短。养殖密度越高，水质越差，抵抗力越小，则越易暴发流行。

（一）症状

鱼行动迟缓、离群独游、体色发黑、头部尤重，故该病又称乌头瘟。对外界刺激的反应迟钝，呼吸困难，食欲减退。病鱼起始外观表现为鳃孔周围充血、胸鳍发红、轻压鳃部从鳃孔流出黏脏液，鳃丝黏液增多，部分黏液脱落，鳃丝顶部发黄，后鳃丝水肿，整条鳃丝溃烂，鳃盖骨内表皮充血，病鱼鳃丝腐烂带有污泥，中间部分常腐烂成一个圆形、不规则的透明小窗。因此，鱼常聚集在水车、增氧机周围或在池塘边静卧。鲤鱼、鲫鱼种患此病时鳃严重贫血呈白色，或鳃丝呈红白相间的“花瓣鳃”现象，常有蛀鳍、断尾情况。病鱼因器官溃烂而影响呼吸功能，从而导致死亡。肝脏、脾脏微肿、充血，肠道发炎，肾水肿。

（二）诊断要点

主要危害草鱼及青鱼(鱼种至成鱼)，鲤鱼、鲫鱼、鲢鱼、鳙鱼、团头鲂、鳗鱼、金鱼等也可发病。在水温 15℃时开始发生，至 30℃时随温度升高发病率越高。病鱼体色发黑，游动缓慢，呼吸困难。鳃盖内表皮充血发炎，中间常糜烂成圆形或不规则透明小窗，俗称“开天窗”。据以上临床症状及病理变化，可初步诊断为细菌性烂鳃病。

（三）疾病防控

1. 预防

在养殖之前，应做好清塘消毒工作，清除过多的淤泥，并用多种药物配合消毒，充分杀死塘中的各种致病源。选择优质健壮鱼种。

鱼种下塘前用 10 mg/kg 漂白粉水溶液，或每千克水体用 5 mg 漂粉精(或优氯净)溶液，或用 15～20 mg/kg 高锰酸钾水药浴 15～30 min，或用 2%～4%食盐水浸洗 10～15 min。在发病季节，每半个月泼洒一次生石灰水，用量每亩水深 1 m 用 10～15 kg，保持池水 pH 在 8 左右，需根据水的 pH 调整用量。每周每亩水深 1 m 用强氯精 200 g 全池泼洒一次，与生石灰交替使用(注意不可同时使用)。在发病季节，可使用中草药如大黄、乌桕、五倍子等扎成小捆放在池塘入水口处进行沤水，每天翻动一次。发病季节，在食场周围每周泼洒消毒药 1～2

次，消毒食场，用量视食场的大小及水深而定。一般泼漂白粉为250～500 g；如泼漂粉精、优氯净、强氯精，则用药量为漂白粉的一半。鱼池施用的粪肥应充分发酵腐熟后再施用。

2. 治疗

采用内服外用的方法，选用下面一种外用药和内服药配合使用。

(1)外用药

①全池泼洒优氯净，每亩用药200～250 g，隔天重复一次。②全池泼洒二氧化氯，每亩用药100 g，隔天重复一次。③全池泼洒聚维酮碘，每亩用药300～500 mL，隔天再泼洒一次进行加强。④每亩水深1 m用大黄1 500～2 500 g。先将大黄用20倍重量的0.3%氨水浸泡提效，再连水带渣进行全池均匀遍洒。

(2)内服药

①拌料投喂氟苯尼考，按每千克饲料1～1.5 g，每天一次，连用3～5 d。②每千克饲料每天用诺氟沙星1～2 g拌饵料投喂，每天一次，连喂5～7 d。③每千克饲料中加复方新诺明2～3 g搅拌均匀后，制成水中稳定性好的颗粒药饲投喂，连喂3～5d，每天上午、下午各投喂一次。④每千克饲料中加磺胺－6－甲氧嘧啶2～3 g，拌匀后制成水中稳定性好的颗粒药饲投喂，连喂4～6 d，第一天用药量加倍。每天投喂一次。⑤大蒜拌饲料投喂，每100 kg鱼每天用蒜头500 g捣碎拌饲，分上午、下午两次投喂，连喂3 d，加入等量食盐，可提高疗效。⑥每千克饲料用黄连60 g，百部、鱼腥草、大青叶各50 g，碾粉或煎汁拌入饲料中投喂，连喂3～5 d。⑦每千克饲料用鲜菖蒲1～1.5kg捣汁拌入饲料中投喂，饲料投喂量为鱼体重的1%左右，每天投喂1～2次，连喂3～6 d。⑧每千克饲料用五倍子、三黄粉、干辣蓼(三者比例为1∶5∶1.5)共40 g，粉碎混合，拌入饲料中投喂，每天一次，连喂3～4 d。

三、肠炎病

本病在草、青鱼中非常普遍，尤其是当年草鱼和一龄的草鱼、青鱼最易得病。此病常与烂鳃病、赤皮病并发，成为草鱼的三大主要病害。

(一)症状

该病症状是疾病早期除鱼体表发黑、食欲减退外，外观症状并不明显。剖检后，可见局部肠壁充血发炎，肠道中很少充塞食物。随着疾病的发展，病鱼常常腹部膨大，呈现红斑，肛门突出，从头部提起时，肛门口有黄色黏液流出。鱼体呈呆滞状，体肌做短时间的抽搐，不进食，粪便白色。剖开鱼腹，可见腹腔积水，肠壁充血发炎，轻者仅部分肠道出现红色，严重时全肠呈紫红色，肠内无食物，肠壁无弹性，轻拉易断，充有淡黄色的黏液和血脓。

（二）诊断要点

此病以腹部膨大、肛门外突红肿、轻压腹部有黄色黏液从肛门流出为特征。剖开鱼腹和肠管，肉眼可见肠壁充血、发炎，肠壁弹性较差，肠腔内没有食物，或仅在肠的后段有少量粪便，肠腔内有大量淡黄色黏液；用显微镜检查肠内黏液，可以看到变性、坏死脱落的肠上皮细胞和少量红细胞，大量细菌，即可初步诊断为此病。

（三）疾病防控

1. 预防

彻底清塘消毒，保持水质清洁。投喂新鲜饲料，不喂变质饲料，不投喂过饱，是预防此病的关键。选择优良健壮鱼种。鱼种下塘前用每立方米水中加高锰酸钾 15～20 g 的溶液药浴 15～30 min。合理放养和搭配比例。加强饲养管理，保持优良水质，夏季要增加水深，使水温变化较小，水温不可过高。掌握好投喂饲料的质和量。不可投喂变质饲料，食场周围定期消毒。发病季节适当控制投喂量。每 50 kg 饲料加大蒜 0.25 kg，韭菜 1 kg，食盐 0.25 kg 投喂 3～5 d 可有效预防；或每千克饲料每天加大蒜头 170g（必须在投喂前才将大蒜头捣碎，否则要严重影响效果）或大蒜素微囊 1.5 g 拌饲，制成水中稳定性好的颗粒药饲投喂，连喂 3 d 为一个疗程。或每千克饲料加干的地锦草、马齿苋、铁苋菜、辣蓼、火炭母、马鞭草、凤尾草等 170 g（合用或单用都可以），打成粉后，加 60 g 食盐，拌饲，制成水中稳定性好的颗粒药饲投喂，连喂 3 d 为一个疗程。如用鲜草，则地锦草、马齿苋为 850 g，铁苋菜、辣蓼、马鞭草、凤尾草为 680 g；或每千克饲料中加入穿心莲 700 g（新鲜的穿心莲 1 000 g 打成浆），再加食盐 60 g，拌饲，制成水中稳定性好的颗粒药饲投喂，连喂 3 d 为一个疗程。

2. 治疗

通常采用内服加外用的方法进行，选用下面一种外用药和内服药配合使用。在疾病早期，仅投喂内服药饲即可治愈，但在疾病严重时，必须同时外泼消毒药

1～3 次，才能取得理想的治疗效果。

(1)外用药

①每亩水深 1 m 全池泼洒漂白粉 700～800 g，或漂粉精 400 g，或强氯精 250～300 g，隔天重复一次。②每亩水深 1 m 全池泼洒优氯净 200～250 g，或二溴海因 300～350 g，或溴氯海因 300～350 g，隔天重复一次。③全池泼洒聚维酮碘，每亩用药 300～500 mL，隔天再泼洒一次进行加强。

外用消毒剂后 48 h 泼洒一次 EM 菌、光合细菌或枯草芽孢菌等微生物制剂改善外部环境。

(2)内服药

①投喂土霉素 50～80 mg/kg 鱼体重、维生素 C 1g/kg 鱼体重与大蒜浆 3 g/kg 鱼体重。②每千克饲料每天用诺氟沙星 1～2 g 拌饵料投喂，每天一次，连喂 5 d。③每千克饲料中加磺胺－6－甲氧嘧啶 2～4 g，拌匀后制成水中稳定性好的颗粒药饲投喂，连喂 4～6 d，第一天用药量加倍，每天投喂一次。④将大蒜头捣烂，制成每千克含 200 g 大蒜的药饵，每天投喂一次，连续投喂 3 d。⑤每千克饲料用鲜辣蓼草 1kg(干草 100～120 g)、地锦草 400 g(干草 60～80 g)切碎加水煮沸半小时取汁或将干草粉碎拌入饲料投喂，连喂 4 d。

内服药物结束后，使用酶制剂(加酶益生素)及光合细菌或乳酸芽孢菌等微生物制剂添加到饲料中投喂，增加肠道消化有益微生物总量，修复肠道内黏膜，调节机体内部的肠道环境，连用 5 d。

四、烂尾病

烂尾病主要流行于春夏及秋季，冬季发生少，发病季节大多集中于春季和立秋前后。通常在池塘淤泥过多，养殖水质较差，池塘施用未充分发酵的粪肥，在苗种拉网锻炼或分池、运输后，因操作不慎，尾部受损伤，或被寄生虫等损伤后，经皮肤接触感染。危害草鱼、罗非鱼、鲤、鳗等多种淡水鱼，可引起鱼种大批死亡；成鱼也患此病，但一般死亡率较低。

(一)症状

发病开始时，鱼的尾柄处皮肤变白，因失去黏液而手感粗糙。随后，尾鳍开始发炎、糜烂，并伴有充血。最后，尾鳍大部分或全部断裂，尾柄处皮肤腐烂，肌肉红肿，溃烂，严重时整个尾部烂掉露出骨骼。病鱼游动缓慢，呼吸困难，食欲减退，严重时停食，鱼体失衡。在水温较低时，常继发水霉感染。

（二）疾病防控

1. 预防

定期加注新水，保持良好水质，常开增氧机。避免鱼体受伤，及时发现和杀灭寄生虫。对水体定期消毒，用 30～40 mg/L 的生石灰全池泼洒，每 10 d 一次。

2. 治疗

采用内服外用的方法，选用下面一种外用药和内服药配合使用。

(1)外用药

①全池泼洒优氯净钠，每亩水深 1 米用药 200～250 g，隔天重复一次。②全池泼洒二氧化氯或二溴海因，每亩水深 1 m 用药 200 g，隔天重复一次。③用 0.5%～0.7%的食盐与土霉素 10～15 mg/L 浸洗病鱼 48 h。

(2)内服药

①每千克饲料用氟苯尼考 1～1.5 g(或甲砜霉素 1～1.5 g)拌饲投喂，每天一次，连用 3～5 d。②每千克饲料用复方新诺明 3 g，拌饲投喂，每天一次，连用 5 d。③每千克饲料中加磺胺－6－甲氧嘧啶 2～3 g，拌匀后制成水中稳定性好的颗粒药饲投喂，连喂 4～6d，第一天用药量加倍，每天投喂一次。

五、疖疮病

疖疮病又称瘤痢病，主要危害青鱼、草鱼、鲤鱼，鲢鱼、鳙鱼则不多见。在养殖密度较大，水中溶氧低，水质较差的鱼塘较易发生。此病无明显流行季节，四季都有出现，一般为散发性发生。此病通常发生于一龄以上的鱼，不引起流行病。我国各养殖地区均有发生，但发病率较低。

（一）症状

该病症状是鱼体躯干的局部组织上有一个或几个脓疮，通常在鱼体背鳍基部附近的两侧。病灶存在于皮下肌肉内，病灶内部肌肉组织溶解、出血、渗出体液，有大量细菌和血球。触摸有柔软浮肿感，隆起皮肤先是充血，以后出血，再发展到坏死、溃烂，形成溃疡口。

（二）诊断要点

背部病灶向外隆起，皮肤充血发红；用手触摸病灶有波动感，切开病灶有血脓流出，原有肌肉坏死、溶解；病灶自行破溃，则形成火山口样的溃疡。

(三)疾病防控

1. 预防

每亩水深 1 m 用含漂白粉 800～1 000 g，或 20%二氯异氰脲酸钠 200～400 g，或 30%三氯异氰脲酸粉 150～300 g，或 8%二氧化氯 100～300g 全池泼洒，15 d 一次。

每亩水深 1 m 用 8%溴氯海因，150～200g 全池泼洒，15 d 一次。

每亩水深 1 m 用 10%聚维酮碘溶液 400～800mL 全池泼洒，15 d 一次。

每亩水深 1 m 用五倍子 2 000 g，磨碎后煎水全池泼洒，15 d 一次。

每亩水深 1 m 用大黄 1 500～2 000 g，先将大黄用 20 倍重量的 0.3%氨水浸泡提效后，再连水带渣，全池泼洒，15 d 一次。

2. 治疗

采用内服外用的方法，选用下面一种外用药和内服药配合使用。

(1)外用药。①全池泼洒优氯净，每亩水深 1 m 用药 200～250 g，隔天重复一次。②全池泼洒二氧化氯或二溴海因，每亩水深 1 m 用药 200 g，隔天重复一次。

(2)内服药。①拌料投喂氟苯尼考(或甲砜霉素 1～1.5 g)，按每千克饲料 1～1.5 g，每天 1～2 次，连用 3～5 d。②每千克饲料每天用诺氟沙星 1～2g(或氧氟沙星 1 g，或氟甲喹 2 g)拌饵料投喂，每天一次，连喂 5～7 d。③每千克饲料中加复方新诺明 2～3 g 搅拌均匀后，制成水中稳定性好的颗粒药饲投喂，连喂 3～5 d，每天上午、下午各投喂一次。④每千克饲料中加磺胺－6－甲氧嘧啶 2～3 g，拌匀后制成水中稳定性好的颗粒药饲投喂，连喂 4～6 d，第一天用药量加倍。每天投喂一次。

第三节 真菌性疾病安全防控

淡水鱼类真菌性疾病是由真菌感染淡水鱼引起的疾病。水霉病、鳃霉病是常见的真菌性疾病。一般情况下，真菌性疾病的发生常与机械损伤、适宜的水温等密切相关(如水霉病)，有时也因细菌感染而继发感染真菌病(如鳃霉病)。真菌不仅危害淡水鱼类的幼体和成体，也危害鱼卵。目前真菌性疾病尚无理想的治疗方案，主要是进行预防和早期治疗。

一、水霉病

水霉病俗称肤霉病、白毛病、长毛病。此类霉菌存在于淡水水域中，它们对温度适应范围很广，在我国各养鱼地区都有流行。

在晚冬和早春，水温 15～20℃时发病最严重，长江中下游流域一般在 2—5 月为鱼种发病时间，4—6 月则为鱼卵发病季节。并塘越冬池中的鱼，春季清瘦水体中的鱼，处于饥饿状态下的鱼和低温冻伤的鱼最易患水霉病。春季投放鱼种时，如果操作不当引起鱼体受伤，也会引起水霉病暴发。感染后的死亡率以成鱼较低，苗种较高，鱼卵为最大，常导致淡水鱼人工繁殖的失败。

与烂鳃病、赤皮病并发，成为草鱼的三大主要病害。

（一）症状

鱼感染水霉病的典型症状是：鱼体受伤处长满白色或灰白色的水霉菌丝，如旧棉絮状，病鱼焦躁不安，运动失常，皮肤黏液增多。水霉菌最初寄生时，一般看不出病鱼有何异常症状，当看到明显病症时，菌丝体已侵入鱼体伤口较深部位，并向外大量生长，使皮肤溃烂、组织坏死。同时，随着病灶面积的扩大，鱼体负担过重，开始出现运动失常、食欲减退、鱼体消瘦，最终病鱼因体力衰竭而死亡。感染了菌丝的鱼卵，内菌丝侵入卵膜，外菌丝穿出卵膜，使卵变成一灰白色小绒球，严重时造成大量死亡。

（二）诊断要点

根据鱼的活动和摄食情况，感染了水霉的病鱼和鱼卵，由于外菌丝长满成棉絮状，肉眼观察鱼体或鱼卵上的白毛症状即可作出诊断。水霉的感染往往是由于鱼体受伤后，细菌和寄生虫侵入而发炎引起的。掌握这一特征，更有利于辨认鱼病病状而正确确诊。必要时用显微镜检查菌丝体。在诊断虾蟹疾病时，要注意将纤毛虫病与水霉病区分开来，在显微镜下，纤毛虫是运动的活体。

（三）疾病防控

1. 鱼卵水霉病的预防

加强亲鱼培育，提高鱼卵受精率。选择晴朗天气进行繁殖。产卵池及孵化用具清洗干净，用0.3%福尔马林溶液浸洗产卵鱼巢20 min，或用1%～3%食盐溶液浸洗产卵鱼巢20 min，或用0.5%的硫酸铜溶液浸洗产卵鱼巢10～30 min，或用高锰酸钾溶液或漂白粉溶液浸洗消毒后再用。受伤的亲鱼，可直接在伤口上涂抹高浓度的甲紫或高锰酸钾，防止水霉病感染。孵化过程中，应多次用亚甲基蓝(3 mg/L)或制霉菌素(60 mg/L)浸泡处理。

2. 鱼类水霉病的预防

除去池底过多淤泥，每亩用生石灰100 kg(或1 g漂白粉)进行消毒，可以减少此病的发生。入池前用3%～5%的食盐水浸浴鱼种8～10 min。越冬鱼塘水深保持在2m以上。在春季放鱼种过程中，操作要尽量仔细，勿使鱼体受伤。加强饲养管理，提高鱼的免疫力。每100 kg鱼用0.1～0.2 g维生素C拌料投喂，每天喂2次，连喂3 d，可以有效提高鱼体抵抗力。

3. 鱼类水霉病的治疗

发现该病时迅速排出池水，注入清水(排注水量每次为20 cm)，或将鱼迁移至水质清新的池塘或流动的水域中。每亩水深1 m用高聚碘100～150 g(或硫醚沙星300 g)，全池泼洒。每亩水深1 m用全池泼洒小苏打400 g与二溴海因200 g的合剂进行治疗，或者使用250 g的硫醚沙星全池泼洒同样有显著疗效。用4%的食盐和4%小苏打合剂全池泼洒，每天一次，连用2 d。不过，早期治疗效果较好，而后期治疗效果不大。每亩水深1m用五倍子1 kg磨碎，煎水后加盐0.5～1 kg全池泼洒，每天一次，连续3 d。

二、丝状细菌病

丝状细菌病主要是由水质污染造成的，主要危害虾蟹类的苗种。

(一)症状

丝状细菌附着在虾、蟹幼体的附肢、眼、甲壳、鳃上，对幼体的危害主要是机械的作用，少量附生时，外表看不出；只有当大量附生时，才引起幼体分泌大量黏液，影响呼吸、活动、摄食、蜕皮，直至死亡。有时鳃呈黑色。

(二)诊断要点

主要对虾卵和幼体及越冬亲虾感染，取卵或幼体及亲虾的鳃组织制成水封片，在显微镜下观察，发现大量丝状细菌即可确诊。

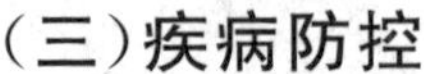

（三）疾病防控

1. 预防

彻底清塘消毒除害，保持底质干净，水质清洁良好。投喂优质饲料，减少残饵，防止有机碎屑污染。养殖中后期，每亩用 10～20 kg 的生石灰水全池泼洒，每 5 d 泼洒一次。

2. 治疗

发病时，最好的方法是加大换水量，因为在药物的有效浓度下幼体一般忍受不了；用 2.5～5 g/m^3 的高锰酸钾溶液药浴 4 h；人工育苗期间，可每亩用高锰酸钾 3 kg 溶解后全池泼洒，连用 2 d，6 d 后大换水；每亩用苦楝枝叶 15 kg 煮水全池泼洒，5～6 h 后换水，连用 2～3 次；泼螯合铜，每亩水体用 70 g 铜离子，药浴 24 h(流水)；或每亩水体 140～200 g 铜离子，药浴 2～6 h(静水)或泼氯化铜 700 g。

三、镰刀菌病

镰刀菌在土壤、淡水和海水中广泛存在，可危及植物、低等动物直到哺乳动物，甚至人都可被感染患病，引起大量死亡。同时，镰刀菌产生的色素中含有毒物质，人或牛、羊吃后，往往引起中毒。镰刀菌病在世界各地都有发生。

镰刀菌病对淡水鱼类的危害，目前知道主要是危害加州鲈，严重时可引起大批死亡，尤其是当并发细菌病及固着类纤毛虫病时，危害就更严重。网箱养殖及越冬池中高密度养殖时，镰刀菌病更易发生。除此之外，此病在虾类中发病率较高，也称全身性败血病、霉菌性黑鳃病、镰孢菌病。镰刀菌是一种条件致病菌，当对虾由于创伤、摩擦、化学物质或其他生物的伤害后，病原体才能趁机侵入，逐渐发展成为严重的疾病，引起宿主死亡。分布的地区几乎是世界性的。在我国有些地区人工越冬的中国对虾亲虾曾因此病引起大批死亡。此病是一种慢性病，在养成期的对虾上尚未发现有此病发生。

（一）症状

镰刀菌病病鱼的头部、背部、背鳍及尾部的表皮开始时充血发炎，接着发生溃烂，长出大量细小的丝状物，形似水霉状；此时常并发细菌及固着类纤毛虫感染，更加速病情恶化，严重时病鱼溃烂处的骨骼外露而死亡。

镰刀菌多寄生在病虾头胸甲鳃区、附肢、体壁和眼球等处的组织内，被寄生处的组织有黑色素沉淀而呈黑色。寄生于鳃部时引起鳃组织坏死变黑。中国对虾越冬亲虾头胸甲、鳃区感染镰刀菌后，甲壳坏死、变黑、碎裂、脱落。黑色素沉淀是对虾组织被真菌破坏后的保护性反应。

（二）诊断要点

诊断根据症状，并用显微镜检查，发现病灶处有大量镰刀菌寄生，即可作出诊断。

（三）疾病防控

1. 预防

彻底清塘。鱼种和虾苗放养前用消毒剂对水体进行严格消毒。捕捞、运输过程中严防动物受伤。如果受伤，可用 3%～5%的食盐水浸浴鱼 8～10 min。

2. 治疗

无理想方法治疗，可试用下列方法：全部换水或将虾移到经严格消毒的池中。进水要过滤，然后用三氯异氰脲酸(每亩水深 1 m 洒 200 g)全池泼洒，起预防作用。发现患病鱼虾后，立即用制霉菌素药浴，浓度为 60 mg/L，药浴 3 h 之后换水。1 d 后检查病情，决定是否连续治疗。每亩水深 1 m 用 10%聚维酮碘溶液 400～800 mL 全池泼洒。

四、链壶菌病

在虾、蟹育苗地区都有发生，主要危害卵及幼体，尤其是溞状幼体，在发现患链壶菌病后，如不及时采取措施，全池幼体在 1～2 d 内将全部死亡。

（一）症状

虾类在疾病早期，幼体体内无明显可见的菌丝体，但幼体不泼，腹部常弯曲、抽搐状，有时在体表可看到附着的孢子。疾病严重后幼体呈灰白色、不透明，不吃食，趋光性差，活动能力明显下降，散游于水的中下层，重者沉于池底。被链壶菌感染的卵及幼体，在显微镜下可看到弯曲、分枝的菌丝，在疾病早期看不到排放管和顶囊，严重时菌丝可穿出体表呈绒毛状。在幼体死后，菌丝很快充满全身组织，并产生动孢子、排放管和顶囊。严重感染的卵体积较小，不透明，呈褐色或淡灰色，卵不能孵化。

链壶菌寄生在蟹类的卵和幼体中，受感染的卵初期在显微镜下可看到幼小的菌丝，到严重时卵内充满菌丝，变为不透明，菌丝甚至可伸出卵膜以外成为绒毛状。蟹腹部所抱的卵块，如果健康的卵为橘黄色时，受感染的卵呈褐色；如果健康的卵块为褐色或黑色时，受感染的卵则为浅灰色。受感染的卵块一般比正常卵块小。真菌一般仅侵害卵块表面的卵，不穿入内部的卵。受感染的幼体身体衰弱，活动能力减低，最后停止游泳，身体逐渐变白，不久死亡。死后的幼体体表也可生出绒毛状菌丝。

（二）诊断要点

根据症状可初步诊断，虾蟹卵和幼体表面充满白色菌丝体。如果需进一步鉴定病原，可将带有菌丝的卵和幼体放在琼脂培养基上培养后进行鉴定。

（三）疾病防控

1. 预防

最好采用微流水生态育苗。对沉淀池、育苗池及工具进行认真的洗刷，并用二氧化氯或聚维酮碘消毒。

2. 治疗

下列方法任选一种：用浓度为 5 mg/L 的高锰酸钾溶液药浴 30 min。用亚甲基蓝溶液全池泼洒，使池水药物浓度呈 0.01～0.02 mg/L，24 h 施药一次，连泼 2～3 d。将水位降低后，每立方米水体中放制霉菌素 100 g，药浴 1～1.5 h 后再加满池水，隔 1h 后进行大换水。

第四节　原生动物疾病安全防控

一、隐鞭虫病

此病是由原生动物寄生虫引起的侵袭性鱼病。隐鞭虫病对寄主无严格的选择性，池塘养殖鱼类均能感染。能引起鱼生病和造成大量死亡的主要是草鱼苗种，尤其在草鱼苗阶段饲养密度大、规格小、体质弱，容易发生此病。每年 5—10 月流行。

（一）症状

病鱼鳃部无明显的病症，只是表现为黏液较多。当鳃隐鞭虫大量侵袭鱼鳃时，能破坏鳃丝上皮和产生凝血酶，使鳃小片血管堵塞，黏液增多，严重时可出现呼吸困难，不摄食，离群独游或靠近岸边，体色暗黑，鱼体消瘦，以致死亡。

（二）诊断要点

病鱼鱼体发黑，消瘦，反应迟钝。虫体寄生于鱼鳃部时，鳃丝红肿，黏液增多，鳃上皮细胞被破坏，往往并发细菌性鱼病而大量死亡。虫体寄生于鱼体表时，鱼体表黏液增多，鱼体不安，生长速度缓慢，逐渐消瘦而死。

（三）疾病防控

彻底清塘消毒，消灭病原体。在流行季节，用硫酸铜和硫酸亚铁合剂在食场上挂袋。每袋装硫酸铜 100 g、硫酸亚铁 40 g，挂药 3 d 为一个疗程，每天换药一次。鱼种入池前，每升水用 100 g 硫酸铜和硫酸亚铁合剂（5∶2）给鱼种洗浴，可以预防此病。发病鱼池，每亩水深 1 m 用 500 g 硫酸铜和硫酸亚铁合剂（5∶2）全池泼洒。

二、艾美虫病

艾美虫病也叫球虫病，全国各主要水产养殖区均有发现。艾美虫病发生于多种淡水鱼和海水鱼中。我国危害较大的是寄生在青鱼肠内的青鱼艾美虫，主要危害一至二龄青鱼。主要流行于江苏、浙江两省的热天，流行季节为 4—7 月，特别是 5—6 月，水温在 24～30℃时最流行。

（一）症状

病鱼的鳃部贫血，呈粉红色。剪破肠道，明显可见肠内壁形成灰白色的结节，病灶周围的组织呈现溃烂，致使肠壁穿孔，肠道内有荧白色脓状液。严重时，病鱼体色发黑，失去食欲，游动缓慢，腹部膨大，鳃苍白色。剖开腹部，肠外壁也出现结节状物，肠外壁明显可见肠壁溃疡穿孔，肠管特别粗大，比正常的大 2～3 倍。

（二）诊断要点

根据症状及流行情况进行初步诊断，确诊需用显微镜进行检查，因患黏孢子虫病等也可引起同样症状。前肠肠壁上有许多小结节，将小结节取下，置于显微镜下检查。

（三）疾病防控

1. 预防

放养前要彻底清塘。除一般预防方法外，利用艾美虫对寄主有选择性，可采取轮养的办法来进行预防，即今年饲养青鱼的塘患艾美虫病后，明年改养其他鱼。

2. 治疗

寄生在肾脏等其他器官组织的艾美虫，至今尚无有效的治疗方法。寄生在肠道内的，可以采用以下治疗方法进行治疗：每千克饲料用硫黄粉 20 g 制成药饵投喂，每天一次，连用 4 d；每 kg 饲料用碘 0.5 g 制成药饵投喂，每天一次，连用 4 d。

三、锥体虫病

锥体虫病在全国各地都有发生，由水蛭进行传播，目前感染率和感染强度都不高。我国淡水鱼发现有锥体虫有 30 余种，草鱼、青鱼、鲢鱼、鳙鱼、鲤鱼、鲫鱼、鳊鱼等主要饲养鱼类血液中均有发现。锥体虫病流行甚广，无论是饲养鱼类还是野生鱼类均有寄生，一年四季均有发现，尤以夏、秋两季较普遍。病鱼身体瘦弱，严重感染时有贫血现象，但不会引起大批死亡。

（一）症状

病鱼精神委顿，摄食减少，身体瘦弱，离群独游，游动迟缓，或停于网箱边角，浮于水面，呼吸困难，如缺氧表现，随着病情的发展，病鱼上浮数量增多，食欲消退、停边不动。如昏睡状，体质消瘦，对外界的刺激无反应，人为惊吓也不潜入水下。初期病鱼，严重感染时鱼体贫血，但不会引起大批死亡。

（二）诊断要点

诊断方法是用吸管由鳃动脉或心脏吸一小滴血，置于载玻片上，加适量的生理盐水，盖上盖玻片，在显微镜下观察，可见锥体虫在血球间活泼而不大移动位置的跳动。

（三）疾病防控

1. 预防

用生石灰等药物彻底清塘。用 2%～5%盐水浸洗鱼体 10～15 min。用敌百虫毒杀水蛭，防止锥体虫通过水蛭传染给鱼。不从疫区购进鱼种。

2. 治疗

由于锥体虫寄生于血液，治疗上非常困难，常规药物无法将其杀灭，因此目前无相应药物使用。

四、鲢鱼碘泡虫病

鲢鱼碘泡虫病又称白鲢疯狂病、疯刀儿。全国各地均有发现。流行于华东、华中、东北等地的江河、湖泊、水库。特别是较大型水体更易流行。无明显的流行季节，以冬、春两季为普遍。以鱼苗至成鱼均可患此病，死亡率高。主要危害草鱼夏花，感染率高达 100%，死亡率达 80%。

（一）症状

病鱼极度消瘦，体色暗淡丧失光泽，尾巴上翘，在水中狂游乱窜，打圈或钻入水中又反复跳出水面似疯狂状态，失去正常活动和摄食能力，终至死亡。有的侧向一边游泳打转，失去平衡感和摄食能力死亡。慢性病鱼呈波浪形旋转运动，形似极度疲乏，无力游泳，食欲减退，消瘦。病鱼的嗅球和脑颅的拟淋巴液在显微镜下压片观察，可见大量成熟孢子或单核的营养体。剖开鱼腹，肝、脾萎缩，腹腔积水，肠内无物，肉味腥臭，丧失商品价值。

（二）疾病防控

采用干法清塘为好，每亩用 120～150 kg 生石灰或石灰氮，100 kg 彻底清塘杀灭淤泥中的孢子，减少病原的流行。鱼种放养前，用 1 m^3 水放 500g 高锰酸钾充分溶解后，浸洗鱼种 30 min，能杀灭 60%～70%孢子。

冬片鱼种在放养前 1 m^3 水体用 500 g 石灰氮悬浊液浸洗 30 min，能杀灭 60%～70%的鲢鱼碘泡虫孢子。6—9 月，可每立方米用 5～10 g 粉剂敌百虫每

15～30 d 喷洒一次，以杀死营养体阶段的孢子。

第五节 蠕虫疾病安全防控

一、指环虫病

主要危害鲤科鱼类中的鲢鱼、鳙鱼及草鱼，各种水体中的鱼类都会感染，但只有在感染强度比较大时才会患病，流行于春末夏初。

（一）症状

指环虫少量寄生时没有明显症状，大量寄生时，病鱼鳃组织损伤，鳃丝肿胀、贫血、出血，全部或部分苍白色，鳃丝上有斑点状瘀血，呈花鳃，鳃上有大量黏液。鱼苗或小鱼种患病严重时，由于鳃丝显著肿胀，鳃盖张开，其中以鳙鱼更为明显。病鱼极度不安、跳跃，上下窜动，狂游，接着游动缓慢，呼吸困难，上浮水面而死。水库中越冬后的鲢鱼患病时，还常伴有鱼体消瘦，眼球凹陷，体表无光泽及严重贫血。

（二）疾病防控

1. 预防

干法清塘，每亩用生石灰 100 kg。鱼种放养前可用 20 mg/L 高锰酸钾溶液浸洗 15～30 min，杀死鱼种上寄生的指环虫。夏花鱼种放养前宜用每立方米水 1g 晶体敌百虫浸洗 20～30 min，可较好地预防指环虫病。

2. 治疗

用 20 mg/L 高锰酸钾溶液浸洗 15～30 min。10%甲苯达唑溶液，每亩用 80～100 g(以甲苯达唑汁)全池泼洒，同时每 100 kg 鱼用甲苯达唑 5 g 拌料投喂，连用 3 d，但此法不适用于斑点叉尾鮰和大口鲶。每亩水深 1 m 用 150～300 g 浓度的晶体敌百虫(含量 90%以上)或含 2.5%敌百虫粉剂 700 g，全池遍洒，可治疗养殖鱼类的指环虫病。晶体敌百虫和面碱(碳酸钠)合剂(1∶0.6)全池泼洒，用量为每亩水深 1 m 70～150 g，或用每升水 20 g 高锰酸钾浸洗病鱼，水温 10～20℃时浸洗 20～30 min，水温 20～25℃时浸洗 15～20 min，水温 25℃以上时浸洗 10～

15 min。

二、血居吸虫病

世界性鱼病，我国流行于春末夏初，主要危害鲢鱼、鳙鱼和团头鲂的鱼苗、鱼种。

（一）症状

血居吸虫寄生于血液中，当寄生数量少时，往往症状不明显。当大量感染时，因成虫大量排卵，卵随血液到达鳃和其他内脏器官，由于幼鱼的鳃微血管狭小，当虫卵大量堆积时，造成机械性堵塞，致使血液循环受阻，鳃丝苍白或局部充血，当毛蚴钻出时，可使血管破裂或坏死。鱼苗发病时，鳃盖张开，鳃丝肿胀，病鱼表现为打转、急游或呆滞等现象，很快死亡，此为急性症状。若虫卵过多地累积在肝、肾、心脏等器官，则这些器官机能受到损伤，表现出慢性症状，病鱼腹部膨大，内部充满腹水，肛门出现水泡，全身红肿，有时有竖鳞、眼突出等症状，最后衰竭而死。病鱼瘦弱，离群独游，时而在水面浮头，严重时还可造成大批死亡。

（二）诊断要点

根据症状和流行情况初诊。确诊需要实验室鉴定。

（三）疾病防控

1. 预防

鱼池进行彻底清塘，消灭中间寄主；进水时要经过过滤，以防中间寄主随水带入。已养鱼的池中发现有中间寄主，可在傍晚将草扎成数小捆放入池中诱捕中间寄主，于第二天清晨把草捆捞出，将中间寄主压死或放在远离鱼池的地方将它晒死，连续数天。一龄以上的饲养池中混养吃螺的鱼类，以减少和消灭螺。根据血居吸虫不同种类对寄主选择的特异性，可采取轮养的方法。

2. 治疗

尚无有效方法。可每万尾鱼种，在饵料中拌入 90%含量的晶体敌百虫 15～20g 投喂，每天一次，连喂 5 d。

第六节　甲壳动物疾病安全防控

一、中华鳋病

中华鳋病又名鱼鳃蛆病。该病在我国流行甚广，北起黑龙江，南至海南均有发生。在长江流域一带从每年的 4—11 月是中华鳋的繁殖时期，5—9 月流行最盛。

（一）症状

当轻度感染时一般无明显的病症。严重感染时病鱼呼吸困难，焦躁不安，在水表层打转或狂游，尾鳍上叶常露出水面(故又称翘尾巴病)，最后消瘦窒息而死。中华鳋在摄食时，口中分泌酶溶解组织，进行肠外消化，因而寄生部位鳃丝肿大，黏液增多，或因受细菌感染而局部发炎。鲢中华鳋也可在鳃耙上寄生。

（二）诊断要点

用镊子掀开病鱼的鳃盖，沿其鳃边缘剪去，肉眼可看到鳃丝末端内侧上乳白色的虫体。

（三）疾病防控

生石灰彻底清塘，杀灭虫卵、幼虫和带虫者。根据鳋对寄主的选择性，可采用轮养的方法进行预防。

二、鲺病

鲺病国内外都有流行，淡水鱼及咸淡水鱼均受害，从稚鱼到成鱼均可发病，鲺病在广东等温暖地区，一年四季均可流行；在江浙一带 5—10 月流行，长江流域在 5—8 月流行。

（一）症状

鱼体被鲺寄生后，常表现出极度不安，在水中狂游或跳出水面，食欲也大大降低，鱼体逐渐消瘦。对幼鱼危害严重，常引起大量死亡。鲺的口器刺伤皮肤，同时会分泌毒液，对鱼体刺激性较大，致病菌乘机侵入体内，造成体表溃烂，加速死亡。3 cm 以下的幼鱼体表寄 2～3 只鱼鲺便会死亡，成鱼的抵抗能力要好一些。

（二）诊断要点

鲺的虫体大，用肉眼检查即可作出诊断。当鲺吸附在鱼体时，因其颜色与寄主接近，易被忽略，要仔细观察。也可将鱼放入向瓷盘中，有的鲺暂时脱离鱼体进入水中便于观察。但要注意，只有少量鲺寄生，尤其是对较大的鱼，一般危害不大，应进一步仔细检查其他病因。

（三）疾病防控

彻底清塘，可杀死水中的鲺成虫、幼虫和卵块。鱼种下塘前用 20 g/m^3 的高锰酸钾溶液浸洗 10～20 min。每亩 1 m 深水体用马尾松 20 kg 扎成数十把，放入进水口及池四周浸泡，有预防作用。每亩用樟树叶 20 kg，捣烂后连液带渣泼入池中，有灭鲺作用。用蒿筒根扎成数把，放入鱼池入水口及四周浸泡，有防制作用。

第七节 非寄生性疾病安全防控

一、机械损伤

在水产养殖过程中，捕捞、运输等生产活动常因工具不当和操作不慎等造成脱鳞、折鳍、皮肤及肌肉碰伤、擦伤，尤其水中爆破，因强烈的振动、破坏水产动物神经系统，使其呈麻痹状态，丧失正常的活动能力，漂浮于水，甚至死亡。在生产操作和运输中易造成鱼体皮肤擦伤、裂鳍等机械性损伤，继发细菌感染和霉菌感染，并以烂鳍和生长水霉为主要症状。

因水产动物生活于水环境的特殊性，难以敷药、包扎，因此最易被病原生物入侵而继发感染，治疗十分困难。因此，在生产上以预防为主，其主要预防措施是：在拉网锻炼、捕捞、运输中要细心操作，并尽量减少捕捞和长途运输；使用适当的工具，避免由工具引起的损伤；出苗时，暂养时间不要过长，并尽可能降低暂养箱的放养密度；苗种运输时适当降温，降低鱼类的活动。鱼种入池或入网箱前要用每立方米20g的高锰酸钾溶液或3%～5%的食盐水溶液浸洗消毒。

二、气泡病

气泡病就是养殖池水中含氮量或溶氧量过饱和而进入鱼体栓塞在组织内的疾病。水体中产生过饱和气体的原因很多。①水中浮游植物过多，在强烈阳光照射的中午，水温高，藻类光合作用旺盛可引起水中溶氧过饱和。②池塘中因底泥较厚，含有大量有机质或施放过多未经发酵的肥料，有机质在池底不断分解，消耗大量氧气，在缺氧情况下，分解放出很多细小的甲烷、硫化氢气泡。鱼苗误将小气泡当浮游生物而吞入，引起气泡病。③有些地下水含氮过饱和，或地下有沼气，也可引起气泡病。④在运输途中，人工送气过多；或抽水机的进水管有破损时，吸入了空气；或水流经过拦水坝成为瀑布，落入潭中，将空气卷入，均可使水成为气体过饱和。⑤水温高时，水中溶解气体的饱和量低，所以当水温升高时，水中原有溶解气体，就变成过饱和而引起气泡病。⑥在北方冰封期间，水库的水浅，水清瘦、水草丛生，则水草在冰下因光合作用，也可引起氧气过饱和，引起几十千克重的大鱼患气泡病而死。

（一）症状

病鱼最初感到不舒服，在水面作混乱无力游动，不久在体表及体内出现气泡，当气泡不大时，鱼、虾还能反抗其浮力而向下游动，但身体已失去平衡，时游时停，随着气泡的增大及体力的消耗，失去自由游动能力而浮在水面，不久即死。有的因血管内有大量的气泡，引起栓塞而死。急性病例易发生于鱼卵孵化期或鱼苗期，病程往往只有几分钟，却可造成100%的死亡率。主要症状为腹部膨大、突眼、鳃丝肿大及卵黄囊异常膨大，发现时往往只见到腹部膨大已经死亡之鱼苗。绝大多数病例属于慢性，死亡率低，但是所产生的症状与病变则较多且明显。

（二）诊断要点

根据症状即可诊断，但疾病发生初期通常无法用肉眼观察。气泡病的外观症状是在体表隆起大小不一的气泡，常见于头部皮肤(尤其是鳃盖)，眼球四周及角膜，对光检查上述部位不难发现气泡的存在。若气泡蓄积在眼球内或眼球后方，会引起眼球肿胀，严重时可将眼球向外推挤而突出，所以本病亦为突眼症原因之一。若气泡栓塞而鳃丝血管则会引起病鱼呼吸困难，而浮游水面，可取病鱼之鳃丝进行鳃压片镜检，而鳃丝血管中很容易看到气体栓子。

（三）疾病防控

1. 预防

注意不引进含有某种过饱和气体的水源。进水管要及时维修，防止抽入空气，北方冰封期，应在冰上打一些洞等。

苗种池施用的有机肥必须是充分腐熟的，且用量要适当。水较浅、水又肥的鱼池在放苗前应先加注一定量的新水，以稀释原水体中的气体浓度。

在晴天中午表层水达到氧盈时，开动增氧机 1 h 左右，搅动水体，使上下水层打破温跃层的阻隔，进行上下物质循环和溶氧交流，使水体上下层溶氧均匀，不至于过饱和。

放苗入池的时间最好安排在傍晚，切忌在上午 10 时到下午 3 时放苗。如果迫不得已，则应在苗池上空搭棚遮阳。

泼洒微生物水质改良剂，以调节藻相平衡、水质肥瘦、底质状况，从而降低发病概率。

2. 治疗

一旦发病，立即泼洒食盐水，每亩水体用食盐 3kg，以此调节鱼体内外的渗透压，使体内气体渗出体外水中去。待病情减轻后，再大量换注水。鱼种或成鱼患气泡病，可将其转移到清新的微流水中去暂养，它们会很快好转。

若条件许可，向鱼苗池大量注入较低温度的水，使水温下降 2℃左右。因为水温低时，水中溶解气体的饱和量相对较高，所以当水温降低时，水中原有的溶解气体就变得不饱和而能使病情得到缓解。

停喂 3 d，连续不断加注清水，在第四天症状减轻后，开始用大蒜药饵(每 100 kg 鱼体重用大蒜 600 g，捣碎后拌青饲料投喂)连续投喂 3 d。

第八章

现代水产养殖结构的优化

第一节　综合水产养殖结构优化的原理和方法
第二节　水库综合养殖结构的优化
第三节　淡水池塘综合养殖结构的优化
第四节　海水池塘综合养殖结构的优化

相对于单养系统而言，综合水产养殖系统具有资源利用率高、环保、产品多样、持续供应市场、防病等优点，并被普遍认为是一种可持续的养殖模式。尽管历史上我国劳动人民也曾优化出草鱼与鲢混养的3∶1比例，但这些都是他们靠试错法长期摸索的结果，用科学的理论去指导、优化综合养殖结构也仅是近些年的事情。迄今为止，我国流行的众多综合养殖模式仍然是群众靠试错法甚至是某个人主观确定的，并没有进行科学的优化。为促进和指导我国综合水产养殖结构的优化工作，保障我国综合水产养殖事业健康发展，本章将简要介绍综合养殖结构优化的原理和方法，以及对水库和池塘综合养殖结构优化的研究成果。

第一节 综合水产养殖结构优化的原理和方法

一、综合水产养殖结构优化的原理

我国现行的综合水产养殖模式所依据的生态学原理主要有通过养殖生物间的营养关系实现养殖废物的资源化利用，利用养殖种类或养殖系统间功能互补作用平衡水质，利用不同生态位生物的特点实现养殖水体资源(时间、空间和饵料)的充分利用，利用养殖生物间的互利或偏利作用实现生态防病等。依据这些原理建立的综合养殖系统可以实现较高的生态效益和经济效益。

(一)生态效益

生态效益是指生态环境中诸物质要素，在满足人类社会生产和生活过程中所发挥的作用，它关系到人类生存发展的根本利益和长远利益。生态效益的基础是生态平衡和生态系统的良性、高效循环。水产养殖生产中所讲的生态效益，就是要使养殖生态系统各组成部分在物质与能量输出输入的数量上、结构功能上，经常处于相互适应、相互协调的平衡状态，使水域自然资源得到合理的开发、利用和保护，促进养殖事业的健康、可持续发展。

环境效益是生态效益的一个方面，是对人类社会生产活动的环境后果的衡量。养殖水体的环境效益反映的是养殖活动对生态环境的影响程度，即不同的养殖系统对自身及周围生态环境的影响。在受人类活动影响较小的自然水域，其系统的能量主要来自太阳能，在一定的时间内，其系统能量与物质的输入与输出能保持相对的平衡。

在自养型养殖系统中，人们只需投入苗种，即可利用太阳能和水体的营养物质生产出经济产品。尽管人们可以采取施肥、调控水质等措施提高生产量，但由于其生产力最终受制于太阳辐射能的强度和利用率。该系统每年会随水产品的收获，大量的营养物质(如 N、P)等从系统中输出，因而会降低水体的营养负荷。

(二)经济效益

经济效益是人们进行经济活动所取得的结果，而经济活动的生产环节又是整个经济活动的基础。经济效益反映的是某一养殖系统的经济性能，即该系统在经济上的成本投入与最终收益之间的关系。经济效益的高低，往往是一个生产经营者首先关注的问题。

反映经济效益的指标有很多，常用的主要有收入(纯收入和毛收入)和产出投入比等。收入值是一个比较绝对的指标，受价格的影响较大，不同地区、不同时间的变动很大。而产出投入比则为总产出与总成本之间的比例，是一个相对的指标，受地域性和时间性因素影响较小，相对较为稳定。以产出投入比作为反映经济效益的指标，对在不同地区、不同年度的同一养殖系统或不同养殖系统之间都具有较大的可比性。

(三)生态效益与经济效益的统一

生态效益与经济效益之间是相互制约、互为因果的关系。从宏观和长远的角度看，保持良好的生态效益是取得良好经济效益的前提。在某项社会实践中所产生的生态效益和经济效益可以是正值或负值。最常见的情况是，为了更多地获取经济效益，常给生态环境带来不利的影响。此时经济效益是正值，而生态效益却是负值。生态效益的好坏涉及全局和长期的经济效益。在人类的生产、生活中，如果生态效益受损害，整体的、长远的经济效益就很难得到保障。因此，人们在社会生产活动中要维护生态平衡，力求做到既获得较大的经济效益，又获得良好的生态效益，至少应该不损害生态环境。

长期以来，在水产养殖生产活动中，人们多片面追求经济效益，不重视生态效益，致使一些水域生态系统失去平衡，给产业和社会带来灾难，反过来也阻碍了经济的可持续发展。现代的综合水产养殖就是为实现生态和经济综合效益最大

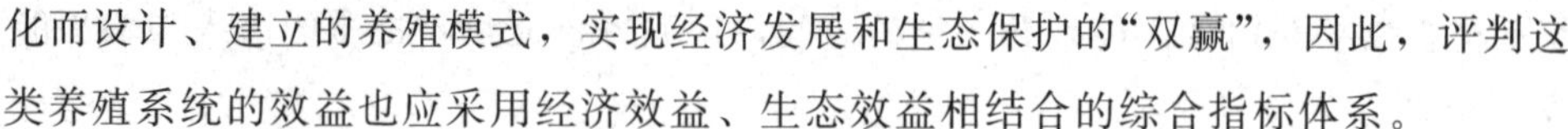

化而设计、建立的养殖模式，实现经济发展和生态保护的“双赢”，因此，评判这类养殖系统的效益也应采用经济效益、生态效益相结合的综合指标体系。

二、综合水产养殖结构优化的方法

(一)生态学实验方法

生态学研究或实验方法可划分为观察性研究、测定性实验和受控性实验。受控实验是对自然的或所选的一组客体的自然条件、过程、关系有意识操纵或施以两个或多个处理。受控实验有 4 个重要的性质或要素，包括对照、重复、随机和散置(Hurlbert，1984)。散置是随机原则的结果或在实验单元较少时的必要补充。受控实验不仅指某些生态因子受到高精度的控制，更重要的是该类实验的设计和实施还严格遵循着一些重要规则，使得这样的实验所得结果可被他人重复、检验。

实验生态系统可大致分为三类：小型实验生态系统、中型实验生态系统和大型实验生态系统。小型生态系统可定义为小于 1 m^3 或 0.1m^2 的系统，中型生态系统为 1～1 000m^3 或 0.1～1 000m^2 的系统，大型生态系统为大于 1 000m^3 或 1 000m^2 的系统。由于实验的目的不同、研究的对象(生物)不同，所需要的实验规模也不同。一般情况下，研究较小生物(如微生物、浮游生物等)的生态学需要一些小的容器就可以了，而研究鱼类等较大生物的生态学则需要稍大一些的容器，研究综合水产养殖系统则需要更大的水体。

小实验系统易控制，可以较严格地控制实验条件。这样的一个实验中通常可以同时设计多个处理、多个重复，但该系统与自然生态系统相比往往有较大的差异。较大的实验系统与自然生态系统比较接近，有的实验，如整个湖泊的生态学操纵实验，就是利用自然湖泊生态系统进行研究，该系统的实验由于种种限制常只能进行一种处理，不可设重复或重复数有限。

中国海洋大学水产养殖生态学实验室自 1989 年起开始使用实验围隔中型人工模拟生态系统研究水产养殖生态系统的结构与功能、负荷力，优化综合养殖系统的结构。围隔实验系统是一种兼顾了实验可操纵性和真实性的较理想方法，克服了以往野外现场研究不易重复，室内模拟失真严重的缺陷，使水产养殖结构优化从经验走向科学。

（二）生态经济效益综合指标

生态效益和经济效益综合形成生态经济效益。在人类改造自然的过程中，要求在获取较高经济效益的同时，也最大限度地保持生态平衡和充分发挥生态效益，即取得最大的生态经济效益。这是生态经济学研究的核心问题。

对于综合水产养殖系统我们可以用纯收入和产出投入比等来反映不同系统的经济性能，而以N、P的利用率及养殖污水的排出率作为反映不同综合养殖系统的生态性能的指标。需要说明的是，N、P利用率不同的学者有不同的表示方法。一般生态学研究把N、P利用率放在整个系统的N、P收支中考察。这种N、P利用率把养殖对象所利用的N、P作为系统输出的一部分，以它占整个系统的总输入量的比例来表示。而对于养殖系统而言，我们更关心的是收获的养殖对象所含有的N、P数量占人工投入养殖系统的N、P(投饵、施肥等)的比例。

实际运用时，我们可以设计包含多项经济效益和生态效益因素的综合效益指标，如李德尚等(1999)就利用下面的综合效益指标对几种综合养殖模式的生态经济效益进行了比较：

综合效益指标＝(系统的综合产量×N的总利用率×产出投入比)$^{1/3}$

由于每个待优化的养殖结构所关注的问题不尽相同，因此，实际应用此类综合效益指标时也可根据具体需要设计不同的特定综合效果指标，如

综合效益指标＝(净产量×平均尾重×饲料效率)$^{1/3}$；

综合效益指标＝(产量×规格×N或P相对利用率)$^{1/3}$；

综合效益指标＝对虾当量相对综合产量×对虾相对规格×N或P的平均相对利用率×相对纯收入×相对产出投入比。

第二节　水库综合养殖结构的优化

20世纪80年代，水库网箱养鱼十分盛行，人们在获得很好经济效益的同时也出现了水库水质恶化、大规模死鱼现象。为此，李德尚教授领导的团队探索了网箱中配养滤食性鱼类以改善水质、提高养殖负荷力的工作。

熊邦喜等在山东东周水库利用现场围隔研究了滤食性鲢与吃食性鲤的关系。实验共用围隔30个，围隔水深5 m，容积14.3 m^3。

A 群不放养鲤，其他 4 个围隔群都以网箱的鱼产量 75×19^4 kg/hm^2 为标准，以网箱与水库面积比为 0.50%、0.30%、0.25%和 0.20%依次计算鲤放养；鲢则按设计的各组鲤放养量的 1/3 和 1/2 配养。

34 天的实验结果表明，配养鲢不仅可降低浮游植物、浮游动物、浮游细菌的数量和总磷浓度，还明显改善了水质。养殖实验持续 16 天后，各围隔群中配养鲢组的透明度明显大于未放鲢组，其中高配养鲢组的透明度又大于低配养鲢组（$P<0.01$）。溶解氧与载鲤量呈负相关，也与配养鲢有关。2∶1 配养鲢组的溶解氧有高于 3∶1 配养组的趋势。

各围隔组养鱼学指标的统计结果还表明，配养鲢不仅提高了鲤净产量、生长率、饲料效率，还提高了养鱼的总产量(总载鱼量)和效益综合指标。其中，3∶1 配养组优于 2∶1 配养组。这表明，配养鲢对养鱼效益具有积极作用。

水质测定结果表明 2∶1 配养组优于 3∶1 配养组；从各项养鱼学指标和效益的统计则说明 3∶1 配养组优于 2∶1 配养组。在水质都符合渔业标准的条件下，3∶1 配养组的养鱼学指标和效益都优于 2∶1 配养组。

第三节　淡水池塘综合养殖结构的优化

淡水池塘养殖在我国淡水养殖中占有重要的地位，在 20 世纪取得飞速发展之后，21 世纪又面临新的挑战。其一，养殖主体依然是传统的养殖品种；其二，渔用费用升高，淡水水产品价格降低，致使经济效益低下，养殖状态低迷；其三，过度开发和粗放经营对资源环境造成了一定的破坏；其四，健康生态养殖、生产无公害水产品成为发展趋势。因此，继续丰富淡水池塘养殖品种，研究养殖结构优化和养殖环境修复对推动我国淡水池塘养殖业的健康可持续发展具有重要的意义。

利用不同种类生态位和习性上的特点，将多种类复合养殖可以达到生态平衡、物种共生和多层次利用物质的效果。合理地搭配养殖品种不仅可以充分利用资源，提高经济效益，而且可以减少对系统内外环境造成的负担。目前，我国海水池塘鱼虾复合养殖模式的研究经验很多而淡水池塘草鱼复合养殖模式老套。随着淡化养殖凡纳滨对虾技术的不断成熟，其逐渐成为我国淡水池塘调整养殖结构，优化养殖品种，提高经济效益的优良虾类品种。

一、草鱼、鲢和凡纳滨对虾综合养殖结构优化

近年来，随着淡水养殖凡纳滨对虾试验的开展，凡纳滨对虾的淡水养殖备受关注。我国珠三角、广西、湖南和江西地区淡水养殖凡纳滨对虾已经有相当规模，东北地区的养殖也初见成效。全国范围内凡纳滨对虾的总产量中淡水养殖所占的比例日趋增大。但是，目前在北方淡水养殖凡纳滨对虾与南方差距较大。

淡水养殖凡纳滨对虾不仅有利于减少沿海地区养殖区域的建造和对海洋环境的污染，而且可以降低内陆地区养殖用水成本，调动养殖人员的积极性。所以，本实验选址北方有代表性的山东省作为实验基地，在总结经验的基础上，进一步探索草鱼、鲢、凡纳滨对虾的淡水池塘优化复合养殖模式，以期为我国北方淡水池塘养殖模式调整提供科学参考。

该研究在一平均水深 1.5 m、面积 0.27 hm^2 的池塘中进行。池塘中设置两个 64 m^2(8m×8m)陆基围厢用于实验。每个围隔中设充气石 4 个，通过塑料管与池塘岸边一个 2 kW 的气泵连通，连续充气。实验共设置 7 个处理组，分别为草鱼单养(G)，草鱼和鲢混养(GS)，草鱼和凡纳滨对虾混养(GL)，草鱼、鲢和凡纳滨对虾按照不同的放养比例混养(GSL1～CSL4)，每个处理组设置三个重复。该实验历时 154 d。

整个养殖过程中水温变化范围为 17～34℃，平均水温 26℃。水体 pH 变化范围为 7.00～8.42，各处理间差异不显著。水体溶解氧变化范围为 2.38～10.71 mg/L，各处理间差异也不显著。随着养殖时间的延长，水体溶解氧含量逐渐下降，养殖结束时各处理组水体溶解氧值显著低于初始值 G 和 GL 组，水体透明度显著低于 CS、GSL2、CSL3 和 GSL4 组。

水体总氨氮含量 GSL3 组显著高于 CSL3 组，其他组间差异不显著，GSL3 组结束时数值显著高于初始值。水体总碱度、总硬度、硝酸氮含量、亚硝酸氮含量、磷酸根离子含量各组间差异不显著。水体叶绿素 a 含量 G 和 GL 组显著高于 CSL3 和 GSL4 组，其他组间差异不显著，G 和 GL 组结束值显著高于初始值。

养殖过程中随着时间的延长各组底泥中总碳、总氮和总磷含量逐渐积累，各组结束值显著高于初始值。养殖结束时，底泥总碳含量(GSL2、GSL4)＜GL＜(GSL1、GSL3)＜(G、GS)；底泥总氮含量(GSL2、GSL4)＜(GSL3、CSL1)＜CL＜(G、GS)；底泥总磷含量(GSL2、GSL4)＜CL＜(GSL3、GSL1)＜(G、GS)，且 GSL2 组显著低于 G 组。

收获时，草鱼平均体重、成活率、相对增重率各组间差异均不显著，但GSL2组草鱼成活率最低(88.3%)。草鱼产量GSL2和GSL4组显著低于G、GS和GSL1组，GSL3组显著低于G组，CL组与其他组间差异不显著。鲢成活率较高(93.2%～100.0%)，成活率和相对增重率各组间差异不显著；平均体重GSL1和GSL2组显著高于GSL3和GSL4组，GS组和其他组间差异不显著。鲢产量GS组显著高于GSL1、GSL2组，显著低于GSL3组，与GSL4组差异不显著。凡纳滨对虾成活率较低(8.9%～21.4%)，CSL4组显著高于其他组，GL组显著低于GSL2和GSL4组。对虾产量GSL2和GSL4组显著高于其他组。总产量GS组显著高于GL和GSL2组，其他组间差异不显著。

各组间投入产出比差异不显著。养殖结束时养殖生物的氮利用率，GSL3显著高于G、GL和GSL2组，GL组显著低于GS、GSL1、GSL3和GSL4组，其他组间差异不显著。养殖结束时养殖生物的磷利用率GSL3组显著高于GSL2组，其他各组间差异不显著。饲料转化效率CS组显著高于GSL2组，其他组间差异不显著。

鉴于草鱼放养密度0.77尾/平方米时，可以保障出池规格大于1 100克/尾。因此在该实验条件下，最佳的混养模式为：草鱼与鲢混养比例为草鱼0.77尾/平方米、鲢0.45尾/平方米；草鱼、蛙和对虾混养比例为草鱼0.77尾/平方米、鲢0.23层/平方米、凡纳滨对虾16.3尾/平方米。

二、草鱼、鲢和鲤综合养殖结构优化

宋颀等利用池塘陆基围隔研究了草鱼、鲢和鲤综合养殖结构。实验共设置7个处理组，分别为草鱼单养(G)，草鱼和鲢二元混养(GS)，草鱼和鲤二元混养组(GC)，草鱼、鲢和鲤按照不同比例放养的三元混养GSC1、GSC2、GSC3、GSC4。

经过5个月的养殖，草鱼从156g长到660～913g，平均体重达到了745g，体重增加了4.23～5.85倍。各处理组收获的草鱼规格差异不显著($P>0.05$)。各处理组草鱼成活率都在90%以上，相互之间差异也不显著。G、GS、GC、GSC2和GSC3处理组的草鱼净产量显著大于GSC4组，其中G组草鱼净产量达到4 766kg/hm^2，而GSC4组的草鱼净产量仅有1 871kg/hm^2，这主要是由于各处理组草鱼放养密度不同所致。

实验期间鲢从74 g长到426～703 g，平均规格达到514 g，体重增加了5.76～

9.50 倍。GSCl 组收获的够规格显著大于 GSC2 组（$P<0.05$），其他各处理组收获够规格间差异不显著。除 GS 处理组鳃成活率为 90.8%外，其他各处理组成活率都在 95%以上，且各处理组之间差异不显著。GSC4 净产量最高，达 3 035 kd/hm²，而 GSC2 的净产量最低，只有 1 312 kg/hm²。

鲤在实验期间由 82 g 长到 493 g，平均规格达到了 438 g，体重增加了 4.55～6.02 倍。各处理组之间鲤收获规格差异不显著。除 GC 组仅有一条鲤死亡外，实验期间没有出现鲤死亡现象，成活率基本达到 100%。GSC4 鲤净产量最高，达到 2 264 kg/hm²，GSC3 鲤净产量最低，仅为 593.3 kg/hm²。检验表明，GSC1 和 GSC3 与 GSC2 和 GSC4 组之间鲤净产量差异显著。

饲料系数也是衡量一个养殖系统能否有效利用饲料的重要指标。G 组在产量上偏小，且饲料系数又明显大于其他各组，达到了 1.8，是 GSC2 组的 1.39 倍。混养模式中，以 GSC2 和 GSC4 的净产量较高，饲料系数也只有 1.3，是比较理想的养殖模式。其他混养组除 GSC3 外，饲料系数也都为 1.4～1.5。

各模式的 H、P 来源主要是投喂的饲料，投入的 N 为 281～427kg/hm²，投入的 P 为 15.9～26.2 kg/hm²。N 的总利用率为 18.8%～40.6%，P 的总利用率为 11.1%～25.2%，以 GSC2 组最高，G 组最低。N、P 总相对利用率以 GSC2 最高，达到 6.97，是最低的 G 组的 3.59 倍。N、P 利用率以 GSC2 和 GSC4 较高，G 组最低。

第四节　海水池塘综合养殖结构的优化

一、海水池塘中国明对虾综合养殖结构的优化

自 20 世纪 80 年代起，我国海水池塘养殖业迅猛发展，但传统的高密度、单养的养殖模式不仅对饲料利用率低，而且对环境负面影响十分严重。2002 年，我国黄渤海沿岸的海水养殖排氮磷量已占当地陆源排放量的 2.8%和 5.3%。这样的养殖模式是不可持续的，因此，改变海水池塘养殖结构、提高饲料利用率、减少养殖污染，实现水产养殖由数量增长转为质量增长已成为国家亟待解决的重大问题。

笔者对海水养殖池塘生态系统的结构与功能进行研究，并着手进行养殖结构

优化。下面简要介绍海水对虾池塘综合养殖结构的优化。

(一)对虾与罗非鱼综合养殖结构优化

1996 年王岩在山东海阳使用 24 个陆基围隔(5.0m×5.0m×1.8m)。经过 95 天实验，优化了中国明对虾与罗非鱼海水池塘最佳混养比例结构。放养对虾规格为(2.85±0.16)cm，罗非鱼(圈养于网箱中)规格为 79.0～193.8g。实验采用双因子 3×4 正交设计，即对虾放养密度分别为 4.5 尾/平方米、6.0 尾/平方米和 7.5 尾/平方米，罗非鱼放养密度分别为 0.16 尾/平方米、0.24 尾/平方米和 0.32 尾/平方米。实验过程中施鸡粪和化肥，辅以配合饲料。

实验结果表明，对虾平均成活率为 78.6%，各处理间差异不显著。对虾收获规格随放养密度增加而减小。对虾放养 4.5 尾/平方米和 6.0 尾/平方米时其产量分别为(325.4±15.3)kg/hm^2 和(522.2±54.9)kg/hm^2。罗非鱼为 0.32 尾/平方米时(成活率 96.67%、终体长 10.40cm、产 585.5 kg/hm^2)对虾产量最高。该实验表明，半精养条件下中国明对虾与罗非鱼混养的最佳结构是对虾 60 000 尾/公顷、罗非鱼产量 400 kg/hm^2。

(二)对虾与缢蛏综合养殖结构优化

中国明对虾与缢蛏综合养殖结构优化的实验设对虾一个密度水平(6.0 层/平方米)×缢蛏[(5.40±0.35)cm]4 个密度水平(0.10 粒/平方米、15 粒/平方米和 20 粒/平方米)。实验结果表明，对虾的成活率随缢蛏放养密度的增加而增高。当缢蛏的密度为 15 粒/平方米时，对虾的成活率为 52.0%，生长速度最快，产量(529.5 kg/hm^2)比单养对虾时高 8.66%。该系统的最佳结构为：每公顷放养体长 2～3cm 的对虾 60 000 尾，壳长 6 cm 的缢蛏苗 15 000 粒。如以在毛产量中的比值表示，则其最佳结构约为对虾∶缢蛏＝1∶3。

在低密度放养缢蛏(10 粒/平方米)时，2 龄缢蛏的出塘体长为 6.68 cm，与一般养殖的体长相近，但体重比自然生长的缢蛏重约 50%。缢蛏的出塘规格、产量和成活率随其放养密度的增加而减小，且越接近放养密度的上限，密度对生长的影响越明显。

该实验中缢蛏放养密度为 15 粒/平方米时，对虾的体长、体重和产量比单养对虾都有较大提高，密度过大或过小时则对对虾都有不利影响。需要说明的是，由于该实验放养的缢蛏为体重 10 g 左右，是已接近商品规格的大苗，因此缢蛏的净产量偏低。如放养小规格的苗种(壳长 2～3cm)，则缢蛏的净产量及对整个生态系的作用可能会更好。

(三)对虾与海湾扇贝综合养殖结构优化

对虾与海湾扇贝综合养殖结构优化的实验设对虾一个密度水平(6.0 尾/平方米)×扇贝 4 个密度水平(0.15 粒/平方米、4.5 粒/平方米和 7.5 粒/平方米)。扇贝苗壳长(1.1±0.1)cm，放养于高 1.2 m 的 8 层网笼中，网目为 0.5 cm。

实验结果表明，当扇贝密度为 1.5 粒/平方米时，对虾的成活率与单养对虾无显著差异，但是，对虾的平均体长、体重和产量却比对照组中的对虾分别提高了 2.5%、3.8%和 6.5%。

对虾出塘时的体长和体重随扇贝密度的增加而减小。统计分析表明，当扇贝的密度为 1.5 粒/平方米时，对虾出塘时的体长显著大于密度为 4.5 粒/平方米和 7.5 粒/平方米时，但对虾的体重只显著大于扇贝密度为 7.5 粒/平方米时，而与 4.5 粒/平方米时无显著差异。对虾的产量和成活率与扇贝的放养密度呈负相关。当扇贝密度为 1.5 粒/平方米时，对虾的产量和成活率显著高于 7.5 粒/平方米时，而与扇贝密度为 4.5 粒/平方米时无显著差异。

出塘时扇贝壳长和体重随放养密度的增加而减小，其中体重降低了 39.1%～42.6%。但是，净产量却由 1.5 粒/平方米时的 470 kg/hm^2 增至 7.5 粒/平方米时的 1 236 kg/hm^2。扇贝的出肉率(软体部分湿重占带壳湿体重的百分比)随体重的增大而增加：7.5 粒/平方米时带壳重 20.9g，其出肉串为 37.88%；1.5 粒/平方米时带壳重达 34.3 g，其出肉率为 42.84%，增加了 11.6%。若以绝对含肉量和经济效益来计算产量，则不同密度下扇贝的产量差异不显著。

实验的结果表明，该系统的最佳结构为：每公顷放养体长 2～3 cm 对虾 60 000 尾，壳长 1.0 cm 的海湾扇贝苗 15 000 粒左右；以对虾与扇贝在毛产量中所占的比值来表示，则约为对虾∶扇贝＝1∶1。但该组为各实验组中扇贝放养量最低的一组，因此有可能其最适的配养量还要更低一些。

(四)对虾与罗非鱼、缢蛏三元综合养殖结构优化

Tian 等在山东海阳利用 18 个池塘陆基围隔研究了中国明对虾与罗非鱼和缢蛏的混养结构。95 天的结果显示，各处理间在 pH、溶解氧和营养盐含量方面没有明显差异，但单养对虾处理的 COD 含量明显高于混养处理。对虾单养对照组

叶绿素 a 的含量显著高于虾—鱼—缢蛏养组，透明度则是前者低于后者。放养 2 cm 对虾、150 g 罗非鱼和 3 cm 缢蛏时，最佳的放养比例是对虾 7.2 尾/平方米、罗非鱼 0.08 尾/平方米、缢蛏 14 粒/平方米。这一放养比例的经济效益和生态效益都较高(表 8-1)，投入 N 和 P 的转化率分别达到 23.4%和 14.7%(表 8-1)。

表 8-1　对虾单养和对虾一罗非鱼一缢蛏混养的结构和效果

项目	处理					
	S	SF	SR	SFR1	SFR2	SFR3
对虾放养量(ind./m^2)	7.2	7.2	7.2	7.2	7.2	7.2
罗非鱼放养量(ind./m^2)	0	0.24	0	0.08	0.12	0.16
缢蛏放养量(ind./m^2)	0	0	20	14	10	7
收获对虾规格/(g/ind.)	9.62	9.58	10.21	9.64	9.16	9.27
对虾存活率/%	70.7	76.7	73	82	74.4	79.3
总产量/(g/m^2)	48.5	67.9	98.8	88.2	74.1	74.7
N 利用率/%	12.6	15.5	20.6	23.4	19.42	19
P 利用率/%	6.75	17.7	10.25	14.7	12.5	12.9
产出/投入比	1.84	1.78	1.96	20.1	1.89	1.92

注：S—对虾；F—罗非鱼；R—缢蛏。

二、海水池塘凡纳滨对虾综合养殖结构的优化

2004 年王大鹏等在天津利用陆基围隔优化了凡纳滨对虾、青蛤、菊花心江蓠的混养结构。实验持续 51d，使用 20 个 25 m^2 围隔，每处理 4 个重复放养的对虾和青蛤的体重分别为(0.11±0.02)克/尾和(6.03±1.12)克/个。

实验结束时对虾的体重、成活率和净产量分别为 5.30～6.12g、63.0～78.2%和 1 065～1 368kg/hm^2。青蛤体重和净产量分别为 6.85～7.15g 和 51～328kg/hm^2。菊花心江蓠净产量为 3 900～9 380kg/hm^2。混养系统的经济效益和生态效益均优于对虾单养。在该实验条件下，混养系统的最佳结构为凡纳滨对虾 30 尾/平方米、青蛤 30 个/平方米、菊花心江蓠 200 g/m^2。

参考文献

[1] 袁甜．北方海水池塘养殖缢蛏越冬期管理措施[J]. 科学养鱼，2022(11)：1.

[2] 吴松．南方丘陵地带稻鱼综合种养田福瑞鲤与黄颡鱼混养模式[J]. 渔业致富指南，2022(11)：5.

[3] 沈水娥．池塘虾龟混养与管理[J]. 新农村，2022(6)：2.

[4] 丁厚猛．河蟹、青虾生态混养模式[J]. 科学养鱼，2022(9)：1.

[5] 纪连元，肖温温，罗明，等．蟹虾混养降本增效新思路[J]. 科学养鱼，2022(10)：2.

[6] 檀英桃，闫立君，王圆圆，等．山区小水库工程化循环水养殖技术试验[J]. 河北渔业，2022(7)：3.

[7] 孙艳辉，马娟．青鱼健康养殖技术[J]. 河南水产，2022(2)：2.

[8] 许瑶，纪建悦，周婧琳．滩涂养殖对海水养殖绿色全要素生产率增长的影响研究[J]. 科技管理研究，2022，42(1)：193-198.

[9] 刘东，彭乐威，张迪，等．中国海水养殖业资源—环境—经济系统耦合协调发展分析[J]. 上海海洋大学学报，2022，31(5)：8.

[10] 石今朝，姜晓东，吴仁福，等．淡水虾蟹养殖池塘中5种水草的营养成分比较[J]. 水产科学，2022，41(1)：76-84.

[11] 舒蕾．微藻生物在水产饲料中的应用[J]. 养殖与饲料，2022，21(3)：3.

[12] 步海平．益生菌在水产养殖中的应用[J]. 商品与质量，2022(1)：41-43.

[13] 王文雁，王建刚，王元．上海地区养殖罗氏沼虾头部“白点病”的诊断[J]. 水产科技情报，2022，49(5)：6.

[14] 陈道印，吉华松，欧阳敏，等．江西省淡水养殖鱼类病害调查[J]. 江西农业学报，2022(005)：034.

[15] 张有瑞．池塘鲫鱼养殖与病害防控[J]. 农业工程技术，2022，42(23)：2.

[16] 谢永忠．水产养殖中鱼病的防控技术分析[J]. 江西农业，2022(20)：2.

[17] 张宁，齐鲁，李秀梅．鲆鲽类生态养殖中全封闭工厂化循环水系统[J]. 养殖与饲料，2022，21(4)：2.

[18] 郑德州．对虾养殖弱势群体的管理[J]. 当代水产，2022(008)：047.

[19] 何稳，田丹阳，孔令娇，等．维生素C碳点对水产养殖主要病原菌的抗菌性能及其生物相容性[J]. 水产学报，2022(005)：046.

[20] 何姗．刺参安全养殖关键控制技术研究[J]. 江西农业，2022(4)：127-128.

[21] 王绍军，马朋，张收元．海蜇池塘养殖技术研究[J]. 当代水产，2022，47(5)：71-71.

[22] 王玉贞，常志强，陈钊，等．两种典型对虾养殖模式的经济与生态效益分析[J]. 中国渔业经济，2022，40(4)：8.

[23] 类成通．饲料中添加鱼蛋白水解物对三疣梭子蟹仔蟹生长性能的影响[J]. 水产养殖，2022，43(7)：4.

[24] 徐晨曦，陈秀玲，高晓田，等．海水池塘刺参—日本对虾—三疣梭子蟹—菊花心江蓠生态混养技术[J]. 河北渔业，2022(3)：3.

[25] 鲁兴华，张洁，张根柱，等．三疣梭子蟹“黄选2号”与中国对虾“黄海系列”池塘高效养殖试验[J]. 河北渔业，2022(8)：3.

[26] 吴丰涛，李法君．盐碱地区南美白对虾、青虾混养技术[J]. 养殖技术顾问，2021(004)：24-25.

[27] 牛宗德．草鱼的水库养殖技术[J]. 农家科技(上旬刊)，2021(4)：81.

[28] 高叶玲，刘颖，褚海艳，等．降低人工饲养和饲料对水产养殖水体影响的措施[J]. 中国饲料，2021，1(4)：12-15.

[29] 李永仁，张超，梁健，等．海水池塘菲律宾蛤仔“斑马蛤”越冬养殖试验[J]. 水产科学，2021(5)：757-761.

[30] 张灿，孟庆辉，初佳兰，等．我国海水养殖状况及渤海养殖治理成效分析[J]. 海洋环境科学，2021(006)：040.

[31] 王摆，田甲申，周遵春．海蜇—对虾—蛤仔综合养殖池塘的食物网[J].

应用生态学报，2021，32(6)：7.

[32] 王迎伟，任昕，陈君，等．黄河盐碱地区南美白对虾淡化技术研究[J]. 家畜生态学报，2021，42(4)：6.

[33] 董志国，段海宝，郑汉丰，等．青蛤的种质、养殖及其开发利用研究进展[J]. 水产学报，2021(045-012).

[34] 于梦楠，陈玉珂，张宇柔，等．微生物发酵饲料在水产养殖中的应用[J]. 中国饲料，2021(2)：4.

[35] 齐占会，史荣君，于宗赫，等．滤食性贝类养殖对浮游生物的影响研究进展[J]. 南方水产科学，2021，17(3)：7.

[36] 张献宇，李华，张国真．黄金鲫的池塘养殖技术[J]. 渔业致富指南，2021(11)：5.

[37] 王骅，赵斌，李成林，等．海水池塘刺参对虾生态混养技术[J]. 中国水产，2021(10)：3.

[38] 王鑫毅，赵婧，金珊，等．缢蛏养殖池塘氨氧化微生物的季节变化特征[J]. 水生生物学报，2020，44(4)：7.

[39] 刘瑞义．滩涂养殖缢蛏池塘接力养殖试验研究[J]. 渔业信息与战略，2020，35(4)：7.

[40] 韩志鹏．海水池塘鱼、虾、贝混养技术研究[J]. 农民致富之友，2020(1)：1.

[41] 伍乾辉，严振楠，吴晓敏，等．高效 COD 消解菌 DZG-F1 在海南省高位池养殖水质管理中的应用潜力[J]. 海洋湖沼通报，2020(3)：8.

[42] 蒋建明，乔增伟，朱正伟，等．水产养殖复合式自动增氧系统设计与试验[J]. 农业机械学报，2020(010)：051.

[43] 俞国燕，张宏亮，刘皞春，等．水产养殖中鱼类投喂策略研究综述[J]. 渔业现代化，2020，47(1)：6.

[44] 石立冬，任同军，韩雨哲．水产动物繁殖性能的营养调控研究进展[J]. 大连海洋大学学报，2020，35(4)：11.

[45] 王雪，黄振东，高凤祥，等．北方池塘刺参养殖安全度夏关键技术[J]. 齐鲁渔业，2020，37(5)：3.

[46] 刘勇，徐有波，李文蕾，等．三疣梭子蟹养殖新技术[J]. 齐鲁渔业，2020，37(1)：2.

[47] 蒋猛．三疣梭子蟹捕捞装备研究[J]．农村经济与科技，2020(11)：92-93.

[48] 李志刚．海蜇、对虾和缢蛏池塘立体生态养殖技术要点[J]．河北渔业，2019(9)：2.

[49] 谢全森，李磊，仇晨蕾，等．不同益生菌产品在北方内陆地区泥鳅繁育期水质调控效果对比[J]．江苏农业科学，2019，47(6)：4.

[50] 丁惠明，沈彩娟，陈雯，等．池塘养殖换水目的和水质状态对换水频率的影响[J]．生态与农村环境学报，2019，035(006)：781-786.

[51] 王淑娜，李润玲，王一超．冬季海水养殖水域环境因子的变化对养殖海参的影响[J]．科学技术与工程，2019，19(10)：6.

[52] 李成军．浅析海蜇的池塘养殖技术[J]．农民致富之友，2019(4)：1.

[53] 王静，车斌，孙琛，等．我国南美白对虾不同养殖模式管理效率研究[J]．中国渔业经济，2019，37(1)：7.

[54] 刘长军，蒋一鸣，龚小敏，等．梭子蟹、缢蛏与脊尾白虾稳产高效养殖技术[J]．齐鲁渔业，2018，35(10)：3.

[55] 李淑翠，王君霞，朱文博，等．虾蟹混养海水池塘水质指标异常与应对措施[J]．齐鲁渔业，2018，35(2)：2.

[56] 何奇，朱新艳，曹瑞，等．如何提高虾蟹混养池中青虾的养殖效益[J]．科学养鱼，2018(4)：1.

[57] 梁娟，刘英霞，于盟盟，等．日照地区虾蟹鱼贝生态混养模式[J]．齐鲁渔业，2018，35(7)：3.

[58] 张文．浅谈三疣梭子蟹与日本对虾混养技术的思考[J]．农家科技(下旬刊)，2018，000(010)：123.

[59] 李玲俐，姜洪．稻田鱼虾蟹混养试验[J]．渔业致富指南，2020(3)：3.

[60] 王超，蔺凌云，尹文林，等．三种凡纳滨对虾池塘养殖模式环境因子变化和养殖效益的分析[J]．海洋湖沼通报，2018(3)：6.

[61] 潘杰，吴旭干，赵恒亮，等．三种投喂模式对河蟹二龄成蟹养殖性能的影响[J]．淡水渔业，2016，46(2)：7.

[62] 李宝山，王际英，柳旭东，等．野生与养殖褐牙鲆亲鱼营养学分析与繁殖力的研究[J]．烟台大学学报：自然科学与工程版，2015，28(4)：6.

[63] 彭刚，殷悦，严维辉，等．风力对大型养殖池塘增氧能力的影响[J]．

江苏农业科学，2015(12)：3.

[64] 黎臻，张饮江，张乐婷，等．光倒刺对水绵、轮叶黑藻、金鱼藻的摄食选择性及对水质影响[J]. 水生生物学报，2013(4)：735-743.

[65] 张明磊．光合细菌对重盐碱地养殖池塘水质的影响[J]. 海洋湖沼通报，2010(001)：173-178.